微/藻/生/物/学

秦松 陈军 总主编

贺诗欣 邹宁 主编

应用微藻学

第二卷

"十四五"国家重点出版物出版规划项目

山东科学技术出版社

·济南·

图书在版编目（CIP）数据

应用微藻学 / 贺诗欣，邹宁主编. -- 济南：山东科学技术出版社，2025.5. --（微藻生物学 / 秦松，陈军总主编）. -- ISBN 978-7-5723-2418-5

Ⅰ. Q949.2

中国国家版本馆 CIP 数据核字第 202430EM55 号

应用微藻学
YINGYONG WEIZAO XUE

统　　筹：郑淑娟
责任编辑：光　奎　周建辉　禚其翠
装帧设计：孙　佳

主管单位：	山东出版传媒股份有限公司
出　版　者：	山东科学技术出版社
	地址：济南市市中区舜耕路 517 号
	邮编：250003　电话：（0531）82098088
	网址：www.lkj.com.cn
	电子邮件：sdkj@sdcbcm.com
发　行　者：	山东科学技术出版社
	地址：济南市市中区舜耕路 517 号
	邮编：250003　电话：（0531）82098067
印　刷　者：	济南新先锋彩印有限公司
	地址：济南市工业北路 188-6 号
	邮编：250100　电话：（0531）88615699

规格：16 开（184 mm×260 mm）
印张：18.5　字数：272 千
版次：2025 年 5 月第 1 版　印次：2025 年 5 月第 1 次印刷
定价：108.00 元

编委会

主　　编　贺诗欣　邹　宁

参编人员　（按姓氏笔画排序）

马瑞娟　王丹丹　王惠民　向文洲　李　涛

李胜男　李智灵　吴华莲　张超凡　罗光宏

俞建中　贺诗欣　姜爱莉　黄晓辰　曹国梁

常海星　谢　鹏　谢友坪

微藻是一类具有高光合利用率的低等生物,也是主要的初级生产力来源,进行了全球约50%的光合作用,以此提供了全世界70%的食物来源。微藻是一个庞大的类群,包括几十万至数百万个物种,而高等植物仅包括25万个物种;在进化层面,微藻是介于细菌等原核生物与高等植物之间的生物类群,兼具微生物和高等植物的特点,具有丰富的物种多样性和特异性。近年来,在微藻规模化培养等技术的推动下,微藻以其独特的生物学性质和物质组成,在食品、化妆品、水产养殖、生物固碳等多个领域实现了广泛应用,产业发展迅速,对社会经济发展的推动作用日益加强。

秦松研究员及其团队多年来致力于微藻的科学研究与应用推广,对于微藻学科和微藻产业的发展具有深刻的理解和责任感。此前秦松研究员已参与编著《海藻遗传学》等专著,此次会同微藻研究的专家和微藻产业的主要技术骨干,编写了《微藻生物学》,进一步凝练、提升了微藻研究的学科理论,指引了学科发展的方向,为促进研究成果的产业化做出了积极贡献。

《微藻生物学》包括基础微藻学、应用微藻学和实用微藻技术三卷。基础微藻学从微藻的系统分类学、生态学、生理学、生物化学、遗传与分子生物学和组学与合成生物学等方面进行详细阐述,填补了微藻研究缺乏生物学基础支撑的空白。应用微藻学是对微藻应用研究进展的总结,提炼出学科化研究的概念,为微藻的应用建立了研究方法,从而构建了从微藻分离、纯化到生产和利用的应用研究系统,主

要包括常见的应用微藻种类、微藻活性物质、微藻规模化生产的共性关键技术、微藻食品工程及化妆品工程、微藻污水处理工程和微藻固碳工程6个部分。实用微藻技术是指导微藻研究和产业化的技术手册,内容翔实,实用性强。三卷有机结合,涵盖了微藻从基础研究到产业化应用的方方面面,并进行了全面梳理和科学提升,形成了完整的理论和技术应用体系。

《微藻生物学》的出版将会积极推动微藻研究和微藻产业的发展。

中国科学院院士

序
PREFACE

　　微藻是一类在陆地、海洋分布广泛、营养丰富、光合利用率高的低等生物。微藻物种数量庞大，生物多样性极其丰富。据估计，微藻物种数量高达80万种，目前进行鉴定分类的微藻仅约35 000种，开展规模化商业利用的物种不超过10种。因此，微藻这一资源宝库尚未被充分开发，生物多样性与利用研究还具有巨大的探索和发掘空间。

　　微藻的应用需要扎实的研究基础为依托，但是目前尚未有以微藻为对象进行系统介绍的专著。中国科学院烟台海岸带研究所秦松研究员及其团队编写的《微藻生物学》，是一部系统介绍微藻基础研究、应用基础研究和实际应用技术的专著。基础微藻学从微藻的系统分类学、生态学、生理学、生物化学、遗传与分子生物学和组学与合成生物学全方位解读了目前微藻研究的进展，汇总了当前国内外微藻研究的成果，阐述了微藻基础研究的历史和现状，总结了微藻的物质基础、生理特性和作用机理。应用微藻学详细介绍了已规模化应用的微藻种类及相应特性、营养功能和生物量积累等，重点阐述了微藻在固碳、污水处理、食品、化妆品等方面的应用，展现了近年来微藻应用的主要领域和成果，阐明了微藻应用的物质基础和代谢机制，为突破微藻应用的瓶颈指明方向。为了使从业人员更便捷地使用基础微藻学和应用微藻学的理论和技术，实用微藻技术提供了微藻分离培养、培养基、反应器设计、规模化养殖等具体技术的应用和操作流程。该项目将微藻研究基础、应用研究和实用技术有机结合，不仅填补了我国在该领域的空白，而且对推动我国微藻产业高效、可持续发展具有重要意义。

《微藻生物学》内容深入浅出，层次分明，既有科学理论又有实践技术，具有重要的参考价值，尤其适用于微藻学专业初学者、研究生、微藻产业技术人员，对助力微藻基础研究、应用研究和微藻产业健康发展具有重要意义。

中国科学院院士

CONTENTS 目录

绪论 ··· 001

第一章　常见的应用微藻种类 ·· 006

第一节　蓝藻门 ··· 006

第二节　绿藻门 ··· 010

第三节　硅藻门 ··· 019

第四节　甲藻门 ··· 022

第五节　红藻门 ··· 023

第六节　金藻门 ··· 024

第七节　黄藻门 ··· 026

第八节　裸藻门 ··· 027

第二章　微藻活性物质 ·· 030

第一节　概　述 ··· 030

第二节　不饱和脂肪酸 ··· 031

第三节　微藻多糖 ·· 045

第四节　藻胆蛋白 ·· 049

第五节　微藻色素 ·· 054

第六节　微藻毒素 ·· 057

第七节　微藻抗生素 ··· 062

  第八节 利用微藻生产活性物质的优缺点 …………………………………… 070

第三章 微藻规模化生产的共性关键技术 … 076

  第一节 微藻原料常见的规模化生产技术 …………………………………… 077
  第二节 微藻原料生产中的共性关键技术 …………………………………… 091
  第三节 微藻原料生产中的检测技术 ………………………………………… 114
  第四节 微藻原料生产技术发展趋势 ………………………………………… 116

第四章 微藻在食品医药与化妆品产业中的应用 … 123

  第一节 概 述 ……………………………………………………………… 123
  第二节 微藻在食品医药工业的应用 ………………………………………… 134
  第三节 微藻在化妆品工业中的应用 ………………………………………… 178

第五章 微藻废水处理及其收获技术 … 211

  第一节 微藻废水处理概述 …………………………………………………… 211
  第二节 微藻污水处理与资源化工程技术 …………………………………… 212
  第三节 微藻高附加值产品的开发 …………………………………………… 238

第六章 微藻固碳 … 242

  第一节 概 述 ……………………………………………………………… 242
  第二节 微藻固碳研究现状 …………………………………………………… 245
  第三节 固碳微藻筛选研究进展 ……………………………………………… 248
  第四节 微藻固碳技术的机理 ………………………………………………… 254
  第五节 微藻固碳影响因素 …………………………………………………… 257
  第六节 微藻固碳反应器设计 ………………………………………………… 263
  第七节 微藻固碳技术应用 …………………………………………………… 267
  第八节 前景与展望 …………………………………………………………… 269

绪 论

微藻是肉眼看不见的藻类的统称，是一类需要借助显微镜才能观察到形态，通常为单细胞或多细胞群体（丝状体、膜状体）、能进行放氧光合作用的孢子植物。

应用微藻，是指具有一定经济价值的微藻。据估计，微藻物种数量可能高达 80 万种，也有文献报道，有 5 万多种（陈峰，1999）或者 20 万种（Waltz，2009）。Metting 等（1996）估计仅硅藻纲就有 10 万~100 万种，也有学者估计仅海洋中就有 20 万种硅藻（Kooistra et al.，2007）。总之，这些数据都充分说明微藻物种数量十分巨大。然而，目前进行鉴定分类的微藻仅约为 3.5 万种（Tabatabaei et al.，2011），开展规模化商业利用的物种不超过 10 种。也就是说，狭义上讲，这 10 种微藻是本书描述的重点。其实，每一种微藻都是极具个性的资源宝库，都具有探索和发掘空间，都是应用微藻。

相比高等植物，微藻具有很多特点，具体如下：

（1）个体微小，分布广泛。微藻个体微小，细胞直径一般在微米级，与大型藻类和高等植物相比，微藻个体体积较小；微藻是地球上所有生物中分布最为广泛的生物类群之一，有其他生物分布的地方几乎都有微藻，其他生物不宜生存的地方也大多有微藻分布。如高空中、深海底、空气里、泥土中、寒冷的雪山上，甚至南北极都发现有微藻生长。温度高达 80℃的温泉、pH 达到 9.0 的碱水湖、高盐度的死海和盐湖、高原沙漠等也都有丰富的微藻分布。

（2）适应能力强，易培养。微藻之所以分布极其广泛，主要是因为它们变异能力强，可以产生许多能够适应各种环境条件的新个体，以抵抗严寒酷暑、强酸强碱、高盐高压的恶劣环境。微藻对环境的极强适应能力还源于其营养类型的多样性。微藻可以利用太阳能和 CO_2 进行自养生长，也有些微藻能通过培养体系中的外源有机碳实现异养生长，还有许多微藻能同时利用太阳能和有机碳兼养生长。此外，也有能够在完全无氮条件下生长的固氮微藻。

（3）生长繁殖快，代谢旺盛。微藻主要通过细胞分裂的方式进行繁殖，繁殖速度非常快，一般几十分钟至几十小时繁殖一代。微藻惊人的繁殖速度，使其可以达到比粮食高几十倍的产量。微藻不仅繁殖速度快，而且生长速度也快，代谢活动旺盛，微藻的代谢强度比高等植物的高几千倍到几万倍。所以，借微藻合成我们需要的药品、营养品、能源、天然色素、酶等生物大分子物质，效率高、产量大、成本低，容易实现大规模工厂化生产。

（4）易变异。微藻个体结构简单，多为单细胞生物，细胞内遗传物质含量少，容易产生变异。所以，微藻种群变异多，类群数量大。加之微藻个体小，群体大，容易选出变异体，可以为各种代谢中间产物的工业生产提供服务。此外，有些微藻的细胞结构和遗传物质简单，遗传背景清楚，常被用于单细胞原核和真核微藻的基因操作与研究，并且是提供特殊功能遗传物质的最佳供体，同时更是接受特殊功能外源目的基因，并是外源基因表达的最好受体，以构建各种工程微藻。

一、应用微藻学的发展历程

最早注意到微藻细胞的是显微镜专家 Baily J W，他于 1841 年发现了微藻类的化石并对来源于淡水和海水的微藻类进行了较详细的考察，被誉为美国的第一位藻类学家。随后，Durant C F 在 1850 年以及 Pieters P B 在 1867 年对各种藻类进行了较详细的报道和描述，并将这些藻类分为 25 个属。经过 30 多年的积累，在前人工作的基础上，Snow J 于 1903 年将藻类扩展到 103 个属，并且成功地在实验室中进行了相关培养研究，这使其成为第一个发展藻类培养技术的人。

在上述研究工作的基础上，1916年West等出版了第一本藻类学专著《藻类》。该书全面总结了前几十年有关藻类学的知识，为以后的藻类研究奠定了良好的基础。此后《北美东北海岸藻类》《美国淡水藻类》《藻类的结构和生产》等几部专著分别对藻类资源的分布，藻类的品种、形态、分类，藻类与环境的关系，藻类与水生动物和人类之间的相互关系，藻类的生活史和藻类在食物链中的作用与地位等多方面进行研究，使人类对藻类有了比较全面的认识。

二、应用微藻学研究的起步阶段（1940—1980）

此阶段对微藻的生理生化特性、光合作用机理、培养条件、优良藻株的筛选、微藻的大规模培养，微藻产品及生物活性物质的开发、应用和经济学评价等，涉及微藻生物技术各个层面的有关问题进行了多方位、深层次研究，初步建立起一个比较完整的应用微藻学的研究体系。

《从实验室到小型工厂的藻类培养》（Burlew，1953）一书是此阶段的重要代表著作。该书对微藻的生长条件、大规模培养技术、微藻的应用及各种有效成分的分析等进行了全面总结，为应用微藻学的发展起到了承前启后及指导性的作用。在微藻生物技术产业化方面，此时期开发了以开放式跑道池为主体的开放式培养系统。尽管该培养系统相对简陋，但由于该系统结构简单、建造容易、投资小等，在许多国家和地区得到了推广和应用，实现了小球藻、螺旋藻和盐藻等一些有应用价值微藻的大规模培养。基于微藻生物量的获得，从而产生了应用微藻生物技术。

随着研究的深入以及一些微藻的大规模培养和应用方面的成功，人类对应用微藻的前途和巨大的经济潜力给予了肯定，并引起世界各国政府和学者的重视。1946—1959年，美国、英国、日本、法国、菲律宾和印度等国家分别成立了国家级藻类学会，国际藻类学会也于1961年宣布成立。

三、应用微藻学形成阶段（1980—2000）

20世纪80年代以来，应用微藻生物技术借鉴了陆地生物技术发展的成功经验和失败教训，从其形成的初期就十分重视基础研究与工程技术的结合，构成了自己的特色，进而形成了特有的技术体系，也促进了应用微藻学的发展。

应用微藻生物技术是指生产和应用微藻生物量的技术，是贯穿微藻生物量生产、产品开发、服务构建到经济技术指标全周期评估全过程的生物技术，是打通微藻生物量和生物经济之间的桥梁。

应用微藻学是微藻应用的工程科学，是从微藻分离、纯化到生产和利用的系统工程，包括新藻种（株）的选育、微藻生产系统、微藻食品工程、微藻化妆品工程、微藻污水处理工程和微藻固碳工程等。

四、应用微藻学成熟与快速发展阶段（2000年至今）

进入21世纪以来，应用微藻学有关研究有了很大的发展，主要体现在以下几个方面：①建立了比较完整、成熟的应用微藻基础研究体系；②应用基础研究日趋完善，多个国家的研究单位建立了具有一定规模的微藻种质资源库，开发了各类适合微藻大规模培养的光生物反应器和微藻高密度培养技术，为微藻的工程应用奠定了坚实基础；③一大批微藻保健食品、药品及具有实际应用潜力的微藻活性物质的应用与开发，使微藻生物量走向市场成为现实；④系统生物学和合成生物学技术使微藻细胞工厂的构建成为可能，为微藻深度开发与利用指明了方向；⑤由于看到了微藻的实际贡献和巨大的开发潜力，应用微藻学受到了国内外广大学者及政府有关部门的重视和支持。目前，包括我国在内的各国政府、大型企业、科研单位纷纷投入大量的资金与人力，将微藻大规模培养及其天然活性物质的分离提取等技术放在重要的地位，使应用微藻学成为当今热点研究领域之一。

参考文献

陈峰，1999. 微藻生物技术[M]. 北京：中国轻工出版社.

Kooistra W H C F, Gersonde R, Medlin L K, et al., 2007. Evolution of primary producers in the sea[J]. Elsevier, 207-249.

Metting F B, 1996. Biodiversity and application of microalgae[J]. Journal of India Microbiollogy, 17: 477-489.

Tabatabaei M, Tohidfar M, Jouzani G S, et al., 2011. Biodiesel production from genetically engineered microalgae: Future of bioenergy in Iran[J]. Renewable and Sustainable Energy Reviews, 15: 1918-1927.

Waltz E, 2009. Biotech's green gold[J]. Nature Biotechnology, 27(1): 14-18.

第一章　常见的应用微藻种类

藻类的早期概念与分类学研究是在其具有光合放氧特性以及低等原始植物特性的基础上形成与开展起来的。微藻具有丰富的多样性，并体现在多元复杂的演化关系方面。微藻不仅横跨原核生物和真核生物的界别，而且还包括一些原生生物中具有放氧作用的光合物种，甚至包括不能进行光合作用、原先被认为是真菌的物种，显示出微藻在光合作用和整个生命演化过程中的重要地位（Metting，1996）。微藻生物多样性还体现在对地球不同环境的广泛适应方面。在生物学分类系统上，按照传统分类概念，微藻主要分布在蓝藻门、绿藻门、原绿藻门、红藻门、硅藻门、甲藻门、金藻门、隐藻门、裸藻门（眼虫藻门）和黄藻门，目前规模化商业利用的藻种主要分布于蓝藻门、绿藻门、红藻门、硅藻门、甲藻门、金藻门、黄藻门、裸藻门，其中蓝藻门、绿藻门和硅藻门的物种最为丰富。

第一节　蓝藻门

蓝藻又称蓝绿藻，属原核生物，为蓝藻门的藻类。蓝藻门的藻类均为微藻。大量的分子生物学、细胞学和化学证据显示蓝藻属于细菌，因此也被称为蓝细菌（*Cyanobacteria*），是最原始的藻类植物之一，演化历史迄今已达35亿年。蓝藻含叶绿素 a 和藻胆蛋白,但不含叶绿素 b,是其区别于其他藻类门的重要分类依据。蓝藻个体形态多为球状单细胞或丝状体,呈游离或群体状态,多数丝状体为多细胞,不分枝、分枝或假分枝,一些多细胞丝状体蓝藻出现细胞分化,如形成厚壁孢子和异形胞。

常见的蓝藻种属包括集胞藻属(*Synechocystis*)、螺旋藻属(*Spirulina*)(节旋藻属 *Arthrospira*)、念珠藻属(*Nostoc*)、席藻属(*Phormidium*)、束毛藻属(*Trichodesmium*)、节球藻属(*Nodularia*)、束丝藻属(*Aphanizomenon*)、聚球藻属(*Synechococcus*)、鱼腥藻属(*Anabaena*)、眉藻属(*Catothri*)、颤藻属(*Oscillatoria*)和鞘丝藻属(*Lyngbya*)等。

葛仙米等念珠藻属的藻类在我国已有长期食用的历史,而螺旋藻是优良的商业藻种,已实现大规模产业化开发,念珠藻、螺旋藻已成为食品、医药保健以及化妆品等轻化工行业的优质生物原料(钱树本等,2005;张偲,2013)。

一、念珠藻

念珠藻(Nostoc)为段殖藻目(Hormogonales)、念珠藻科(Nostocaceae)、念珠藻属(*Nostoc*)的藻类。念珠藻属包含 1 000 多个物种,由于出色的固氮能力,它们可以在寡营养水生态环境中生存,因此是自然界中分布最为广泛的藻类种属之一,在全世界各种地表环境包括极地环境中均能发现念珠藻的踪迹。念珠藻的藻体为多细胞的丝状体,有多个丝状体聚集成的肉眼可见的群体,群体定型或不定型,呈球形、不规则片状或发丝状等,外有胶被,内由藻丝弯曲、相互缠绕而成,藻丝较规则地间生异形胞,呈念珠状,具有"出芽""藻殖段"等多种无性生殖繁殖方式。该属藻类在我国有 3 个可食用的常见物种,包括发状念珠藻(*Nostoc flagelliforme*,俗称发菜)、普通念珠藻(*Nostoc commune*,俗称地皮菜、地木耳等)和拟球状念珠藻(*Nostoc sphaeroids*,俗称葛仙米、水木耳、田木耳等)(图 1-1)。

| 发菜 | 葛仙米 |

图1-1 念珠藻属可食用物种

发菜广泛分布于世界各地的沙漠和贫瘠土壤中，在我国主要分布于西北荒漠地区。发菜是重要的固沙植物，资源恢复能力差，我国已将野生发菜资源列为国家一级重点保护野生植物，严禁开采。发菜的人工栽培技术已在实验室内进行初步尝试，但大规模的人工养殖和开发还有待突破。地皮菜性喜温湿，具有极强的生命力，干旱时可休眠长达上百年（Itoh et al.，2013），广泛分布于世界各个山丘和平原的岩石、砂石、沙土、草地、田埂以及近水堤岸上。地皮菜在国内主要分布在山西、甘肃、黑龙江及安徽等地区。葛仙米一般生长在水稻田、浅水池、沼湖、潮湿土壤或岩石缝隙中。目前，世界上野生葛仙米的分布已十分稀少，在我国葛仙米主要分布于湖北、广西和安徽等地区，尤其以湖北恩施地区为主要代表。目前，葛仙米和地皮菜已有成规模的人工或半人工栽培技术，也有一定量的天然可开采的资源。

念珠藻中富含类菌孢素氨基酸（mycosporine-like amino acid，MAAs）、藻蓝蛋白、藻红蛋白、活性多糖等特殊活性物质，营养丰富，是我国的传统药食同源食物，在食品、医药保健和化妆品等行业中均有应用。同时，地皮菜和葛仙米也是著名的中药材原料，在我国多个传统中医药典籍中均有记载，内服具有清热、收敛、益气、明目功能，用于夜盲症、脱肛；外用则可治烧烫伤（Gao，1998）。

二、螺旋藻

螺旋藻（Spirulina）为蓝藻门（Cyanophyta）、段殖藻目（Hormogonales）、颤藻科（Oscillatoriaceae）、螺旋藻属（*Spirulina*）的藻类。由于在定名前，另一种蓝藻已定名为 *Spirulina*，因此螺旋藻已改名为节旋藻（*Arthrospira*）并得到国际上的正式认可。鉴于螺旋藻（*Spirulina*）这一名称已在世界范围内广泛使用，因此 *Spirulina* 这一名称仍然沿用至今，在许多学术文献中，两种名称往往被同时使用（Vonshak，1997）。螺旋藻为单列多细胞丝状体，呈螺旋状，细胞间隔明显，以藻殖段方式无性繁殖。

螺旋藻在全世界的海水、淡水中均有广泛分布，在碱性淡水湖泊（非洲乍得湖和墨西哥特斯可湖）中形成了绝对优势种的水华，易于采收，因而成为当地人的传统食物，已有数百年的历史。分别来自乍得湖和特斯可湖的钝顶螺旋藻（*Spirulina platensis*）和极大螺旋藻（*Spirulina maxima*）已成为目前应用于养殖开发的主要物种，其中我国以前者为主。螺旋藻生长速度快，同时具有高碱、高 pH、强光和高温适应性，这些特性既是其在碱性淡水湖泊中自然形成水华的生物学基础，也是建立室外开放池人工养殖的重要原理。特别是利用高碱、高 pH 适应性，采用高浓度碳酸氢钠培养螺旋藻，是其在自然环境中避免敌害生物污染，实现产业化生产的关键（向文洲等，2014；Vonshak，1997）。该种属可能起源于海洋，虽是淡水物种，却对高盐度具有一定的适应能力，钝顶螺旋藻甚至可以适应 10% 的海水盐度，因而已成功转入全海水培养基中进行培养。1993 年，我国建立了第一个全海水培养的螺旋藻产业化基地（Wu et al.，1993；向文洲等，2014）。目前，我国已成为世界上最大的螺旋藻生产国，螺旋藻产区主要有内蒙古、福建、江西、广东、广西等地区。

研究发现，螺旋藻含有 60%～71% 的蛋白质以及其他丰富而独特的生物活性物质，如 γ-亚麻酸、藻蓝蛋白、β-胡萝卜素、螺旋藻多糖、维生素 B_{12} 等。螺旋藻含有大量矿物质，可以作为硒、铬等微量元素富集和有机化的载体。研究表明，螺旋藻具有抗艾滋病毒、抗肿瘤、抗氧化、抗辐射、抗衰老、改善肠胃功能、降血脂等多种药理活性，已成为一种国际公认的超级营养与保健食品（Sotiroudis et al.，2013）。

第二节　绿藻门

绿藻是藻类植物中最大的一门，从两极到赤道均有分布。绿藻包括绿藻纲和轮藻纲。绿藻门的微藻分布于绿藻纲的团藻目、四孢藻目和绿球藻目中，主要有游离生活的单细胞或单细胞群体，群体定型或不定型，鞭毛有或无，繁殖方式为无性繁殖或有性繁殖。单细胞绿藻无性繁殖方式有似亲孢子或细胞分裂方式，有性繁殖为世代交替。绿藻门的主要应用微藻种类包括小球藻属（*Chlorella*）、红球藻属（*Haematococcus*）、杜氏藻属（*Dunaliella*）等藻种（图1-2）。此外，栅藻属（*Scenedesmus*）、拟小球藻属（*Parachlorella*）、油球藻属（*Graesiella*）、微绿球藻属（*Nannochloris*）、衣藻属（*Chlamydomonas*）、空星藻属（*Coelastrella*）、异形小球藻属（*Heterochlorella*）、微绿藻属（*Picochlorum*）等属的一些种类也具有良好的商业开发潜力。

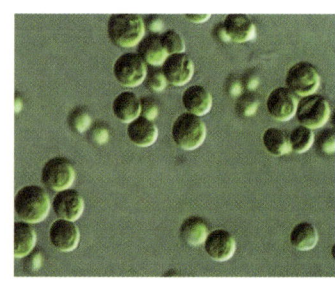
小球藻

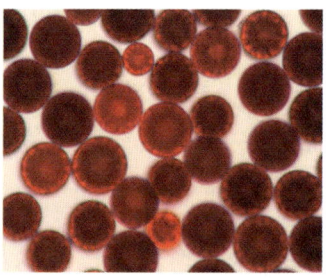
雨生红球藻

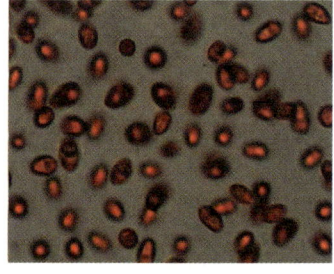
杜氏盐藻

图1-2　绿藻门主要应用微藻种类

一、小球藻

按照传统形态分类学描述,小球藻(Chlorella)为无鞭毛、无性繁殖的球状单细胞绿藻,属于绿藻纲(Chlorophyceae)、绿球藻目(Chlorococcales)、小球藻科(Chlorellaceae)、小球藻属(Chlorella)的藻类。目前已定名的小球藻有10多种,加上变种可达数百种之多。传统观念认为,小球藻主要广泛分布于自然界淡水水域中,近年来的微藻资源调查与分离纯化结果显示,海洋中也有该属藻种广泛分布。

小球藻产业及其应用起步于20世纪60年代,目前已在世界范围内得到普及。但小球藻商业化藻种的名称主要来源于早期的形态分类结果,而球状、单细胞且呈绿色的物种众多,藻种的一些形态结构随着生长环境和生长周期的改变而改变,难以通过数个简单的形态特征标准区分物种之间的差别,导致商业化物种的名称严重混淆,甚至与现有的分类系统和分类单元完全背离。

目前已得到欧盟新资源食品认证的小球藻有3种,其中包括蛋白核小球藻(Chlorella pyrenoidosa)、普通小球藻(Chlorella vulgaris)和Chlorella Luteoviridis。我国于2012年审核批准蛋白核小球藻为新资源食品。这些商业名称均来源于早期形态分类的结果,导致商业生产的蛋白核小球藻和普通小球藻出现多个形态相似但物种不同的藻种。按照现有的通过分子生物学手段为主、辅助细胞学和生物化学等分类依据所建立的新的分类单位,蛋白核小球藻的 Chlorella pyrenoidosa 物种名称已经失效,即所谓的"蛋白核小球藻"物种的系统分类学单元不复存在,仅作为商业化名称存在。同时,市场中普通小球藻 Chlorella vulgaris 和 Chlorella Luteoviridis 等物种名称也仅能作为商业化产品的名称,所对应的有效物种分类学名称均进行了较大的调整和修订(Champenois et al.,2015)。

通过追溯商业化应用藻种的文献,商业化应用的蛋白核小球藻所对应的藻种可能至少包括小球藻 Chlorella sorokiniana、普通小球藻 Chlorella vulgaris、小球藻 Chlorella fusca var. vacuolata、油球藻 Graesiella emersonii 和原始小球藻

Chlorella protothecoides 5个藻种,其中 *Chlorella fusca* var. *vacuolata* 的分类地位通过分子生物学等方法已修订为 *Coelastrella vacuolata*。也有学者将 *Chlorella fusca* var. *vacuolata* 修订为栅藻 *Scenedesmus vacuolata*,并有大量使用该修订的研究文献。原始小球藻 *Chlorella protothecoides* 则修订为原始原壳小球藻 *Auxenochlorella protothecoides*。一些藻种库和文献有时还沿用传统形态分类系统下的蛋白核小球藻 *Chlorella pyrenoidosa* 和小球藻 *Chlorella fusca* var. *vacuolata* 以及原始小球藻 *Chlorella protothecoides* 的物种名称,对此使用者须分清有效分类学名称。目前商业化蛋白核小球藻的有效分类学名称可能是 *Chlorella sorokiniana*、*Chlorella vulgaris*、*Coelastrella vacuolata* 或 *Scenedesmus vacuolata*、*Graesiella emersonii* 和 *Auxenochlorella protothecoides* 中的一种(Champenois et al.,2015)。另一个商业化应用的小球藻 *Chlorella Luteoviridis* 的分类地位也根据分子生物学研究结果修订为 *Heterochlorella Luteoviridis*。此外,小球藻属常见物种佐夫小球藻 *Chlorella zofingiensis*,由于可以通过异养高产培养生物质原料及虾青素,极有可能成为下一个实现商业化生产的重要藻种。物种有效名称已根据分子生物学研究结果,将该物种的有效系统分类学名称修订为佐夫色绿藻 *Chromochloris zofingiensis*。

依据分子生物学等研究结果,上述传统系统分类学框架下的小球藻物种,现在已分别修订为绿藻门下两个纲的藻类,即共球藻纲(Trebouxiophyceae)和绿藻纲(Chlorophyceae),共球藻纲包括小球藻属 *Chlorella*、拟小球藻属 *Parachlorella*、原壳小球藻属 *Auxenochlorella*、*Heterochlorella* 以及油球藻属 *Graesiella*,绿藻纲包括色绿藻属 *Chromochloris* 以及空星藻属 *Coelastrella* 或栅藻属 *Scenedesmus* 的物种(Champenois et al.,2015)。一些藻种库和文献习惯性地沿用传统形态分类系统下的蛋白核小球藻 *Chlorella pyrenoidosa*、小球藻 *Chlorella fusca* var. *vacuolata*、原始小球藻 *Chlorella protothecoides*、小球藻 *Chlorella kessleri* 以及佐夫小球藻 *Chlorella zofingiensis* 等物种名称,对此有必要利用现代分子生物学技术重新鉴定,以分清有效分类学名称。

小球藻广泛分布于自然界的淡水水域中,不仅能利用光能进行光合作用,还能在异养条件下利用有机碳源进行生长繁殖。小球藻对盐度的耐受性较强，在河水、港湾和半咸水中都能够生长繁殖，最适的温度和 pH 分别为 25～30℃ 和 6～8。小球藻呈球形或者广椭圆形，细胞内具有杯状（核蛋白小球藻）或者呈边缘生板状（卵形小球藻）的色素体。蛋白核小球藻的色素体中有一个球形的蛋白核，细胞的中央有细胞核。细胞的大小依种类不同有所不同，蛋白核小球藻的细胞直径为 3～5 μm，在人工培养的条件下，生长良好时，细胞会变小。以比拟亲孢子的方式进行无性繁殖，首先在细胞的内部进行原生质体分裂，形成多个孢子，然后这些孢子破母而出，每个孢子长出一个新个体。

小球藻细胞内含有丰富的蛋白质（一般在 55%～65%）、必需氨基酸、多糖（一般在 25%～35%）、色素（叶绿素、β- 胡萝卜素、叶黄素等）、脂肪酸（eicosapentaenoic acid，EPA，二十碳五烯酸等）等，并富含多种维生素、矿物元素等营养成分，对防治动脉粥样硬化和糖尿病视网膜病变等慢性疾病具有良好的功效（王宝贝等，2017）。其中，小球藻生长因子（Chlorella growth factor，CGF）是小球藻的热水提取物，主要成分为蛋白质、氨基酸、多糖、维生素等。它具有显著的促进细胞生长的功能，可激活淋巴细胞，增强机体免疫力，具有促进伤口愈合的作用（韩士群等，2003）。此外，小球藻还可作为饵料，饲养淡水虾类幼体、双壳贝类成体、淡水浮游动物及部分鱼类等。

二、雨生红球藻

雨生红球藻（*Haematococcus pluvialis*）在分类学上属于绿藻纲（Chlorophyceae）团藻目（Volvocales）红球藻科（Haematococcaceae）红球藻属（*Haematococcus*）的藻类。红球藻属仅有雨生红球藻 1 种，细胞广卵形到广椭圆形，不规则地聚集在一起，成团，具 2 条等长鞭毛，1 个眼点，含有显著的胶质鞘，色素体星状，有一个中央淀粉核，呈紫红色。具无性生殖和有性生殖两种繁殖方式，有性生殖为同配生殖，无性生殖以细胞分裂的方式进行，产生并释放 2、4、8 个子细胞，形成游动孢子。在营养缺乏、高辐射、高盐等不良环境下，该藻会形成红孢囊或厚壁不动孢子，并在胞质脂肪体大量积累次级代谢产物虾青素，从而使细胞由绿色逐渐变为红色。

雨生红球藻分布十分广泛，除南北极外，世界各地甚至包括沙漠地区均有分布，主要生境为小水坑、小水沟、沼泽化的自然小水体与湖泊等环境，也有在海岸岩石上分离得到该藻种的报道。雨生红球藻可以大量积累虾青素，最高含量可以达到8%，因此具有极高的商业开发价值。20世纪90年代以来，国际上逐步建立了产业化生产技术。自2012年以来，我国雨生红球藻产业化技术取得重要突破，目前已有十多家企业从事雨生红球藻及其虾青素的商业开发与相关产品运营。雨生红球藻的生长速度较为缓慢，生长环境须pH适宜，因此在培养中特别是游动孢子繁育生长阶段极易受到敌害生物的污染，导致培养失败。目前生产中主要采用封闭式反应器培养雨生红球藻。同时，鉴于其游动孢子阶段主要是积累细胞数，需要保证细胞正常分裂的适宜光照条件，而厚壁孢子阶段主要是积累虾青素，需要有强光、缺氮、光氧化等诱导条件才能促进虾青素的积累，因此，目前雨生红球藻的商用生产主要采用二步法进行。首先以室内光生物反应器为主进行光照培养，获得高密度游动孢子培养物，然后转入多层U形外管道式反应器中并增加光强，促进厚壁孢子的形成和虾青素的积累。在雨生红球藻的产业化开发中，敌害生物有效防治、游动孢子—厚壁孢子转化周期的精准调节以及虾青素含量的积累调控策略尤为关键（陈峰等，1999）。

雨生红球藻是目前已知天然虾青素合成生物体中生物合成积累量最高的微生物之一，虾青素具有较强的抗氧化、增强免疫力和抗炎等作用，作为保健品可以保护机体免受多种疾病侵扰。研究表明，虾青素在预防和治疗多种慢性炎症性疾病、糖尿病等方面具有潜在的生理改善作用。此外，雨生红球藻还可以作为饵料，用于饲养对虾幼体、双壳贝类幼体、淡水虾类幼体等。虾青素不仅具有促进养殖对象着色、抗氧化性和增强免疫力等作用，还可以增加水产品的营养价值和商业价值。

三、杜氏藻

杜氏藻（Dunaliella），俗称盐藻，为绿藻纲（Chlorophyceae）团藻目（Volvocales）杜氏藻科（Dunaliellaceae）杜氏藻属（Dunaliella）的藻类。本属是盐生藻类，多见于许多盐湖、盐田及一些含盐较高的水体中，也有生活于淡水中但具有高盐适应性的物种。盐藻没有细胞壁，在细胞外只有一层弹性的膜，所以它的体积变化比较大，有梨形、椭圆形、长颈形和纺锤形的。细胞长 16~24 μm，宽 10~13 μm。细胞内有一个杯状的色素体，色素体内主要是叶绿素，生活条件不良时产生血红素，藻体呈红色。在色素体内靠近基部有一个大的蛋白核，有一个红色眼点位于细胞上部。原生质体中有一个细胞核。前端生出两条等长的鞭毛，鞭毛比细胞长约 1/3。繁殖方式为细胞纵分裂以形成两个子细胞，环境不良时为有性生殖。盐藻在高盐度中生长良好，最适盐度 60~70。最适温度 25~35℃，但是在温度 4~40℃时均可生存。最适 pH 7.0~8.5，在 pH 7~9 也可以生长繁殖。

商业化的杜氏藻有盐生杜氏藻（Dunaliella salina）和鲍氏杜氏藻（Dunaliella bardaweil），在商业上，我国新资源食品认证的名称为杜氏盐藻。两个物种形态、生理生化特性较为相近，都能高效积累 β-胡萝卜素。其中盐生杜氏藻为单细胞个体，卵形或梨形，前端有一对较长的鞭毛，无细胞壁，细胞内含有一个蛋白核的杯状叶绿体，具眼点和趋光性，广盐适应性，从淡水到高盐度水都能适应，最适生长盐度为 90~120。

杜氏盐藻主要通过积累高含量的甘油来平衡高盐度条件下的渗透压，因而具有天然甘油的开发潜力。在一定环境条件下，甘油含量可达到干重的 80%（Chen et al., 1981）。同时，β-胡萝卜素具有很高的生理活性，除抗氧化作用外，还是维生素 A 的重要前体物质。有报道称，β-胡萝卜素在预防和治疗癌症与心血管疾病方面也有一定的功效。作为天然 β-胡萝卜素的重要生产者，杜氏盐藻细胞在高盐、强光和缺氮等条件下可积累大量的 β-胡萝卜素，致细胞呈橘红色，据此可有效屏障培养中敌害生物的污染。杜氏盐藻的培养过程中先采用较低盐度的海水增加其生物量产量,然后转入高盐度海水或盐田卤水中积累β-胡萝卜素。国内规模化的盐藻生产基地有两处:内蒙古吉兰泰盐湖盐藻生产基地和青海大柴旦盐湖盐藻生产基地。此外,天津、甘肃、海南和广西等地区也相继成功培育出了杜氏盐藻,近几年我国盐藻的年产量已破 3 000 t(张云鹏等,2017)。杜氏盐藻的培养方式主要有跑道池培养和盐田自然养殖两种方式。此外,杜氏盐藻还可作为饵料饲养双壳贝类成体、卤虫、海水轮虫等。

四、其他

1. 微绿球藻: 绿藻门绿藻纲四胞藻目胶球藻科微绿球藻属。

形态特征:细胞呈球形,直径 2~4 μm,淡绿色,富含不饱和脂肪酸及其他营养元素,其中 EPA 含量约占脂肪酸总量的 30%,细胞内油脂含量约占干重的 60%。

生态条件:在有机质多,特别是氮、磷盐丰富的水体中生长旺盛。最适生长温度 25~30℃,盐度 4~36 均能正常生长,最适光照强度 4 000~20 000 lx,适宜 pH 7.5~8.5。

主要饲喂对象:贝类幼体、对虾幼体、轮虫、牙鲆幼苗。

2. 扁藻: 绿藻门绿藻纲团藻目衣藻科扁藻属。

形态特征:细胞一般为扁压状,前端较宽阔,呈广卵形。有 4 根鞭毛由中间一浅凹陷的凹处伸出,细胞内有一个呈绿色杯状的大色素体。后端有一个呈内上开口的杯状蛋白核,有一个到数个红色眼点比较稳定地位于蛋白核附近、细胞中间略前。原生质体有一个细胞核,细胞外有一层薄的纤维质细胞壁。细胞长 11~16 μm,宽 7~9 μm,厚 3.5~5 μm。能够快速地活泼游动。

生态条件:繁殖速度快,主要是通过产生动孢子的方式繁殖,所用培养时间短,产量高。适应能力强,容易培养。当环境不良时,藻细胞能形成椭圆形的休眠孢子,对盐度及温度的适应范围都很广,在盐度 8~80、温度 7~30℃的海水中均能生长繁殖,但温度上升到 33℃以上时生长繁殖会受到较大的抑制，故在夏季时培养比较困难。所含营养丰富均衡，是许多鱼、虾及贝类成体和后期幼体的良好天然饵料。

主要饲喂对象：对虾幼体、双壳贝类幼体、双壳贝类成体、卤虫、海水轮虫、鲍鱼幼体。

3. 塔胞藻：绿藻门绿藻纲团藻目衣藻科塔胞藻属。

形态特征：细胞多数呈梨形、侧卵形，少数呈半球形，前端具有一圆锥形凹陷，由凹陷处中央向前伸出4根鞭毛，色素体为杯状，少数呈网状。有一个蛋白核，眼点位于细胞的一侧或者不存在眼点。单核，位于细胞的中央偏前端，不具有细胞壁。

生态条件：易于培养，耐温下限比扁藻低，细胞生长良好时集群上浮，形成如扁藻一般的藻团。自从被张福绥采集分离出来后，该藻作为水产动物的优质饵料一直被广泛应用于水产动物特别是贝类的人工育苗中。

主要饲喂对象：双壳贝类幼体、双壳贝类成体。

4. 微胞藻：绿藻门绿藻纲绿球藻目绿球藻科微胞藻属。

形态特征：细胞呈圆筒形，紧密相连成不分枝的丝状体。细胞中部略膨大，细胞壁呈"H"形，每个细胞壁由前后两个"H"形的邻近半片套合而成，壁有厚有薄。色素体呈狭带状或板状，常具裂片，不规则扩展，穿孔。淀粉核一个，位于细胞中央。微胞藻的细胞壁构造和黄藻门黄丝藻的极相似，但微胞藻的同化产物是淀粉，可与黄丝藻区别。

生态条件：池塘、湖泊常见的浮游性蓝藻。大量繁殖时引起湖靛，有害于鱼类养殖。

主要饲喂对象：双壳贝类成体。

5. 衣藻：绿藻门绿藻纲团藻目衣藻科衣藻属。

形态特征：单细胞，细胞呈球形或卵形，前端有2根等长的鞭毛，能游动。鞭毛基部有伸缩泡两个。在细胞的近前端，有红色眼点一个。色素体呈大型杯状，具淀粉核一个。

生态条件：无性生殖产生游动孢子；有性生殖为同配、异配和卵式生殖。

在不利的生活条件下，细胞停止游动，并进行多次分裂，外围厚胶质鞘，形成临时群体，称为"不定群体"。环境好转时，群体中的细胞产生鞭毛，破鞘逸出。广布于水沟、洼地和含微量有机质的小型水体中，早春晚秋最为繁盛。

主要饲喂对象：双壳贝类幼体、双壳贝类成体、淡水浮游动物、海水轮虫、卤虫。

6. 绿球藻：绿藻门绿藻纲刚毛藻目刚毛藻科刚毛藻属。

形态特征：藻体非丝状，细胞具有复杂、独特的形态，由一定数目的细胞组成群体。群体内细胞之间彼此分离或紧密相连。细胞呈球形、纺锤形、多角形等。色素体单个或多个，杯状、片状、盘状或网状，淀粉核单个或多个或无。细胞单核，也有具多核的。营养期细胞无鞭毛，不能运动。

生态条件：无性繁殖时形成似亲孢子或动孢子；有性生殖通常为同配生殖，也有异配或卵式生殖。绝大多数为淡水物种，海生种类很少，主要生长于潮湿的土壤及池塘中。

主要饲喂对象：双壳贝类成体。

7. 四鞭藻：绿藻门绿藻纲团藻目衣藻科四鞭藻属。

形态特征：单细胞，细胞呈球形、心形、卵形、椭圆形等，横断面为圆形。细胞壁明显，平滑。细胞前端中央有或无乳头状突起，具4根等长的鞭毛。色素体常为杯状，少数为"H"形或片状，具一个或数个蛋白核。有或无眼点。细胞单核，且核大，有明显的核仁，位于细胞中部或稍许移向前，贮藏营养物质淀粉和脂肪。

生态条件：能在水温 5～33℃ 内增殖，最适水温 25～30℃，增殖速度相当快，到 33℃ 时增殖速度降低，35℃ 以上停止增殖。四鞭藻是一种比小球藻更广温性的种类，可在室外全年培养，即使在北方地区也能大量培养。四鞭藻对盐的适应范围也很广，能在盐度 10～53 范围内增殖，最适盐度是 10～34.7。四鞭藻在 pH 5～10 范围内能很好地增殖。

主要饲喂对象：双壳贝类成体、虾幼体。

第三节 硅藻门

硅藻最显著的形态特征是细胞壁为硅质壳体,由上壳下壳套合而成,以单细胞或多细胞连接的链状群体形式存在。硅藻常见的分裂方式为二分裂,但硅壳越分越小,可通过复大孢子繁殖方式恢复原有大小,复大孢子的形成方式包括无性和有性两种方式。海洋中估计有 20 万种硅藻(Kooistra et al., 2007),但已记录的种类仅约 11 200 种。硅藻在海水、淡水环境中均有广泛分布,特别是在温带和热带海区。常见种属包括菱形藻属(*Nitzschia*)、拟菱形藻属(*Pseudonitzschia*)、角毛藻属(*Chaetoceros*)、舟形藻属(*Navicula*)、小环藻属(*Cyllotella*)、盒形藻属(*Biddulphia*)、骨条藻(*Skeletonema*)等。硅藻死亡后的硅质外壳大量沉积在海底最终可形成硅藻土,在工业上可以作为建筑业、抛光摩擦业等的保温、润滑材料及过滤剂、吸附剂、涂料等的填充剂等(Lebeau et al., 2003)。同时,硅藻细胞壁上的硅是清洁剂的主要成分,因此硅藻土还可被广泛用作杀虫剂(Parkinson et al., 1999)。硅藻含有 DHA(Docosahexaenoic acid,ω-3 多不饱和脂肪酸)、EPA、AA(Arochidonic Acid,花生四烯酸)等 PUFA 组分以及氨基酸等,可用于医药和化妆品行业中。美国生命科学商业中心的学者通过异养培养菱形藻(*Nitzschia alba*)可产生大量的 EPA(Lee,1997)。钙质角毛藻(*Chaetoceros calcitrans*)和中肋骨条藻(*Skeletonema costatum*)还可以合成天冬氨酸、异亮氨酸和亮氨酸等(Derrien et al.,1998)。此外,岩藻黄素等类胡萝卜素组分,有望成为开发人类健康产品的优良资源。

1. 骨条藻:硅藻门中心纲圆筛藻目骨条藻科骨条藻属。

形态特征:骨条藻学名为中肋骨条藻,是渔业生产中应用最为广泛的浮游藻类之一。细胞呈透镜形或圆柱形,直径 6~7 μm,与相邻细胞的对应刺相接组成链状群体。

生态条件：骨条藻是一种广温、广盐的近岸性硅藻，在盐度7~50、水温10~34℃条件下均能生长繁殖，具有营养丰富、易培养等特点。

主要饲喂对象：虾幼体、双壳贝类幼体、双壳贝类成体。

2. 海链藻：硅藻门硅藻纲盒形藻目海链藻科海链藻属。

形态特征：细胞一般为圆盘形，但也有的壳体呈类圆形或椭圆形。壳面切向波曲，在光学镜下为双凹状或不规则波曲；在扫描镜下观察壳面形态非常清晰，形态多种：有"S"形扭曲，有一高一低的壳面，有其他不规则的波曲状。

生态条件：在海洋、内陆水体中皆有分布，也是河口的典型种。我国自珠江口上溯至广州、顺德境皆有分布。对水体盐度的适应性较广，是典型的真盐性种类。

主要喂养对象：虾幼体、双壳贝类幼体、双壳贝类成体。

3. 褐指藻：硅藻门羽纹纲褐指藻目褐指藻科褐指藻属。

形态特征：具有卵形、梭形和三出放射形三种不同的细胞形态，这三种形态在不同的环境条件下可以转变。在正常的液体培养条件下，多是三出放射形细胞和少量的梭形细胞，这两种形态都没有硅质的细胞壁。三出放射形细胞长度为10~18 μm（两臂间垂直距离），细胞中心部分有一个细胞核，有黄褐色的色素体1~3片。梭形细胞长约20 μm，两臂末端较钝。卵细胞长约8 μm，宽约3 μm，只有一个硅质壳面，也没有壳环带。

生态条件：在5~25℃中均能够生长，最适温度为10~20℃。能够适应的盐度为9~92，最适盐度为25~32。能够承受的pH为7~10，最适pH为7.5~8.5。

主要饲喂对象：刺参幼苗。

4. 角毛藻：硅藻门中心纲角毛藻科角毛藻属。

形态特征：细胞小型，细胞壁薄。大多数以单个细胞存在，也有2~3个细胞相连成群体。壳面为椭圆形至圆形，中央略凸起或少数平坦。壳环面成长为方形至四角形，一般细胞宽3.45~4.6 μm，长4.6~9.2 μm，壳环带

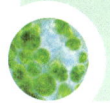

不明显。角毛细而长，末端尖，自细胞四角生出，几乎与纵轴平行，一般长 20.7～34.5 μm。两端的角毛以细胞体为中心略呈"S"形。色素体一个，呈片状，黄褐色。在培养过程中，细胞常常变形。变形的细胞拉长或弯曲，或膨大为圆、椭圆及其他不同于正常形态的形状，角毛缩短或一个壳面的角毛完全消失。变形后的藻体都比正常的大。

生态条件：正常情况下，牟氏角毛藻培养液呈金黄色，无沉淀，一级培养密度可达 33 万个/mL，最适盐度 26～35，最适温度 5～30℃，生长率随水温升高而提高，超过 30℃生长率开始下降，最适温度 30℃。适宜 pH 6.4～9.5，最适 pH 为 8.0～8.9，一般为无性的二分裂繁殖。环境不良的时候可形成休眠孢子，一个母细胞形成一个休眠孢子，也能形成复大孢子。牟氏角毛藻属耐高温种类，适合夏季培养。

主要饲喂对象：双壳贝类、海胆、海参、甲壳类等的幼体。

5. 辐环藻：硅藻门中心纲圆筛藻目辐环藻属。

形态特征：细胞盘状。壳面为圆形，极少呈椭圆形。壳面中央有散乱排列的乱纹，向外呈稀疏的放射状排列，如同心圆状，越近壳面边缘，空纹越呈紧密的放射状排列，壳缘有一个无纹的眼斑和许多等距离排列的小刺。色素体呈小颗粒状，数目多。

生态条件：沿岸广布种，海水、半咸水中皆有发现。

主要喂养对象：双壳贝类成体。

6. 菱形藻：硅藻门羽纹纲管壳缝目双菱藻科菱形藻属。

形态特征：真核生物。生物体多为单细胞，浮游或附着。细胞纵长、直或"S"形，壳面线性，披针形，罕为椭圆形，两端渐尖或钝，末端楔形、喙形、头状、尖圆形。壳面的一侧具有龙骨突起。龙骨突起上具有管壳缝，管壳缝内壁具有许多通入细胞内的小孔，称"龙骨点"。龙骨点明显，上下两个壳的龙骨突起彼此交叉相对，具小的中央节和极节，壳面具横线纹。细胞壳面和带面不成直角，因此横断面呈菱形。色素体侧生、带状，2个，少数 4～6 个。

生态条件：滇池常见藻类，常大量附着在微囊藻群体胶被上。

主要饲喂对象：卤虫。

7. 小环藻： 硅藻门中心纲圆筛藻目圆筛藻科小环藻属。

形态特征：多以单细胞存在，很少形成短链（如2～3个细胞），细胞呈圆盘形或短圆柱状，壳面为圆形。壳面上有两个不同特征的区域：一个中央区和一个边缘区，壳面中央区呈轻微的波状起伏或平滑状，边缘区有辐射状花纹，支持突一般位于壳面或者壳缘，唇形突一般位于壳缘处。色素体多数呈小盘状。

生态条件：小环藻物种是生长在不同环境条件下的浮游藻类，属于广盐性的硅藻物种，大部分可以生活在淡水环境条件下，少数生活在一些咸水湖或者海洋环境中，它们对水质环境差异敏感，可以用来净化水质。

主要饲喂对象：卤虫、中华绒螯蟹一期幼体、虾幼体等。

第四节　甲藻门

甲藻细胞通常有一条横沟和一条纵沟，具两根鞭毛，故又称双鞭藻。细胞壁钙化并呈多维立体结构，是其形态分类的重要依据。甲藻以无性繁殖为主，但在营养匮乏时进行有性繁殖。甲藻种类繁多，全世界已记录的有115～131个属，1 400～1 800个种（Gómez et al.，2004），在海水、淡水环境中均有广泛分布。

许多海洋甲藻能产生甲藻毒素，是海洋藻类毒素的主要来源。甲藻毒素中的OA（oakadaic acid）及其衍生物是典型的腹泻性贝毒，但研究发现其对细胞成分的改变和对免疫、神经系统的影响，可用于预防和治疗阿尔兹海默病（Yoon et al.，2012），且具有开发抗癌药品等的潜力，但很多产毒甲藻难以人工培养。目前已成功培养的产毒甲藻有亚历山大藻（*Alexandrium* sp.）、前沟藻（*Amphidinium* sp.）、冈比毒亚藻（*Gambierdiscus toxicus*）、链状裸甲藻（*Gambierdiscus catenatum*）、利玛原甲藻（*Prorocentrum* Lima）等（周成旭等，

1999；林永水，2006）。隐甲藻 *Crypthecodinium cohnii* 已成为培养生产 DHA 的工业藻种，其中寇氏隐甲藻中 DHA 的含量占胞内总油脂的 40% 左右（Jara et al.，2003），其他不饱和脂肪酸的含量非常低（＜1%），目前生产规模不大（Ratledge et al.，2001；Inan，2008）。

隐甲藻：隐甲藻门甲藻纲多甲藻目隐甲藻科隐甲藻属。

形态特征：细胞的主要特征是细胞壁由纤维素构成，色素体含有叶绿素、β-胡萝卜素以及一种或多种胡萝卜素的含氧衍生物；细胞内的基本储存物质为淀粉和脂肪；单核；许多种属的细胞外围可以看到由细胞膜、孢子囊壁和微管组成的外部细胞保护层。染色质在分裂期和静止期均为高度缠绕的形态；DNA 没有和组蛋白结合；缺少核质。

在营养生殖细胞阶段，细胞为圆形，平均直径为 18.5 μm；细胞光滑、无色、有弹性、具抗分裂能力。在动孢子阶段，形状为椭圆形，从侧面看细胞为扁平状，长轴平均长度为 17.6 μm，短轴平均为 14.4 μm，由于腰带形成向下的左手螺旋，细胞的上锥部与亚锥部不对称。

生态条件：生长在腐败的大型褐藻上，温度会影响隐甲藻细胞的分裂方式，当温度为 20~30℃时，细胞以二分裂的方式繁殖，当温度为 30~34℃时，有 30%~40% 的细胞是以四分裂的方式繁殖。pH 也是影响隐甲藻生长和产物积累的重要因素，当 pH 为 6~7.1 时有利于 DHA 的积累。

主要饲喂对象：次级饵料培养。

第五节 红藻门

红藻门藻类多是海生，单细胞种类为数不多。红藻细胞除叶绿素外，还含有藻红蛋白和藻蓝蛋白，故常呈红色或紫色。红藻门的单细胞海水种属包括紫球藻属（*Porphyridium*）、蔷薇藻属（*Rhodella*）等。紫球藻属包括铜绿紫球藻（*Porphyridium aerugineum*）、紫球藻（*Porphyridium purpureum*）等物种。紫球藻、蔷薇藻均可以作为生产藻胆蛋白、活性多糖等生物活性物质的藻种，其中紫球藻含有较厚的胶质膜，常多个细胞聚集在一起形成浅褐色薄片，其胞壁多糖通常占藻体干重的50%～70%（谢树莲等，2020）。基于前期研究，紫球藻多糖已在化妆品上得到初步应用（刘红辉等，2014）。

第六节　金藻门

　　金藻为金藻门的藻类，单细胞或群体生活，运动或不运动，外观多呈金黄褐色；光合色素包含叶绿素 a、叶绿素 c、胡萝卜素、叶黄素和岩藻黄素等；以金藻昆布糖（Chrysolaminaran 或 Chrysolaminaran）和脂肪为主要储存产物，金藻昆布糖又称昆布糖（laminaran）或金藻多糖（Leucosin），可形成裸露无外鞘的蛋白核。具一或两条鞭毛，顶生。具两条鞭毛的种类，一条为尾鞭型，一条为茸鞭型。单个金藻以细胞分裂方式进行繁殖，群体以群体断裂方式进行营养繁殖等。

　　金藻均为微型藻类，多生长于淡水中，海洋金藻在近岸和大洋中均有分布。常见金藻种类包括等鞭金藻（*Isochiysis*）、金色藻（*Chrysochromulina*）、钙板金藻（*Gephyrocapsa*）、硅鞭金藻（*Silicoflagellales*）、小三毛金藻（*Prymnesium*）、微拟球藻（*Nannochloropsis*）、簇游藻属（*Corymbellus*）、棕囊藻（褐胞藻）（*Phaeocystis*）、普林藻（*Prymnesium*）等（钱树本等，2005；胡晓燕，2005）。许多金藻物种具有 DHA、EPA 和生物柴油开发潜力。其中，微拟球藻已实现大规模培养，主要用于生物饵料、生物质能源和烟气减排。该藻由于富含 EPA、活性多糖等活性成分，有望成为健康医药等制品，等鞭金藻的胞外多糖在医药保健和化妆品领域也有一定的潜在应用价值。

1. 微拟球藻（Nannochloropsis）：隶属金藻门真眼点藻纲（Eustigmatophyceae）微拟球藻属（*Nannochloropsis*）。

单细胞，无鞭毛，具眼点，无细胞壁，似亲孢子无性繁殖。该属已鉴定的物种有6个，主要为海水种，在海洋中较广泛分布，但也有个别的淡水种。

原来根据形态学特征将该属藻类放入绿藻门、绿藻纲、胶球藻科，与胶球藻科 *Nannochloris* sp. 混淆。目前国内所发表的文章中经常将这两个属的藻种弄混，*Nannochloris* 中文名称为微绿球藻，*Nannochloropsis* 的中文名称为微拟球藻。一般情况下，*Nannochloris* sp. 不含或者含有极少的长链不饱和脂肪酸，而 *Nannochloropsis* sp. 富含EPA。另外，可以通过分子鉴定直接鉴别两种微藻。此外，在水产养殖中，作为饵料生物的微拟球藻常被误称为小球藻。根据分子生物学、细胞亚显微结构及色素组成等特征已将该属藻类的分类地位修订为金藻门、真眼点藻纲、微拟球藻属。

微拟球藻油脂含量高、富含EPA和多糖、生长速度快、适应能力强，目前已实现大规模培养。培养该藻的最初出发点是开发生物饵料、生物质能源并同步实现减排电厂废气。微拟球藻也具有食用和医药保健开发潜力，其医药保健产品的开发也值得期待。

2. 等鞭金藻：金藻门金藻纲等鞭金藻目等鞭金藻科等鞭金藻属。

形态特征：细胞长4.4～7.1 μm，宽2.7～4.4 μm，厚2.4～3 μm。等鞭金藻是单细胞海洋浮游藻类，该藻含有较多胡萝卜素、叶黄素，因而呈褐黄色，是单细胞生活的个体，没有由纤维素和果胶组成的细胞壁，大多数呈椭圆形，幼细胞有略呈扁平的背腹面，故侧面为长椭圆形或长方形。因细胞前端生出两条等长的尾鞭形鞭毛，因而得名球等鞭金藻。

生态条件：在10～35℃内均能生长繁殖，最适的温度为20～28℃。在纯淡水中不能生长，盐度在0～10生长率急剧上升达到峰值，以后盐度直到30，它的生长率几乎没有变化，当盐度超过30时生长缓慢。繁殖方式为无性二分裂，环境不良时会形成特殊的内生孢子，环境变好时内生孢子分裂成

16个新的藻体放出。

主要饲喂对象：卤虫、对虾幼体、双壳贝类幼体、双壳贝类成体、淡水虾类幼体。

3. 巴夫藻：金藻门普林藻纲巴夫藻目巴夫藻科巴夫藻属。

形态特征：绿色巴夫藻没有细胞壁，正面观察为圆形，侧面观察为椭圆形至倒卵形。大小约为 6 μm × 4.8 μm × 4 μm。细胞中上部生出两条不等长的鞭毛和一条附着鞭毛。长鞭毛有许多细小鳞片覆盖，长度是细胞长的 1.5~2.0 倍，短鞭毛光滑，不发达，仅有 0.3 μm，向后弯曲形成钩形，位于两鞭毛之间。一个色素体裂成两大片围绕着细胞，细胞核在细胞的上部，没有核蛋白和眼点。群体的细胞呈淡黄色至绿色，有微弱的趋光性。

生态条件：巴夫藻对于盐度的适应范围极其广泛，盐度 5~80 都能够正常生长，最适盐度为 10~40。能够耐低温，在 -3℃ 不会凋亡，在 10~35℃ 内都能生长。

主要饲喂对象：双壳贝类幼体、双壳贝类成体、卤虫、海水轮虫。

第七节　黄藻门

目前已知黄藻门藻类有 600 多种，大多为淡水种。细胞壁常由相互叠合的两半组成。以动孢子和休眠孢子等方式进行无性繁殖，有性繁殖仅见于少数物种。生物体类型为单细胞、群体、多核管状或丝状体。运动的个体和动孢子具有两条不等长鞭毛，极少数具一条鞭毛。色素体中含有叶绿素 a、叶绿素 c、β-胡萝卜素及叶黄素。色素体一至多个，呈黄绿色。同化产物为油滴、金藻昆布多糖及脂肪。单细胞或多细胞丝状体藻类。黄藻门藻类多为丝状体，有 75 属 370 多种。我国常见淡水黄藻有黄丝藻属、黄管藻属，30 多种，其色素、油脂和金藻昆布多糖具有一定的商业开发价值。丝状体黄藻易于采收，与单胞藻相比，其生产成本具有优势（Wang et al.，1985；钱树本等，2005）。

第八节　裸藻门

裸藻门藻类无细胞壁，除个别种类为树状群体外，都是具鞭毛游动型的单细胞体。色素体与绿藻门相似，少数种类不具色素体，储存物质均为裸藻淀粉。具色素体的物种都有1个眼点，全世界已鉴定出的有1 000多种。分布较广，多数产于淡水，少数产于海水和半咸水。裸藻无纤维素细胞壁，许多种类可进行变形运动。其营养方式有植物性、动物性或腐生性。不同程度富营养水体中常能生长为特有的种类，可利用其作为鉴别有机污染程度的指示生物或净水水质。海水和河口半咸水中的物种有绿色裸藻（*Euglena viridis*）、钝顶裸藻（*Euglena obtusa*）、膝曲裸藻（*Euglena geniculata*）、静裸藻（*Euglena deses*）、梭形裸藻（*Euglena acus*）、盐生裸藻（*Euglena salina*）、纤细裸藻（*Euglena gracilis*）、密盘裸藻（*Euglena wangi*）。纤细裸藻目前已实现小规模的商业化应用，附加值较高。

纤细裸藻（*Euglena gracilis*）的细胞呈圆柱形或狭卵形，表面柔软且形状异变。具3个以上色素体、1条鞭毛和1个眼点，无细胞壁。纤细裸藻能自由游动，以二分裂方式繁殖，属淡水种。日本的Tokyo-based Euglena公司于2005年开始已实现该藻种的商业化生产。

参考文献

陈峰，1999. 微藻生物技术［M］. 北京：中国轻工出版社.
韩士群，张振华，刘海琴，2003. 小球藻生长因子的生理功能研究［J］. 江苏农业科学，

000(005): 99-101.

胡晓燕, 2004. 山东沿海普林藻纲的分类研究[D]. 青岛: 中科院海洋研究所.

林永水, 2006. 中国甲藻志[M]. 北京: 科学出版社.

刘红辉, 李敏, 汲红丽, 等, 2014. 紫球藻胞外多糖抗氧化和保湿性能的研究[J]. 食品研究与开发 (5): 1-6.

钱树本, 刘东艳, 孙军, 2005. 海藻学[M]. 青岛: 中国海洋大学出版社.

王宝贝, 蔡舒琳, 李丽婷, 等, 2017. 小球藻在食品中的应用研究进展[J]. 食品工业科技, 038(17): 341-346, 352.

向文洲, 李涛, 吴华莲, 等, 2014. 海水螺旋藻产业发展战略研究[J]. 广西科学, 21(6): 573-579.

谢树莲, 南芳茹, 2020. 走进淡水中的红藻[J]. 生命世界, (2): 26-29.

张偲, 2013. 中国海洋微生物多样性[M]. 北京: 科学出版社.

张云鹏, 张慧, 李慧, 等, 2017. 杜氏盐藻多糖的研究现状及应用前景[J]. 山东化工, 046(15): 80-81.

周成旭, 吴玉霖, 1999. 甲藻赤潮及其毒素的产生机制及夜光藻氮代谢途径[J]. 海洋与湖沼, 30(4): 454-439.

Champenois J, Marfaing H, Pierre R, 2015. Review of the taxonomic revision of *Chlorella* and consequences for its food uses in Europe[J]. Journal of Applied Phycology, 27: 1845-1851.

Chen B J, Chi C H, 1981. Process development and evaluation for algal glycerol production[J]. Biotechnology & Bioengineering, 23(6): 1267-1287.

Derrien A, Coiffard L J M, Coiffard C, et al., 1998. Free amino acid analysis of five microalgae[J]. Journal of Applied Phycology, 10(2): 131-134.

Gómez F, Boicenco L, 2004. An annotated checklist of dinoflagellates in the Black Sea[J]. Hydrobiologia, 517: 43-59.

Inan D, 2008. Production of docosahexaenoic acid by *Crypthecodinium cohnii* using continuous-mode process[D]. West Virginia University.

Itoh T, Tsuzuki R, Tanaka T, et al., 2013. Reduced scytonemin isolated from *Nostoc commune* induces autophagic cell death in human T-lymphoid cell line Jurkat cells[J]. Food & Chemical Toxicology, 60: 76-82.

Jara A D L, Mendoza H, Martel A, et al., 2003. Flow cytometric determination of lipid content in a marine dinoflagellate, *Crypthecodinium cohnii*[J]. Journal of Applied Phycology, 15(5): 433-438.

Kooistra W H C F, Gersonde R, Medlin L K, et al., 2007. Evolution of primary producers in the sea[M]. Elsevier.

Lebeau T, Robert J M, 2003. Diatom cultivation and biotechnologically relevant products. Part II: Current and putative products[J]. Applied Microbiology and Biotechnology, 60(6): 624-632.

Lee Y K, 1997. Commercial production of microalgae in the Asia-Pacific rim[J]. Journal of Applied Phycology, 9(5): 403-411.

Metting F B, 1996. Biodiversity and application of microalgae[J]. Journal of India Microbiollogy, 17: 477-489.

Parkinson J, Gordon R, 1999. Beyond micromachining: the potential of diatoms[J]. Trends in Biotechnology, 17: 190-196.

Ratledge C, Kanagachandran K, Anderson A J, et al., 2001. Production of docosahexaenoic acid by *Crypthecodinium cohnii* grown in a pH-auxostat culture with acetic acid as principal carbon source[J]. Lipids, 36(11): 1241-1246.

Sotiroudis T G, Sotiroudis G, 2013. Health aspects of *Spirulina* (*Arthrospira*) microalga food supplement[J]. Journal of the Serbian Chemical Society, 78(3): 395-405.

Vonshak A, 1997. *Spirulina platensis* (*Arthrospira*): physiology, cell biology and biotechnology [M]. London: Taylor & Francis.

Wang F, Gao B, Su M, et al., 2019. Integrated biorefinery strategy for tofu wastewater biotransformation and biomass valorization with the filamentous microalga *Tribonema minus* [J]. Bioresource Technology, 292: 121-138.

Wu B T, Tseng C K, Xiang W, 1993. Large-scale cultivation of *Spirulina* in seawater based culture medium[J]. Bot Mar, 36: 99-102.

Yoon S Y, Choi J E, Ham J H, et al., 2012. zVLL-CHO at low concentrations acts as a calpain inhibitor to protect neurons against okadaic acid-induced neurodegeneration[J]. Neuroscience Letters, 509(1): 33-38.

第二章 微藻活性物质

第一节 概　述

　　微藻的培养和研究始于18世纪末，主要涉及栅藻和小球藻等淡水藻类，目的是作为研究植物生理学的试验材料。1910年，Allen和Nelson开始培养单种硅藻饲养各种无脊椎动物，从此开始了经济微藻在水产动物领域的应用。如作为大多数贝类幼虫、虾类溞状幼体和糠虾幼体、海参类鳟形幼体以及成体如瓣鳃类软体动物的饵料。还可用于培养动物性饵料（如轮虫、枝角类、桡足类等），起间接饵料的作用等。

　　经济微藻本身营养丰富，富含蛋白质，可以作为单细胞蛋白（SCP）的一个重要来源，而且能产生不寻常的脂肪、多糖、蛋白、类胡萝卜素等生物活性物质，因此在医药、食品、水产养殖、农业及环保等领域具有重要开发价值。20世纪80年代后对微藻的营养成分和活性物质的研究成了人们关注的热点，包括微藻蛋白、多糖、脂肪酸、维生素、甾醇等营养成分，以及一些有独特生物活性的物质（如β-胡萝卜素、藻蓝蛋白等色素类，抗生素类，抗病毒类，抗真菌类，细胞毒素等），它们可能对人类的多种疾病（如肿瘤、心血管疾病、艾滋病等）具有特殊的疗效，是重要的药源。

　　利用微藻生产生物活性物质具有很多独特的优点：①微藻种类繁多，有可能提供很多新的独特的生物活性物质；②许多微藻可以进行人工养殖，且生长速度快，繁殖周期短，能够较好地保证资源供应；③微藻可塑性强，容易通过改变环境条件等因素来提高体内生物活性物质的含量。

　　我国从1958年开始培养微藻用于食品和饵料，先后进行了小球藻、扁藻和三角褐指藻等的大量培养，总结了一套可行的培养方法，为我国的微藻生产打下了基础。

1972 年，不少单位相继开展了螺旋藻的培养研究，并进行了小规模的生产和应用试验。此外，还开展了盐藻的生产试验，选育出了 3 个适于在海水中生长的螺旋藻新品系，提出了开放、半开放方式培养螺旋藻的大量培养技术。微藻蛋白的工厂化生产试验，光生物反应器，藻类采收、浓缩、干燥和加工，微藻饲料的应用试验等方面也取得了一系列重要成果。近年来，我国在微藻活性物质应用方面取得了较大进展。

第二节　不饱和脂肪酸

一、不饱和脂肪酸（PUFA）的生理功能

自 1964 年 Van Dorp 发现某些 PUFA 是合成前列腺素的前体，1978 年 Dyerbery 指出二十碳五烯酸（EPA）有益于人类健康以来，人们对 EPA、二十二碳六烯酸（DHA）及花生四烯酸（AA）等多种高度 PUFA 进行了广泛的研究。具有 4～5 个双键的高度不饱和脂肪酸及其代谢产物不仅是构成动植物细胞膜结构的重要成分，而且具有其他重要的生理功能，其中 EPA、DHA 及 AA 被认为是比较重要的多不饱和脂肪酸，结构如图 2-1。

名称	速记表示
AA	20∶4［5，8，11，14］
EPA	20∶5［5，8，11，14，17］
DHA	22∶6［4，7，10，13，16，19］

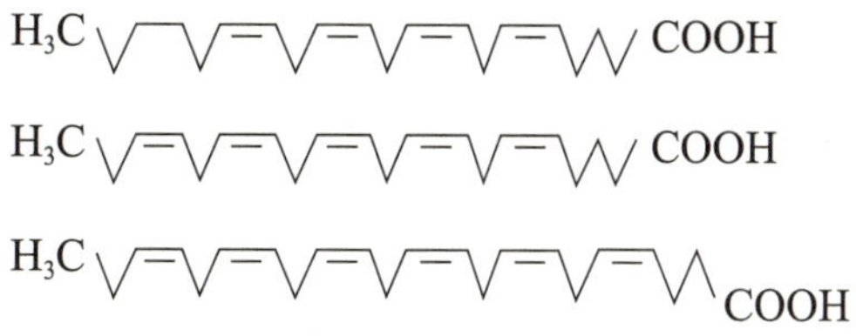

图 2-1　三种重要的高度不饱和脂肪酸结构式

研究表明，AA 和 EPA 是前列腺素及其衍生物凝血烷、白三烯等激素类化合物的前体，这类化合物在广泛的生理过程中起着重要的调节作用。EPA 和 DHA 能够降血脂、降血压、降胆固醇、抗血栓、防止血小板凝结、舒张血管，可用于预防和治疗心血管疾病，防止动脉粥样硬化，它们还可用于预防和治疗癌症、炎症、风湿性关节炎、糖尿病等疾病，提高人体的免疫调节机能。DHA 在大脑和视网膜中含量很高，对于正常的大脑和视觉功能十分重要，能够促进脑细胞的生长发育，改善脑的机能，可用于中枢神经疾病的预防与治疗。DHA 主要存在于磷脂酰丝氨酸（PS）和磷脂酰乙醇胺（PE）中，可占视网膜中 PE 和 PS 脂肪酸含量的 50%~60%，以及大脑灰质中 PE 和 PS 脂肪酸含量的 20%~25%。人体中进行的 DHA 生物合成极其有限，因而从食物中补充足够的 DHA 十分必要。特别是婴幼儿，大脑生长发育快，需要较多的 DHA。在正常条件下，大脑组织中的 DHA 至少在生命最初的两年中持续稳定增加。如果不从食物中摄取足够的 DHA，会影响婴儿智力、视力和生理发育。

二、利用微藻生产 PUFA 的研究背景

在哺乳动物体内，EPA 和 DHA 等高度不饱和脂肪酸表现出的独特生理功效早已受到科学界、医学界、健康食品业及消费者的重视。在发达国家，健康部门推荐每个成人 ω-3 型多不饱和脂肪酸的摄入量应为 1.0~1.5 g/d。有关 DHA 的产品，如 DHA 保健胶囊、DHA 婴儿奶粉、DHA 微胶囊制品、DHA 饮料及 DHA 食品也已相继问世。EPA 早在 20 世纪 90 年代初就被日本正式批准为用于治疗心血管疾病的药物。水产养殖专家发现 PUFA（尤其是鱼虾体内自身不能合成或合成速度缓慢的 PUFA，如亚油酸、亚麻酸、EPA、DHA 等）在鱼虾生长及发育过程中发挥着重要功能，在水产养殖中适量投放富含 PUFA 的生物饵料已经成为增产增收的一个重要手段。随着研究的继续深入，EPA 和 DHA 新的生理功效及作用机理将不断被发现和揭示，然而短缺的 PUFA 生物资源却始终制约着 EPA 和 DHA 的广泛应用，积极寻找廉价的 EPA 和 DHA 生物

资源已成为一种迫切需求。

传统上，工业鱼油是 EPA 和 DHA 等多不饱和脂肪酸的主要来源，尤其是深海鱼油。研究发现，鱼类并不是 PUFA 的真正生产者，它们通过吞食富含 PUFA 的海洋微藻或者浮游动物在体内实现 PUFA 的积累，因此微藻才是 PUFA 真正的生产者。

培养微藻生产 ω-3 型多不饱和脂肪酸，从理论上讲是一条更为直接的途径，因为利用藻类生产 PUFA 具有以下优点：①藻细胞 PUFA 含量较高，某些藻细胞内 PUFA 的相对含量高达细胞干重的 5%～6%，其相对含量远远高于鱼体内 PUFA 的含量。鱼类通过食物链传递、积累 PUFA，其相对含量远低于藻细胞。②从藻细胞内提取的 PUFA 没有鱼腥味，可用作食品添加剂，而且不含胆固醇，避免了食用鱼油时摄入大量胆固醇。③某些藻类所含的 PUFA 种类比较单纯，相对容易进行单一成分的分离提纯。④藻类的繁殖周期比鱼类短且受环境影响较小，可以通过对营养成分和环境因素的精准调控实现纯种培养。而且，有些生产 PUFA 的藻株可以异养快速生长。因此，可以利用现有的发酵工业设备和技术进行大规模生产。⑤相比鱼类，藻类遗传转化系统较为简单，可对藻类进行基因改造，使之高效合成单一 PUFA 成分等（表 2-1）。

表 2-1 微藻及鱼油中 EPA 和 DHA 含量的比较（%）

微藻及鱼油	PUFA	DHA	EPA
小环藻	10.6	—	23.8
三角褐指藻	9.2	—	26.9
硅藻	40.1	—	12.6
球等鞭金藻	26.5	22.0	1.5
小新月菱形藻	8.8	0.5	35.2
绿色巴夫藻	10.2	12.6	27.9

（续表）

微藻及鱼油	PUFA	DHA	EPA
竹荚鱼	3.9	—	3.4
大麻哈鱼	19.0	—	9.6
海鲑鱼	9.1	—	4.3

注：脂肪酸-占生物干重百分比；EPA-占总脂肪酸百分比；DHA-占总脂肪酸百分比（古绍彬等，2001）。

自发现微藻可合成PUFA以来，人们从藻种筛选、培养条件优化、反应器设计和培养方式等方面都进行了广泛研究，取得了令人瞩目的成就。利用海洋微藻生产PUFA的研究始于20世纪80年代初期，并且多以自养微藻生产EPA和DHA为主，其中的三角褐指藻（*Phaeodactylum tricormatum*）、紫球藻（*Porphyridium cruentum*）、盐生微拟球藻（*Nannochloropsis salina*）、球等鞭金藻（*Isochrysis galbana*）、硅藻等当时被认为最有可能实现微藻产业化。美国、日本、以色列等率先采用户外开放大池培养微藻用以生产PUFA。Cohen（1993）报道户外培养紫球藻的EPA产量冬天为0.5 mg/（L·d），夏天为1.0 mg/（L·d）。Richmond（1982）报道户外培养微藻的最高产量为50 g/（m^2·d）。Lopez等（1992）实验发现，球等鞭金藻（*Isochrysis galbana*）中ω-3型多不饱和脂肪酸最高含量占干重的6.7%，对户外培养积累PUFA的光合自养微藻最高产量进行了理论推断，其值也仅为16.7 mg/（L·d）。显然，由于开放池很难达到较高的培养密度，微藻细胞生物量的产量极低，使一些富有价值的活性物质的生产成本过高，导致开发过程受到限制。

我国在应用微藻生产PUFA的研究方面，戴俊彪等（1999）曾对开放大池培养球等鞭金藻生产DHA和EPA进行了初步探讨。在实验室研究方面，有关学者对影响微藻生长繁殖、藻细胞生化组成和PUFA积累的稀释速率、光照强度、光质及光周期、温度、pH、盐度、微量元素、维生素及二氧化碳等影响因子进行了深入探讨，王长海等（2000）采用40 L光生物反应器对影响紫球藻细胞脂肪酸含量的环境因素、培养条件等进行了比较系统的研究，这些工作从一定程度上弥补了户外开放大池培养微藻的一些不足，在一定范围内提高了微藻培养过程中的单位面积上单位时间的生物产量及产物的积累，基本上可以解决上述问题，为实现微藻生产 PUFA 提供了保障。

三、PUFA 的合成途径

植物能将单烯酸转化成多烯酸，是从分子的较远端（即从所在双键到 ω-甲基）进一步脱饱和，并按照亚甲基隔开的样式引入顺式不饱和中心。而动物只能在单烯分子或植物衍生的多烯衍生物较近端（即从所在双键至羧基），插入另外的双键。因此，动物不能生物合成亚油酸和亚麻酸。一般认为，PUFA 的合成是亚油酸和亚麻酸通过链伸长以及脱饱和作用逐步完成的，微藻体内 PUFA 的合成途径如图 2-2 所示。

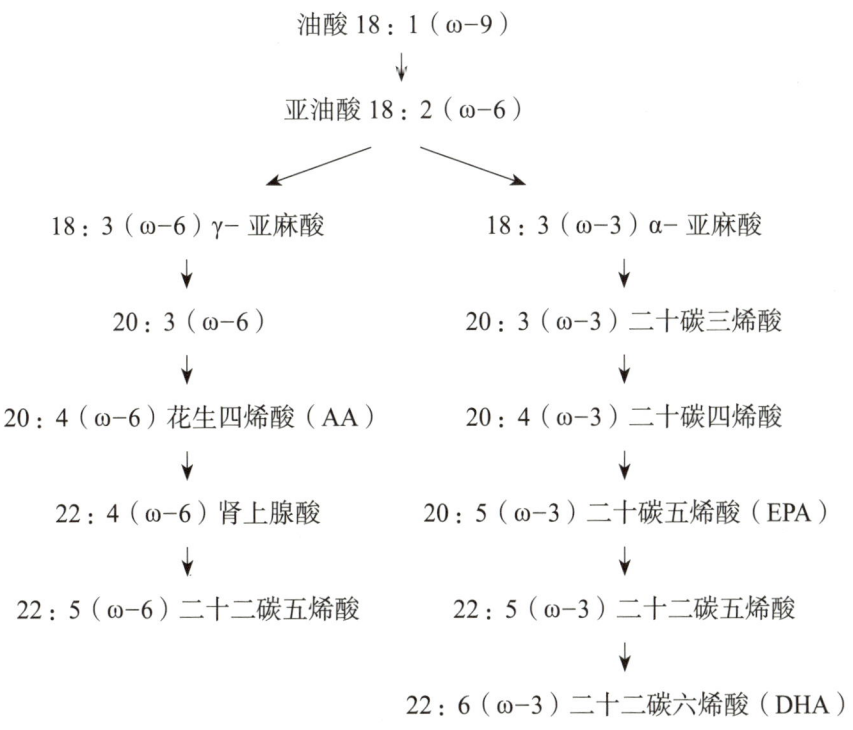

图 2-2　微藻体内 PUFA 的合成途径

有人认为 PUFA 在微藻体内的合成途径存在着种属特异性。如在裸藻 *Euglena graciliszh* 中，亚油酸通过链伸长转化为相应的二十碳酸，然后逐步饱和为 AA：18：2；而在 *Ochromnas danica* 和紫球藻中，AA 的合成则需经由亚麻酸的途径：18：2[9, 12] → 18：3[6, 9, 12] → 20：3[8, 11, 14] → 20：4[5, 8, 11, 14]。目前，对 PUFA 在藻细胞内合成的具体部位所知甚少。但是有一点是值得肯定的，由于不同种类微藻存在着光合自养生长、异养生长或兼养生长等营养方式的差异，PUFA 在藻细胞内的合成位点与其生物合成途径必将会随藻种的不同而有所不同。例如，对微藻细胞体内 AA 的生物合成研究表明，在 *E. graciliszh* 中，AA 主要是异养生长的代谢产物，而不是光合自养生长下的光合作用产物；而在紫球藻和 *Monodus subterraneus* 细胞内大量的 C_{20} 四烯酸和 C_{20} 五烯酸是构成叶绿体脂质的主要成分。可见，在紫球藻和 *Monodus subterraneus* 中，AA 的合成位点在细胞的光合作用器官中。因此，只有深入了解 PUFA 在微藻体内的代谢途径，才能够有效地通过改变培养条件，刺激目标产物的代谢与积累，从而提高 PUFA 的产量。

四、影响 PUFA 合成的环境因子

微藻的总脂含量和脂肪酸组成，除决定于微藻本身的遗传因素外，培养基组成（如碳、氮、磷等的浓度以及碳/氮/磷的值）、生长期和环境条件（如光环境、通气和温度）等因素都会影响它们的生物合成和积累。如较低的光照强度能促进小球藻（*Chlorella* sp.）和紫球藻中 PUFA 的形成和积累，但提高光照强度却能使小球藻和紫球藻中的 EPA 积累；杜氏藻（*Dunaliella bardawil* 和 *Dunaliella salina*）在氮限制条件下才具有较高的 EPA 含量，因此上述生态因素对不同藻种的影响变化很大。目前，比较有效地提高微藻中 PUFA 含量的方法是改变微藻生长条件，进而改变总脂含量或脂肪酸组成。

影响微藻脂肪酸组成的因素主要有以下几个方面：

（1）种类和品系对微藻脂肪酸的影响：微藻的脂类含量和脂肪酸组成

因藻种不同而异,甚至同一种类的不同品系之间也存在很大差别,López 等(1992)对分离出来的球等鞭金藻 59 个品系的 EPA 和 DHA 含量进行了测定。结果表明,不同品系 EPA 和 DHA 含量差别很大,EPA 占总脂肪酸的百分比为 13.2% ~ 31.9%,占干重的百分比为 1.81% ~ 6.61%;DHA 占总脂肪酸的百分比为 4.25% ~ 13.4%,占干重的百分比为 0.58% ~ 2.77%。一些微藻脂肪酸的数据如表 2-2 所示。

表 2-2 11 种微藻的总脂肪酸和脂肪酸中 EPA/DHA 含量

微藻	总脂肪酸 /% *	EPA /% **	DHA /% **
叉鞭金藻	13.1	NT	NT
球等鞭金藻	12.1	NT	NT
绿色巴夫藻	9.4	25	6
塔孢藻	6.5	8	NT
卡德藻	5.8	6	NT
微绿球藻	7.3	1.2	NT
扁藻	6.8	5.1	NT
小球藻	5.3	28	NT
新月菱形藻	9.3	17	NT
角毛藻	8.1	NT	NT
南极冰藻	9.2	19	NT

注:*,总脂肪酸含量指占藻体干重的百分比;**,脂的含量指占脂肪酸总量的百分比;NT,未检出(林学政,2002)。

(2)生长期对微藻脂肪酸的影响:一般来说,微藻中不饱和脂肪酸的含量是培养时间的函数,为了提高微藻的营养价值,人们尝试延长微藻的收获时间来增加它的脂肪酸包括 EPA 和 DHA 的含量。如牟氏角毛藻(*Chaetoceros gracilis*)在达到静止期后脂肪酸含量迅速增加,在稳定期末期总脂肪酸含量是指数生长期的 9 倍,虽然 EPA 和 DHA 占总脂的比例略微下降,但绝对含量增加很多。三角褐指藻中 PUFA 的含量(尤其是 EPA)在稳定期达到最大值。当然也不是所有的藻种在延长收获时间后脂肪酸含量都增加，如四肩突四爿藻（*Tetraselmis tetrathele*）在稳定期和指数期的脂肪酸含量相差无几，因此最好在指数生长末期收获。魏东等（2000）报道了生长期对后棘藻（*Ellipsoidion* sp.）和眼点拟微球藻（*Nannochloropsis oculata*）细胞中总脂肪酸含量和脂肪酸组成的影响。结果表明，两种微藻的总脂肪酸均在稳定期含量最高，分别占干重的54.5%和43.3%，而EPA、ω-3多不饱和脂肪酸和总PUFA的最高比例均出现在对数早期，EPA占总脂肪酸的比例可分别高达27.3%和27.7%，同时总脂肪酸的含量却最低，分别占干重的22.9%和22.0%。在对数期中EPA是脂肪酸的主要成分，而在稳定期中16：0、16：1ω-9和18：1ω-9是脂肪酸的主要成分。李文权等（2003）对球等鞭金藻、盐藻和小球藻三种微藻在不同生长期的总多不饱和脂肪酸（TPUFA）含量进行了比较，三种微藻在指数生长期TPUFA含量明显比稳定生长期高，而总饱和脂肪酸含量（TSFA）在指数生长期间相对较低。球等鞭金藻的DHA、小球藻的EPA和盐藻的C18：3均在培养后的第6天达到最大值。

（3）培养液的化学组成对微藻脂肪酸的影响：①氮缺乏。很多研究表明，在营养盐中氮源对各种微藻的脂类组成有着关键性的影响。Spoehr和Milner（1949）最早证明，氮缺乏可诱导*C. pyrenoidosa*中脂类含量增加。在多数情况下，中性脂（主要是甘油三酯）因氮缺乏在细胞中增加。Shifrin和Chisholm（1981）的比较研究表明，在氮缺乏条件下，15种*Chlorophyceae*的脂类含量提高（130~320）×10^{-2}（指数生长期所收获的藻体）。然而有少数藻株，如绿藻（*Dunaliellater tiolecta*）、硅藻（*Biddulphaaurita*和*Synedraulna*）在氮缺乏时并不积累脂类，这意味着在这些藻株中存在着截然不同的代谢机理和模式。到目前为止，氮缺乏诱导脂类积累的有关机理还不清楚。因为储存脂类和绝大部分膜脂不含氮元素，所以在氮缺乏条件下仍能继续合成，而含氮化合物（如蛋白质和核酸）的合成急剧下降。在氮缺乏时微藻中储存脂类对膜脂的比例急剧上升，因而合成储存脂类的酶系活力的增加也是显而易见的。Chao和Thompson（1986）的研究表明，盐生杜氏藻的膜半乳糖磷脂酰基专一性水解酶的活力增加，这意味着游离脂肪酸能被用来合成储存的甘油三酯。此外，氮源的种类也对 PUFA 的含量有影响。Yongmanitchai 等（1993）研究发现，三角褐指藻在以铵、硝酸盐和尿素等作为氮源时，EPA 含量分别占脂肪酸的 25.2%、10.0% 和 31.8%。②硅缺乏。研究表明，硅缺乏会促进脂肪酸在某些藻类体内积累。例如，放射性同位素示踪实验表明，小环藻 Cyclotella cryptica 在硅缺乏 4 h 后新吸收的碳进入脂类的速率比正常条件下快 1 倍，不加入硅酸盐可使小环藻总脂肪酸含量轻微地增加，但抑制了 PUFA 的合成。脉冲实验研究证明，在硅缺乏条件下，原来存在的非脂类物质转化为脂类。经计算表明，小环藻在硅缺乏前 12 h 合成的脂类［含量（55~68）×10^{-2}］是从头合成的，其余的是转化而成的，在这期间产生的大量脂类为甘油三酯。另有实验表明，在硅缺乏 4 h 后乙酰-CoA 羧化酶的活力加倍，表明该酶是催化脂肪酸生物合成的限速酶，添加蛋白质合成抑制剂能阻碍该酶活力的增加。上述结果表明，硅缺乏诱发细胞水平的乙酰-CoA 羧化酶的活力增加，这有利于脂类合成能力的增加。Roessler（1988）从小环藻中分离、纯化出乙酰-CoA 羧化酶，并报道了该酶的催化和理化性质。③磷的影响。磷对 PUFA 的作用也很明显，三角褐指藻培养基中磷酸盐的浓度大于 0.5 g/L 不能生长，0.05~0.5 g/L 时对生物量影响不大，但在 0.1~0.5 g/L EPA 达到最佳水平。

（4）通气量和 pH 对微藻脂肪酸的影响：PUFA 合成中的去饱和需要分子氧，氧的有效性将决定脂肪酸的不饱和程度。例如，增加培养基中氧的含量可以提高 Cyonidium cahnii 中 PUFA 的含量。由于海洋是一个天然的缓冲系统，因此有关 pH 对海洋藻类影响的报道较少。海洋微藻生长的最佳 pH 与海水的 pH 相近，约为 8.0。但是，不同藻类生活的最佳 pH 不同，偏离最佳 pH，微藻生长和体内有关代谢活动即受抑制。如紫球藻的最佳 pH 为 7.6，偏离此值时，藻体生长变慢，EPA 含量降低。球等鞭金藻在 pH 为 6.0~8.0 时，pH 越低生长速率越小，但 EPA 和 PUFA 含量在 pH 为 6.0 时最高，后随 pH 上升而下降。pH 对衣藻 Chlamydomonas applanata 和 Chlamydomonas acidophila 的生长和超微结构也有较大的影响，生长的最佳 pH 均为 6.4~8.4。增加碱度能提高角毛藻

（Chaetocerosmuellerivar subsalsum）和舟形藻（Navicula saprophila）的生物量和脂含量，但对舟形藻的作用更显著。后棘藻的适宜pH 7.5～9.0，pH为8.5时生长速率和总脂肪酸含量均达到最大。在后棘藻适宜pH范围内，肉豆蔻酸（14:0）、肉豆蔻油酸（14:1）、EPA（20:5）含量随pH的上升而降低，棕榈酸（16:0）含量随pH的上升而上升。这表明不同的pH对藻体内脂肪酸积累有一定的影响。

pH之所以对微藻脂肪酸有影响，可能与生物体内长链脂肪酸的合成有关。长链脂肪酸的合成是从16:0开始，通过一系列脱氢酶、加氧酶和链延长酶类向16:1和18:0转化，pH可能使此过程有关酶的活性受影响。微藻体内酶的最适pH为7.5～8.0，在pH 7.5～8.0条件下，有关酶能很好地发挥作用，使不饱和度增加，多不饱和脂肪酸含量增加。pH为其他值时，多不饱和脂肪酸含量相对较低。

（5）光照强度、温度和盐浓度对微藻脂肪酸的影响：温度是海洋生物生长重要环境因子之一，不同微藻的适温范围各不相同。如淡水小球藻、栅藻（Scenedesmus sp.）、衣藻（Chlamydomonas sp.）的适温范围为5～35℃，最适温度为25～30℃；新月菱形藻（N. closterium）的适温范围为5～25℃，最适温度为15℃；角毛藻（Chaetoceros muelleri）在20～35℃时生长较好。温度对微藻脂含量、脂肪酸组成及其不饱和度也有较大影响，但不同的微藻有其特异性，如铲状菱形藻（N. paleacea）在适温范围内随温度上升脂含量下降；新月菱形藻（N. closterium）、等鞭金藻（Isochrysis sp.）在20℃时脂含量最高，温度上升或下降脂含量都有所下降。有的微藻随温度上升，脂含量上升，如球等鞭金藻和棕鞭藻（Ochromonasdanica）。温度对后棘藻总脂含量影响不大，但在25℃时脂质积累较快。这可能与温度影响不饱和脂肪酸合成过程中的各种链延伸、酶的活性和去饱和酶基因的转录活性有关，但不同微藻机理各不相同。李文权等（2003）考察了温度对四种海洋微藻脂肪酸组成的影响，结果显示，随着温度升高，球等鞭金藻、杜氏藻（Dunaliella halophyta）、三角褐指藻的总多不饱和脂肪酸（TPUFA）百分含量及脂肪酸平均双键数（MDB）均呈下降趋势，总单不饱和脂肪酸（TMUFA）和总饱和脂肪酸（TSFA）百分含量则呈增加趋势；随着温度升高，小球藻 TPUFA 百分含量和 MDB 先降低后增加，在 20℃时出现最小值。温度降低不饱和度升高，可使细胞膜脂质的流动性增加，这是生物本身的生理需要，以保持其正常的生理功能，从而提高对低温的耐受能力。随着温度上升，海洋生物新陈代谢速率提高，不饱和脂肪酸消耗量将增加，细胞内多不饱和脂肪酸的相对含量比较低。因此，在水产养殖微藻饵料培养中应控制适宜的温度，以提高微藻不饱和脂肪酸的含量。

光强也是影响微藻脂肪酸的一个重要因素。微藻生长要有一个适宜光照强度，光强不仅影响微藻的生物量，而且对藻体中类脂的含量及 PUFA 在总脂中的相对含量都有不同程度的影响。光强对微藻不饱和脂肪酸的积累，不同的藻有不同的规律。一般来说，光照强度的增加有利于 PUFA 的合成，对于许多硅藻和裸甲藻而言，低光照强度可以增加 PUFA 的形成和积累。Thompson（1996）发现，大多数浮游植物在低光强下有最大的 EPA 含量，而 DHA 随光强的减少而减少，这一趋势在角毛藻（*Chaetoceros calcitrans*）、球等鞭金藻、微拟球藻（*Nannochloropsis* sp.）、海链藻（*Thalassiosira pseudonana*）、螺旋藻（*Spirulina* sp.）、紫球藻（*Porphyridium cruentum*）和组囊藻（*Anacystis nidulans*）中都有报道，这表明微藻在较为恶劣的条件下，倾向于合成 PUFA。但对于一些绿藻和红藻则效果相反，如拟微绿球藻（*Nannochloropsis* sp.）在光饱和时有最大的总脂、脂肪酸和糖含量，增加光强能提高细胞的脂含量，同时 EPA 和 C20:4 含量降低，C16:0 和 C16:1 的含量增加。王长海等（2000）研究了光照对紫球藻脂肪酸的影响，结果显示，在高光强培养条件下，紫球藻细胞内的类脂含量可达藻体干重的 10.36%，比低光强培养条件下高 1.6 倍；低光强下培养的紫球藻脂肪酸中积累较多的 AA，含 EPA 的量较少，但是高光强条件下的情况刚好相反。因此，为了提高海洋微藻多不饱和脂肪酸含量，必须控制适宜的光辐射强度。

盐浓度对微藻脂肪酸组成的影响因种而异。在三角褐指藻的培养基中当盐浓度为 0~5 g/L 时，EPA 含量保持稳定；盐浓度超过 5 g/L 时，EPA 含量迅速下降。紫球藻培养基中盐浓度在 0.25~2.0 mol/L 内，EPA 含量随盐浓度的增加而下降。小球藻（*Chlorella minutissima*）在海水盐浓度为 0.5~10 g/L 时，

EPA 含量随盐度的增加而增加，微拟球藻（*Nannochloropsis oculata*）在盐浓度为 20～30 g/L 时，EPA 含量最高，微拟球藻（*Nannochloropsis frustulurm*）在盐浓度为 10～15 g/L 时，EPA 和 DHA 含量最高。

（6）存贮和培养方式对微藻脂肪酸的分布影响：微藻品种的营养价值主要与某些 PUFA 的含量有关，在水产养殖中作为饵料的微藻细胞，其活性和脂肪酸起重要作用，能够保持微藻脂肪酸分布不变就是保持了作为饵料的营养价值。因此，研究其存贮因素（包括存贮时间、封闭类型和生物量浓度）对脂肪酸分布的影响有着重要的意义。周光正等（1996）研究了存贮因素对四爿藻（*Tetreaselmis suecica*）和球等鞭金藻脂肪酸分布的影响，观察到存贮时间对脂肪酸分布有影响，多不饱和脂肪酸基本保持不变而饱和脂肪酸和单不饱和脂肪酸有明显的降低。保存方式和生物量浓度对两种微藻的生物活性影响较大，但对脂肪酸影响不明显。Grima（1994）利用冷冻干燥、冷冻加入 10(V/V) 甘油、冷冻 4 h 和浓缩培养等方法保存球等鞭金藻一个月并测定了脂肪酸组成的变化，发现前三种方法脂肪酸含量略有损失，后一种方法饱和脂肪酸与单不饱和脂肪酸含量明显减少。

培养方式的不同也会导致 EPA 等不饱和脂肪酸含量和种类的大不同。Simental 等（2003）对两种硅藻（*Nitzschia Laevis* 和 *Navicula incerta*）做了不同培养方式比较研究的实验，结果发现，对 *N. Laevis* 而言，无论自养还是异养，其主要的脂肪酸都是 C16 酸，异养培养的 EPA 含量（23.2%）明显多于自养的（16.7%），但自养产生的不饱和脂肪酸种类明显增多，包括 C16：2、C16：3、C20：3。就 C18 而言，在异养中比自养中多，尤其是 C18：0，异养中为 19.1%，自养中仅为 6.7%。异养培养的微藻总脂含量也比自养的高，通常的解释是增加的碳源使细胞产生较多的脂类。然而异养的绿藻细胞却比自养的细胞总脂含量少。Malika 等（2014）在对舟形藻（*Navicula saprophila*）进行了 12 h/d 光照的兼养培养液中加入 1 mmol/L 乙酸作为碳源培养 24 d 后进行脂肪酸分析，结果发现，自养培养条件下，高度不饱和脂肪酸占总脂肪酸的百分比均比兼养培养条件下较高，尤其是 EPA 自养的量为总脂肪酸的 16.0%，兼养仅为14.9%，但是每克细胞干重所含EPA量兼养达到19.2 mg，高于自养条件下的13.6 mg。另外研究发现，在兼养培养条件下向培养液中添加不同的碳源效果也不同，向 N. saprophila 培养液中分别加入乙酸、乙醇和葡萄糖，每克细胞收获的EPA量分别为14.3 mg、7.3 mg 和10.4 mg。

五、培养微藻生产DHA和EPA的前景

利用密闭式光生物反应器培养微藻能够最大限度地控制养殖环境，减少污染发生，提高产量。据Cohen等（1988）报道，利用这一技术可使紫球藻 Porohyridium sp. 的生物量产量增加60%～300%，同时还可以降低收获成本。然而，利用光生物反应器依然存在着许多不足，如培养后期，由于细胞浓度的升高，限制光的穿透，降低了光照效率；在培养过程中由于水压增加，使细胞受到损伤；反应器内容易累积氧气，降低脂肪酸的去饱和程度；反应器和生物传感器上易发生附着。此外，这种培养技术成本较高。如果能实现异养培养，像许多工业微生物一样在发酵罐里实行工业化生产，则可以避免上述问题。早在20世纪60年代异养培养和兼养培养技术就应用于健康食品、动物饲料、虾青素和抗坏血酸的生产。另外，Khozin等（2006）也对ω-3型PUFA的合成代谢途径进行了研究，发现ω-3型PUFA的合成过程并不需要光照；John等（2009）则先后从众多积累PUFA的微藻中筛选出能异养的藻种，如群孢小球藻（Chlorella sorokinana）、小球藻（C. saccharophia）、柯氏隐甲藻（Crypteodinium cohnii）、菱形藻（Nitzschia alba）、卡德藻（Tetraselmis suecica）和莱茵衣藻（Chlamydomonas reinhardtii）等。因此，选育富集DHA和EPA的异养藻种，设计合适的培养基及选择恰当的培养条件，实现微藻大规模异养培养生产PUFA是完全可能的，而且也是可行的。由此，可以实现：①以现有的发酵设备进行微藻纯种培养制造高值产品，减少设备投资；②实现培养条件自动化控制，使藻细胞快速生长繁殖，提高培养基单位容积的产率；③高效利用底物，提高细胞密度，利用现有的分离设备降低采收和产物提纯等下游技术的成本。

与自养微藻培养、采收和最终产物的分离、纯化等工艺相比，异养培养的确更为有效可行。

目前，国外异养微藻藻种选育工作已经取得了一定的进展。美国 Martek 公司筛选出舟形藻 *Nitzschia alba* 作为 EPA 生产藻种，EPA 的最终产量为 0.25 g/（L·d）；筛选出的 DHA 生产藻种 *Crythecodinium cohnii*，DHA 的产量为 1.2 g/（L·d），该公司已建成 150 m³ 规模的工业化异养培养设备，生产富含 DHA 的微藻饲料。日本川崎制铁公司筛选出 DHA 生产藻种 *Crypthecodinium sp.* 并申请了专利。我国在这方面的工作还处于尝试阶段，如研究人员曾考虑试图通过细胞融合技术将海洋小球藻与不含 EPA 但生长快速的淡水小球藻进行融合获得能快速合成 DHA 和 EPA 的新型杂合小球藻，或者通过探索其他技术或者新的方法获得一些生产 PUFA 的新型藻种。

此外，研究人员对异养培养方法进行了研究。Chen 和 Michael（1996）发现以发酵技术为基础，采用恒化培养、分批流加培养和膜过滤细胞循环系统进行微藻异养培养，不仅可以降低初始底物浓度过高或者过低对藻细胞生长的抑制或限制作用，而且可以排出培养液中影响藻细胞生长的有毒物质和细胞溶出物，保证藻细胞高密度培养顺利进行。同时，进行培养基彻底灭菌、严格无菌操作及优化培养条件，也可解决异养培养系统容易污染细菌等微生物的问题。最近一项由中山大学和香港大学联合研制开发的深层植物生物反应器高密度深层培养技术，已被汕头润科生物工程有限公司成功用于生产 DPA（二十二碳五烯酸）和不含 EPA 的 DHA 长链多不饱和脂肪酸。

众所周知，并不是所有微藻都能以有机碳源为底物进行异养生长，且对微藻异养机理的研究也不够深入。对于那些只能自养，还没有发现异养或者兼养现象的微藻，人们推测可能是由于酶缺陷机制、膜障碍机制和异养代谢能量不足机制所致。

当前，研究人员对微藻异养机理、生长动力学模型、培养条件等工作继续进行深入细致研究的同时，对异养藻种的选育工作也正紧张开展。微藻藻种的选育方法很多，如天然分离筛选、诱变育种、基因工程和细胞工程育种等。而对于异养微藻藻种选育工作来说，后 3 种方法仍处于尝试和探索阶段。中国科学院等离子物理研究所离子束生物工程中心利用离子束生物工程技术开展微藻育种工作。离子束生物技术是一项颇受国内外学者和育种专家关注的新兴生物工程技术，它以独特的生物学效应已成功地在陆地生物育种中开展了许多突出的卓有成效的工作。研究人员拟采用离子束诱变育种技术和离子束介导转基因技术，构建和选育高产 PUFA 的异养工程微藻。

随着对藻种选育研究的继续深入，培养条件和培养方法的不断改进，解决 PUFA 生物资源短缺的问题将成为可能；培养海洋微藻生产 DHA 和 EPA，不仅具有重要的科学意义，更具有潜在的应用前景。

第三节 微藻多糖

多糖类化合物在海藻维持生理生态方面起着十分重要的作用，在控制细胞分裂和分化、调节细胞生长和抗衰老以及维持生命有机体的正常代谢等方面有重要作用。大多数多糖化合物具有抗病毒、抗菌、抗肿瘤、抗辐射、抗突变、抗氧化和增强免疫力等活性，多糖类药理生物学活性的研究是多糖类研究中最活跃亦是进展最快的领域。近年来，糖类被发现在免疫系统中起十分关键的作用，在人体对病毒式细菌侵袭的防御过程中尤其如此。

微藻多糖是一种较为重要的生物活性物质，具有特殊的生理作用，在药物、功能食品的开发和生物技术制品及环保等方面均有较大的需求量。蓝藻中的硫化糖脂含有很高的抗 HIV 活性，有些活性成分能有效抑制 HIV-1 和 HIV-2 逆转录酶活性，如螺旋藻多糖能全面调节机体免疫功能，增强机体的非特异性免疫、体液免疫和细胞免疫，同时还能消除或减轻环磷酰胺对机体免疫系统的抑制作用。从钝顶螺旋藻（*S. platensis*）中提取的多糖类物质，对肿瘤细胞有选择性的抑制作用，并可提高机体的免疫功能。盐藻多糖复合物具有较强的药物生物活性，在免疫佐剂活性方面能与完全福氏佐剂一样明显地增强抗原性和机体免疫功能，在调节机体免疫功能方面，能增强机体巨噬细胞的吞噬功能，在抗肿瘤方面能明显抑制实体瘤 S180 的生长，抑制率高达 60%。国外文献报道盐藻水提物中的硫酸化多糖在体内对病毒性出血败血症病毒（VHSV）和非洲猪瘟病毒（ASFV）的复制有抑制作用（Fabregas 等，1999），尹鸿萍等（2006）发现 100 mg/kg 和 200 mg/kg 剂量的盐藻多糖组能显著增加感染金黄色葡萄球菌小鼠 24 h 内的存活数。嗜盐隐杆藻（*Aphanothece halophytica*）胞外多糖（EAH）能显著提高由环磷酰胺所致的免疫低下反应，使小鼠胸腺细胞增殖水平、腹腔巨噬细胞分泌 IL-1 水平、骨髓细胞增殖水平、混合淋巴细胞反应、NK 细胞杀伤活性及淋巴细胞分泌 IL-2 水平均有非常明显的提高，并能基本达到正常小鼠水平，这表明嗜盐隐杆藻多糖有正向免疫调节作用。以色列科学家从微红藻中提取出多糖，发现其可以阻止病毒在寄主细胞中复制，并可有效防止病毒侵入正常的细胞，他们已将其研制成有抗病毒活性的药物。Kuniaki 等（2001）从小球藻（*C. vulgaris*）中分离到的另一种酸性糖蛋白具有开发为化疗辅助剂的潜力。

由于人类对应用微藻技术的基础性研究水平较低，微藻多糖的生产实践缺乏理论指导，不能通过适宜生产条件的控制提高微藻细胞多糖含量，这在很大程度上制约了人们对微藻多糖的利用。目前，人们对于微藻多糖的研究远少于对微藻 PUFA 的研究，其中对紫球藻和螺旋藻多糖的研究较多。

紫球藻多糖分布于细胞内部及膜外层，胞外多糖形成一层黏性的鞘膜。这是一类由木糖、葡聚糖、半乳糖等单糖形成的易溶于水的多聚体，因 SO_4^{2-} 及 —COO^- 基团的存在而呈负电性。紫球藻多糖具有独特的胶体性能，它的黏度比同为红藻多糖的卡拉胶要大，在温度 20~90℃及 pH 1~12 的条件下，溶液的流变性能非常稳定，Na^+、Ca^{2+} 等离子对其影响也很小。此外，该多糖也像琼脂和卡拉胶一样，是一种热逆转的胶体。

目前紫球藻多糖被广泛用作：①黏合剂，适用于食品、化妆品、纺织以及印染、石油、冶金、医药等行业；②增稠剂，国外已成功将其用于从地下沙质形成物中回收石油，与通常应用的 Xanthan 及 Kelzan 相比价格低、回收率高，也可用于挂面、冰糕、果汁、冰激凌中作为增稠剂；③乳化剂，紫球藻多糖为聚阴离子电解质物质，因而具有较强的分散乳化性能，可用于饮料、化妆品及医药等制品中，尤其在多变或极端环境（pH、温度、盐度等）中，该多糖作为稳定剂的优越性更为突出。紫球藻多糖具有抗病毒的作用，并与褐藻淀粉、褐藻胶具有类似的结构和相同的电荷性，但是否与后两者一样具有降血脂、抗凝血等功能，或者经过化学修饰后能获得更广泛的应用，都是需要进一步研究的问题。

微藻多糖通过高尔基复合体合成并分泌到细胞外，其产量主要受培养条件的控制，其中硝酸盐对于多糖的影响最大。当培养液中硝酸盐缺乏而使细胞处于氮饥饿时，细胞停止合成蛋白质，碳化物大多转化为多糖并被排放到外部介质中。将培养基中的 SO_4^{2-} 浓度提高 1 倍，能促进多糖的产生，增加镁离子浓度可以提高多糖黏度，但却降低了多糖产量；锰的加入不影响生长，却明显降低了黏度。在较强光照及适宜温度（25℃）条件下批次培养紫球藻，后期藻休中多糖产量可达生物量的 20%~50%。王长海等（1999）对紫球藻细胞和培养液中多糖的分布和含量进行了测定，发现细胞中多糖含量因部位的不同占藻体干重的 3%~7%，培养液中的多糖随着培养时间的增加而增加，因培养时间不同其含量为 6~45 μg/mL。张欣华等（2000）测定了小球藻、新月菱形藻、盐藻、叉鞭金藻等四种微藻不同培养条件下的多糖含量，并考察了光照时间、温度、CO_2 通入量等环境条件的变化对海洋微藻细胞多糖产量的影响（表 2-3）。结果发现，光照对微藻合成胞内多糖有较大的影响，但并非光照时间越长，胞内多糖含量越多。不同种类的微藻各有其适宜的光照时间，小球藻、叉鞭金藻的光照时间为 17 h 时最有利于胞内多糖的积累，此时多糖含量最高；新月菱形藻、盐藻在 9 h 的光照培养下胞内多糖含量最高。原因可能是微藻的生长需要适当的光暗交替，以利于光合过程中的光反应和暗反应的匹配及其光合产物的形成和体内物质代谢的正常进行。因此，在微藻培养过程中，选用适宜的光照

时间以及合理的光暗循环时间有助于提高微藻细胞内的多糖含量。

表 2-3 不同环境条件对海洋微藻胞内多糖含量的影响

微藻种类	多糖含量 /(mg·g^{-1})								
	光照时间 /h			温度 /℃			CO_2 通入量 /mL		
	9	13	17	15	19	25	50	100	150
小球藻	25.4	30.7	67.7	14.8	2.0	7.8	1.5	1.4	10.7
新月菱形藻	19.2	17.5	7.4	11.7	2.0	19.2	1.9	11.8	8.5
盐藻	10.2	9.6	5.5	7.7	13.1	20.8	8.8	13.2	6.6
叉鞭金藻	17.3	31.2	64.8	47.0	6.6	21.5	7.3	10.5	11.4

在温度的影响方面，要从不同微藻获取较高含量的胞内多糖，必须控制最佳的培养温度，既要保证胞内多糖含量较高，也要考虑藻类具有较高的特定生长速率和较大的生物量。尤其要注意适温范围的选择，因为高温或低温都会使藻细胞受到严重伤害。小球藻、叉鞭金藻在培养温度为 15℃时胞内多糖含量最高，19℃时最低；新月菱形藻、盐藻在 25℃时多糖含量最高，19℃时新月菱形藻胞内多糖含量最低，15℃时盐藻胞内多糖含量最低。

二氧化碳是微藻多糖合成的主要限制性因素之一。微藻在进行光合作用的过程中，会大量同化消耗二氧化碳，从而引起藻类细胞分泌产生一种生物碱，导致培养环境的 pH 上升，不利于微藻生长。二氧化碳适量供给不仅能使微藻细胞生长过程中的碳源得到及时补充，也可以使培养环境的 pH 被控制在所需要的范围之内。但是一定要注意，在微藻培养过程中不仅要控制二氧化碳的通入量，也要注意整体培养的最佳通气速率，以维持微藻生长环境的稳定。此外，KNO_3、维生素 B_1、维生素 B_{12} 等营养成分都不同程度地影响微藻胞内多糖含量。

第四节 藻胆蛋白

高等植物的主要光合色素是叶绿素 a 和叶绿素 b，红藻（*Rhodophyceae*）、蓝藻（*Cyanobacteria*）和隐藻（*Cryptophyceae*）的光合色素是叶绿素 a 和藻胆蛋白（Phycobiliproteins）。人们对藻胆蛋白的研究已经有一段历史，尤其是藻胆蛋白所具有的重要的生理功能及在医药、食品等方面的应用价值引起了研究者的广泛关注。藻胆蛋白是一种水溶性色素蛋白，主要存在于蓝藻、红藻、隐藻和少数甲藻（*Pyrrophyceae*）中，它是藻红蛋白（Phycoerythrin，PE）、藻蓝蛋白（Phycocyanin，PC）、藻红蓝蛋白（Phycoerythrocyanin，PEC）、别藻蓝蛋白（Allophy-cocyanin，APC）的总称。在红藻和蓝藻中不同的藻胆蛋白通过连接多肽组成高度有序的超分子复合体——藻胆体，由"锚"蛋白将其"锚"在光合膜的表面作为光合作用与捕光色素系统。隐藻和少数甲藻中可溶性的藻胆蛋白结合于光合色素内，并与叶绿素蛋白质复合物协同作用组成捕光色素系统。藻胆蛋白在不同藻类中种类、含量不同，藻蓝蛋白和异藻蓝蛋白普遍分布于所有蓝藻和红藻中，藻红蛋白则仅出现于红藻和部分蓝藻中。目前对藻胆蛋白的基础研究取得了一些重要的进展，对藻胆蛋白结构与功能的深入研究有助于阐明藻类光合作用机制及与生理、生态变化的关系，对于弄清生物光合进化具有重要意义。

一、藻胆蛋白的种类与组成

已知的藻胆蛋白主要可以分为四大类，即藻红蛋白、藻蓝蛋白、别藻蓝蛋白和藻红蓝蛋白。根据来源不同，每大类又可以分为若干个小类，每一个小类前面分别注以 B、C 和 R 这些字母用来表示藻胆蛋白的来源。如果完全按照光谱类型来分类，藻胆蛋白则可以分为六大类，分别是别藻蓝蛋白 B（APB）、别藻蓝蛋白 C（APC）、藻蓝蛋白（PC）、藻红蓝蛋白（PEC）、藻红蛋白 I（PEI）和蓝藻中含藻尿胆素的藻红蛋白 II（PE II）。此外，根据吸收光谱的特点 R 藻红蛋白也可以分为三类，分别是双峰型 R- 藻红蛋白（仅有 498 nm 和 565 nm 的吸收峰，535 nm 为吸收肩峰），三峰型 I 型 R- 藻红蛋白（有 3 个完全的吸收峰，分别位于 498 nm、535 nm 和 565 nm，而且 498 nm 的吸收峰低于 565 nm 和 535 nm 的吸收峰）和三峰型 II 型 R- 藻红蛋白（与 I 型 R- 藻红蛋白类似，也有 3 个完全的吸收峰，但 498 nm 的吸收峰高于其他两个吸收峰）。R- 藻红蛋白往往是海水单细胞蓝藻中主要的藻胆蛋白，而从淡水或土壤中分离的单细胞蓝藻中却很少含有 R- 藻红蛋白。

藻胆蛋白是一类寡聚体蛋白，基本构建单位是 α 和 β 亚基，亚基相对分子质量为 1.7 万~ 2.2 万。在 B 和 R- 藻红蛋白中还存在少量的 γ 亚基，它的相对分子质量较大，约为 3 万。每种亚基由脱辅基蛋白和开链四吡咯结构的色基组成，色基通过硫醚键与脱辅基蛋白的半胱氨酸残基交联。目前已经测定了许多种藻胆蛋白 α 和 β 亚基的氨基酸全序列，但对所有红藻藻红蛋白 γ 亚基的氨基酸全序列尚未进行测定，仅测定了蓝藻 *Synechococcus* sp.WH8020 藻红蛋白的 γ 亚基的序列。一般来说，藻胆蛋白的 α 亚基与 β 亚基形成稳定的单体（αβ），再由单体聚合为多聚体 $(\alpha\beta)_n$。从蓝藻和红藻中分离的藻胆蛋白是三聚体 $(\alpha\beta)_3$ 或六聚体 $(\alpha\beta)_6$。藻胆蛋白在溶液中的状态往往与藻胆蛋白的种类、浓度、溶液的 pH 和离子强度等因素有关。例如，C- 藻蓝蛋白在接近其等电点时以六聚体 $(\alpha\beta)_6$ 为主要存在形式，而在 pH 为 6.8 时则以三聚体为主。对于 R- 藻红蛋白和 B- 藻红蛋白来说，在一个很宽泛的 pH 范围内均是以很稳定的六聚体 $(\alpha\beta)_6\gamma$ 形式存在，原因可能是 γ 亚基将两个三聚体"盘"在一起。一般来说，大部分异藻蓝蛋白以三聚体的形式存在，然而 *Cyanidium caldarium* 的异藻蓝蛋白分子质量却显示它主要以六聚体的形式存在。

二、藻胆蛋白的结构及其光谱特性

藻胆蛋白包括 PE、PC、PEC 和 APC，氨基酸序列和免疫交叉反应结果显示 PEC 归于 PC 之中。它们各有自己独特的吸收光谱和荧光发射光谱。PE、PC、APC 在藻体类囊体膜上顺序排列，加上连接蛋白构成藻胆体，结构如图 2-3 所示。

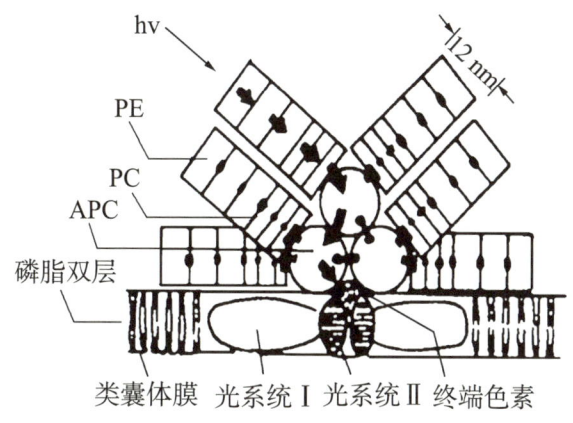

图 2-3　藻胆体结构示意图

藻胆蛋白能高效率地捕获光能并传递给光系统，光能传递的方向为 PE → PC → APC → Chla，目前已经对一些藻胆蛋白的一级结构进行了测定。测定的方法有两种，一种是直接测定，另一种是测定相应基因的核苷酸序列再反推其氨基酸序列。通过对一级结构的比较分析，发现藻胆蛋白在某些位点处的氨基酸残基相当保守，并且认为这些位点在保证色基的构象以及蛋白质分子稳定性方面具有重要的意义。在一级结构分析中还发现了一个相当有意义的现象，即在所有已测定的藻胆蛋白分子中 β 亚基的 72 位均为经过修饰的 γ-N- 甲酰天冬酰胺残基，这是经蛋白质翻译后修饰产生的，而且不论是原核藻类还是真核藻类的藻胆蛋白，均有这种现象存在。

对藻胆蛋白高级结构的认识主要来源于 X 线衍射法解析藻胆蛋白晶体结构。现在，已解析的藻胆蛋白包括 *Anabaena variabilis* 的六聚体 C- 藻蓝蛋白、*Mastigocladus Laminosus* 的三聚体 C- 藻蓝蛋白、*Agmenellumquadrum platicum* 的六聚体 C- 藻蓝蛋白等。高分辨率的藻胆蛋白晶体结构解析表明，所有的藻胆蛋白晶体结构均十分相似，即 α 亚基和 β 亚基靠静电相互作用形成有部分重叠的"弯月"形单体（αβ），3 个单体（αβ）围绕中心轴形成一个具中央空洞的圆盘形三聚体（αβ）$_3$。如果藻胆蛋白是六聚体形式（αβ）$_6$，则由两个圆盘形的三聚体（αβ）$_3$ 垛叠在一起形成。每个三聚体盘厚约为 3 nm，圆盘的外径为 11 nm，中央空洞的直径为 3.5 nm。α 亚基和 β 亚基虽然含有不同数量的氨基酸残基，而且一级结构不同，但它们的二、三级结构却十分相似，均含有 9 个 α 螺旋，每两个 α 螺旋之间由不规则转角相连，亚基的三级结构与球蛋白十分相似。藻胆蛋白晶体结构的解析不仅需要每个构成晶胞的蛋白质分子具三重对称性，而且需要每个蛋白质亚基也具有三重对称性。由于组成六聚体藻红蛋白（αβ）$_6$ 中的 γ 亚基不具有三重对称性，因而 X 线衍射法很难确定它在晶体中的位置，Ficner 等认为 γ 亚基存在于中央空洞中。然而，我国学者常文瑞等（1995）在解析含 γ 亚基的多管藻（*Polysiphoniaur ceolata*）R- 藻红蛋白晶体结构时，发现中央空洞的电子密度与外周一样大。因而关于 γ 亚基的存在位置一直未有定论，许多人都认为它极有可能存在于藻胆蛋白的中央空洞中，但缺少直接的实验证据。

藻胆蛋白的聚集状态对色基光谱特点的影响程度随着藻胆蛋白种类的不同而不同。在 C 藻蓝蛋白中单体（αβ）和三聚体（αβ）$_3$ 的吸收光谱无显著的区别（最大吸收峰约位于 620 nm），而且别藻蓝蛋白单体的吸收光谱与 C- 藻蓝蛋白单体的吸收光谱非常相似，吸收峰也大约位于 620 nm。然而，异藻蓝蛋白三聚体（αβ）$_3$ 的吸收峰却位于 650 nm。产生这一现象的原因可能是相邻色基间的相互作用以及色基构象的改变所致。具体来说，就是在三聚体中 α 亚基和 β 亚基的相互作用使色基处于特定的蛋白质环境，而且这种蛋白质环境与单体（αβ）的显然不同，所以别藻蓝蛋白三聚体（αβ）$_3$ 和单体（αβ）的吸收光谱不同。在 C 藻蓝蛋白分子中有 3 个保守的天冬氨酸残基，它们分别与 3 个色基 α-84、β-84 和 β-155 相互作用，使色基呈拱形构型，这种相互作用依赖于藻胆蛋白精细的高级结构，而且这种作用在其他藻蓝蛋白如紫球藻的 R- 藻蓝蛋白 I 中也存在。

所以藻胆蛋白精细的高级结构决定色基的构象，色基的构象又决定色基的光谱特征。在藻胆蛋白色基的吸收光谱中有两个吸收区域，分别位于 300～400 nm（UV）和 500～700 nm（VIS）。它们吸收值的比值的大小取决于色基的构象，在天然态时此比值大于 4；藻胆蛋白变性使色基呈大环螺旋构象时，比值小于 1。这些结果表明，相同的色基结合在不同的藻胆蛋白、同一藻胆蛋白的不同亚基或者同一亚基的不同位点，光谱的特征均不同。究其原因是色基所处的蛋白质环境不同。

三、藻胆蛋白的应用研究

藻胆蛋白既可以作为天然色素用于食品、化妆品、染料等工业，也可制成荧光试剂用于临床医学诊断和免疫化学及生物工程等研究领域。另外，还可制成食品和药品用于医疗保健，应用范围可谓广阔，具有很高的开发、利用价值。

目前藻胆蛋白的应用研究主要集中在以下几个方面：①作为天然色素，可作为食品和化妆品的添加剂，避免了人工合成物对人体的伤害。②作为药物。最近的一些研究表明，藻胆蛋白可以刺激人体 B 淋巴细胞的增殖反应，提高机体免疫力。另外，还发现 R- 藻红蛋白可以和胰岛素抗体产生特异的免疫反应，表明 R- 藻红蛋白的构象或结构的某些部位与胰岛素有一定程度的相似，因而也许对糖尿病有一定的疗效。③作为荧光探针。藻胆蛋白在与其他蛋白如抗体等共价交联后，荧光量子产率和发射光谱未发生变化，而且藻胆蛋白具有性质稳定，荧光量子产率高，背景干扰小，易于与生物素、抗体和糖蛋白等大分子交联等特点，可作为新一代的荧光探针在临床诊断、免疫学、细胞生物学、组织化学、分子生物学等方面代替同位素和酶作标记物。藻胆蛋白荧光探针的出现为荧光检测技术注入了新的活力，它克服了人工合成荧光素价格高、合成中产生有毒物质，以及长期保存后同蛋白质结合能力减弱甚至消失等缺点。正是由于藻胆蛋白的这些优点，目前其已被广泛用作荧光探针，并已有产品出售。

近20年来，尤其是蓝藻中的集胞藻 PCC 6803 的基因组全序列测定的完成，使得藻胆蛋白分子生物学的研究日渐深入。研究人员已经先后从一些蓝藻（包括蓝藻细胞内的蓝色小体）和红藻细胞中克隆了一些与合成藻胆蛋白相关的基因，并对这些基因的数量、位置以及表达调控进行了深入研究。这些研究加深了我们对藻胆蛋白结构及其基因进化的认识，同时也有利于我们理解藻胆蛋白合成的不同水平的调控方式。

第五节 微藻色素

单细胞藻类经过光合作用将光能转化成化学能，并以有机物的形式储存。在此过程中，光合色素等分子起到了吸收传递光能，并将光能转化为化学能（ATP 和 NADPH）的重要作用。微藻是光能自养生物，细胞在生长过程中能合成多种不同于陆地植物的捕光色素，这些色素的种类和含量因藻种和环境条件的不同而有所不同，但主要含有四种基本色素：叶绿素、叶黄素、类胡萝卜素和藻胆蛋白。其中，叶绿素含量最多，为细胞干重的 1%～6%；有的微藻还含有其他色素，如雨生红球藻（*Haematococus pluvialis*）中虾青素含量占细胞干重的 1%～4%。作为天然色素，它们经过提纯加工后，不仅可直接用作食品和化妆品工业的添加剂，还能广泛用于生物工程和医学诊断方面。

在微藻合成的色素中，β-胡萝卜素和虾青素目前开发应用比较广泛。β-胡萝卜素是维生素 A 的前体，在人体内转化为维生素 A 可用于治疗维生素 A 缺乏症，如夜盲症、皮肤角质化等。近年来研究表明，β-胡萝卜素有清除氧自由基的抗氧化作用，可防止衰老，预防和辅助治疗肿瘤。在目前已知藻类中，盐藻和螺旋藻的 β-胡萝卜素含量最高，分别占细胞干重的 9% 和 0.17%；小球藻中的含量为细胞干重的 0.002%～0.16%。陆地植物中胡萝卜和紫苜蓿的

β-胡萝卜素含量相对较高，但是胡萝卜素含量也仅为 0.12% 和 0.02%~0.03%。联合国粮食及农业组织（FAO）、世界卫生组织（WHO）以及联合国食品添加剂委员会（JECFA）一致推荐认可 β-胡萝卜素为无毒、有营养的食品添加剂，美国食品药品监督管理局（FDA）确认其为营养保健品，因而通过微藻生产 β-胡萝卜素的研究已经成为研究热点之一。由于盐生杜氏藻是喜盐生物，最佳生长盐度 ≥ 11，使其在室外大面积培养时可保持相对的纯培养，而且盐生杜氏藻 β-胡萝卜素比人工合成的 β-胡萝卜素更具有生物活性，目前以盐生杜氏藻生产 β-胡萝卜素已实现了商业化，但在培养工艺、最佳培养条件、高产藻种育种方面仍有待进一步提高。

虾青素（3,3'-二羟基-β,β'-胡萝卜素-4,4'-二酮）亦属于类胡萝卜素，是甲壳类动物，如虾、蟹和三文鱼的主要色素。虾青素具有很强的抗氧化功能，能清除体内自由基，对紫外线引发的皮肤癌有很好的治疗效果。虾青素还能显著促进机体中抗体的产生，特别是在体内与 T 细胞相关抗原的抗体产生。目前虾青素主要作为鱼类的饲料添加剂，用以改善养殖食用鱼类的肉色以及观赏鱼类外观色泽。Chimsungab（2013）研究发现，用添加虾青素的饲料喂养三文鱼，鱼体内的维生素 A 含量比没有添加虾青素的高 20 倍以上，不但提高了三文鱼的营养价值，而且提高了三文鱼的抗病能力。雨生红球藻细胞内虾青素的含量很高，占细胞干重的 1%~4%。血红裸藻（*Euglena sanguinea*）中虾青素含量达细胞干重的 0.7%，远远高于酵母（0.05% 细胞干重）和甲壳动物甲壳中的含量。雨生红球藻在特定的条件下可累积大量的类胡萝卜素，其中 75% 以上为虾青素，开发利用红球藻培养生产虾青素具有巨大的商业及经济价值。但是，利用红球藻工业化大规模生产虾青素仍有许多技术方面问题需要解决，雨生红球藻在培养条件受限制或不利于生长的光照、温度等条件下才能实现虾青素的累积，故一般采用分步培养的方法生产虾青素。先利用最佳生长条件促进细胞生物量快速增加，然后改变条件使雨生红球藻能大量合成虾青素。庄惠如等（2000）分别设置缺氮、缺磷和盐胁迫（NaCl 浓度提高 3 倍）三个处理组考察营养胁迫条件下雨生红球藻色素累积的影响，从类胡萝卜素含量判断，氮限制有利于虾青素的累积,但低氮却不能提高红球藻的生物量,氮限制浓度为 0.13 g/L、0.07 g/L、0.04 g/L 时色素平均累积速率分别为 0.77 mg/(L·d)、0.66 mg/(L·d)、0.50 mg/(L·d)(表 2-4)。

表 2-4　营养胁迫条件下红球藻厚壁孢子与类胡萝卜素累积关系(%)

胁迫条件	厚壁孢子			
	3d	5d	7d	9d
氮饥饿	1.54	21.36	64.87	95.17
磷饥饿	13.06	26.39	44.29	89.13
对照组	7.55	10.81	50.50	97.10
胁迫条件	类胡萝卜素			
	1~3d	3~5d	5~7d	7~9d
氮饥饿	10.43	30.00	39.96	15.22
磷饥饿	33.20	47.20	8.40	4.40
对照组	2.00	4.20	32.80	57.60

藻蓝色素(Phycocyanobilins,PCB)由一种开链四吡咯发色团组成(图 2-4),连接位点通常在 α84(α 亚基第 84 位氨基酸)和 β84(β 亚基第 84 位氨基酸)等保守位点上。由于在中性及偏酸性条件下较稳定,蔗糖、氯化钠等对色素影响较小,因此是一种很好的食用天然色素。但值得注意的是,藻蓝色素热稳定性较差,一般 45℃以下为安全工作温度。

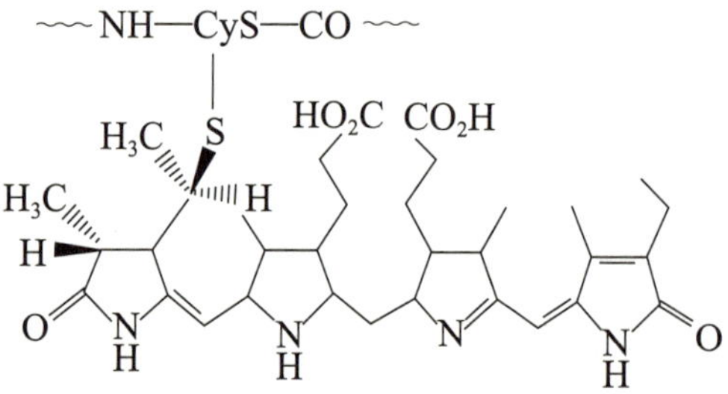

图 2-4　藻蓝色素链状分子结构

培养环境（如光照强度、营养盐等）的变化对微藻光合色素的合成与累积有直接影响。王大志等（1999）以锗作为胁迫因子，研究了微量元素锗对钝顶螺旋藻、盐生杜氏藻、湛江叉鞭金藻（*Dicrateria zhanjiangensis*）和微拟球藻（*Nannochloropsis* sp.）等4种微藻光合色素的影响，结果表明，经10 mg/m^{3}锗处理后，4种藻类细胞中的光合色素都发生了较大变化，有些色素明显增加，有些色素则减少或消失，但不同种间差别较大。此外，有研究表明，藻类细胞中的类胡萝卜素不仅是细胞主要的捕光色素，而且对细胞还具有保护作用，使细胞免受外界不良因子（如高光强等）的伤害。王大志等（1999）在实验过程中也观察到某些类胡萝卜素的含量明显增加，这可能是由于锗的存在影响了藻类细胞的正常生理功能，降低了细胞对外界不良因子（如高光强）的抵抗能力。为了维持细胞一些生理活动的正常进行，细胞内的某些保护机制发挥作用，一些保护色素，如类胡萝卜素等的合成，使得细胞免受更大伤害。刘成圣等（2002）研究了UV-B辐射对叉鞭金藻和三角褐指藻光合色素（叶绿素a和类胡萝卜素）含量的影响，结果显示，低剂量的UV-B辐射处理对叉鞭金藻的光合色素含量影响不明显，甚至可使光合色素的含量升高；高剂量的UV-B辐射处理可引起叉鞭金藻光合色素含量降低。三角褐指藻的叶绿素a和类胡萝卜素含量随着UV-B辐射的增强也表现出逐渐降低的趋势，说明UV-B辐射增强对海洋微藻光合色素有严重的破坏作用。

第六节　微藻毒素

某些藻类大量繁殖时常常形成赤潮，因此这些藻类产生的毒素又称赤潮毒素。目前已知的海洋微藻中可引发赤潮的有300余种，主要有甲藻、硅藻、针胞藻、蓝藻和定鞭藻等几大类微藻。单细胞甲藻是引起海洋赤潮最主要的微藻，其中有裸甲藻、亚历山大藻、夜光藻、稽甲藻和原甲藻等。除夜光藻外，它们均可以产生毒素，对人类的危害比较大。形成赤潮的微藻可以合成对人类有毒害作用的生物毒素，并通过贝类和鱼类等食物链传递给人体，引起人体神经系统和消化系统中毒，直接威胁人类的身体健康。赤潮微藻产生的生物毒素通过食物链的传递作用，导致人类中毒甚至死亡。在早期，由于人们对海洋赤潮生物毒素的认识水平有限，大量误食含毒的海产品而中毒身亡的事例报道较少。据不完全统计，在全球范围内，大约发生过1 600次人类麻痹性贝类毒素（PSP）中毒事件。在1962年之前，全球PSP中毒的人数超过900人，死亡大约200人。自20世纪60年代至20世纪90年代初期，我国有近600人因误食有毒的贝类而中毒，30人死亡。根据中毒症状及肇事藻种类，可推测大部分为PSP中毒事件（表2-5）。值得注意的是，除贝类的麻痹性贝类毒素（PSP）外，虾、蟹、鱼类等海产品也含生物毒素。

表2-5 中国沿海地区因食用贝类引起的一些中毒事件

时间	地点	毒素	中毒	死亡	食用贝类	肇事藻种
1967—1979年	浙江	PSP	423	23	红带织纹螺	ND*
1986年	台湾	PSP	30	2	*Soletellina diphos*	*Protogonyaulax tamarense*
1986年11日	福建	PSP？	136	1	菲律宾蛤仔	*Gymnodinium* sp.（？）
1989年2日	广东	PSP	5	—	栉江珧	ND
1989年11日	福建	PSP？	4	1	红带织纹螺	ND
1991年2日	台湾	PSP	8	—	*Soletellina diphos*	*Alexandrium tamarense*
1991年3日	广东	PSP？	4	2	翡翠贻贝	ND
1994年6日	浙江	PSP？	5	1	红带织纹螺	ND

*ND，未检测到；引自周名江等，1999

藻类毒素的研究始于20世纪70年代，人类从食用有毒贝类而发生中毒的事件中认识了贝毒素。但是进一步的研究发现贝毒素是贝类滤食有毒微藻后使微藻毒素在体内积累或发生一些化学转化而形成的，也就是说，微藻是毒素的初始生产者。研究表明，在可引发赤潮的300余种微藻中能够产生不同种类毒素的藻类有60～78种，占海洋中微藻种类总数的1.8%～1.9%，这一数目随着人们对产毒藻认识的增加还在继续增长。产毒素微藻中甲藻最多，占73%～75%，其他如蓝藻（Pomati, et al., 2000）和硅藻类的一些种类也会产生毒素。人类已经从节球藻（*Nodularia*）中分离到一种肝毒素（节球藻素，Nodularin）、从微囊藻中分离到6种结构相似的环七肽肝毒素（微囊藻素，Micrbcystin）。此外，束丝藻（*Aphauizomenon*）的石房蛤毒素（Saxitoxin）、鱼腥藻（*Anabaena*）的鱼腥藻素A（Anatoxin A）、鞘丝藻（*Lyngbya*）的海兔毒素（Aplysiatoxin）和鞘丝藻素A以及颤藻（*Oscillatoria*）的毒素等多种微藻毒素已经被分离、纯化。随着研究不断深入，多种毒素的化学结构已经清楚，其中大多数属于聚醚类（如雪卡毒素），另有部分属于胍胺类、大环内酯类和酯类化合物等（图2-5）。大多数分离鉴定的藻类毒素为小分子化合物，如涡鞭毛藻类产生的石房蛤毒素及其衍生物、裸甲藻毒素，尖刺菱形藻产生的软骨藻酸、鞘丝藻毒素等，少数为小分子的肽类，如铜锈微囊藻毒素。

Ciguatoxin

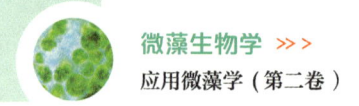

图 2-5 5种典型微藻毒素的化学结构

根据中毒症状，将微藻生物合成的毒素分为麻痹性贝毒（Paralytic shellfish poisoning，PSP）、腹泻性贝毒（Diarrhea shellfish poisoning，DSP）、神经性贝毒（Neurotoxic shellfish poisoning，NSP）、记忆缺失性贝毒（Amnesic shellfish poisoning，ASP）和西加鱼毒（Ciguatera fish poisoning，CFP）等几类，主要来源及其导致的临床症状和分布情况如表2-6。

表 2-6　一些已知微藻源毒素的来源及其导致的临床症状和分布情况

毒素种类	主要症状	毒素	产毒者	毒素来源和分布
ASP	肠道症状，面部表情怪异，短期记忆缺失，呼吸困难，死亡	Domoic acid	*Pseudonitzschia* sp.	北美东北和西北海岸的软体贝类
DSP	腹泻、恶心、呕吐、腹痛、寒战	Okadaic acid、derivatives	*Dinophysis*、*prorocentrum* sp.	日本、东南亚、西欧、智利、新西兰和加拿大东部的贝类
NSP	面部震颤、冷热反转感觉、腹泻、恶心、协调功能下降、直肠炙痛	Brevetoxins	*Gymnodinium breve*	南大西洋海岸和墨西哥湾沿海的贝类
PSP	麻木、舌和唇部震颤和炙热、肌肉协调功能缺失、呼吸麻痹、死亡	Saxitoxin、derivatives	*Gymnodinium* sp.、*Pyrodinium* sp.	热带及温带海域的贝类
CFP	腹泻、恶心、腹痛、呕吐、寒战、肌肉痛、腹部皮肤感觉失常、皮肤发痒	Ciguatoxins	*Gambierdiscus toxicus*	热带和亚热带的鱼类

由于藻类毒素对人类的潜在危害，监测海产品中的毒素含量已引起了全球的重视，海产品中各类毒素的含量许可范围如表 2-7。但是，由于目前海洋毒素研发相对滞后、缺少各种不同规格的藻毒素标准，尤其是麻痹性贝毒标准，海产品中的毒素检测还存在一定的难度。

表 2-7　海产品中各类毒素的含量许可范围

毒素种类	海产品中的许可含量	分析方法
PSP	40 ~ 80 mg/100g	小白鼠生物测量法、HPLC
ASP	2 mg/100g	小白鼠生物测量法、HPLC
DSP	20 ~ 60 mg/100g	小白鼠生物测量法、HPLC
NSP	检测不到	小白鼠生物测量法
CFP	检测不到	小白鼠生物测量法

微藻毒素是危害人类的一类化合物，但是作为产毒藻类生长过程中的一类中间代谢产物，它们同时也有极强的生物活性，具有极大的开发价值。由于麻痹性贝毒对钠离子通道具有特异性结合能力，是分子生物学研究的重要工具，因此可以用来测定钠离子的数目和亲和力。近期研究发现，微藻毒素不仅是一类有效的戒毒药物，而且在镇痛、麻醉、解痉、止喘和抗癌方面也有一定的作用。雪卡毒素是另一类重要的藻毒素，主要作用于神经系统的离子通道，但其机制与其他生物毒素具有明显差别，具有高活性的强心作用，可以用来开发高效低毒的强心药物。腹泻性贝毒的活性成分大田软海绵酸是强烈的致癌因子，其致癌机理也有独特之处，它不像其他致癌物质那样通过激活蛋白酶C起作用，而是通过对磷酸酶活性的抑制起作用，因而在研究癌症机理和开发抗癌新药方面有重要意义。但是，目前毒素主要从现场样品或一些动物体中提取分离得到，产量极其有限，价格非常高，如麻痹性贝毒为26 000港币/mg，大田软海绵酸为6 000美元/mg，刺尾鱼毒素达到20 000美元/mg，还远不能满足当前对毒素的需求。因此，如何大量、快速生产高纯度的藻类毒素成为当前毒素研究领域亟须解决的问题。

欧美一些国家沿海经常出现有毒赤潮，赤潮区海产品的毒素含量也很高，但因这些国家有较完善的海产品监测、管理措施，自20世纪80年代后发生海产品食物中毒的事件较少。而在亚洲等一些欠发达地区，对赤潮区海产品尚缺乏强有力的监测管理措施，食用贝类而导致中毒的事件时有发生。为了减少藻毒素对人民生命健康的威胁，应加强我国赤潮毒素的监测与管理工作。

第七节　微藻抗生素

微藻能合成对其他微藻、病毒、细菌、真菌和原生动物有毒性作用的抗生素。1940年，Pratt等从小球藻中分离到具有抗菌功能的球藻素（Chlorellin

脂肪混合物。1966年，Aubert和Gauthier发现秘鲁角刺藻（*Chaetoceros Peravianus*）、长菱形藻（*Nitzschia frauenfeldii*）等的提取物能有效抑制藤黄八叠球菌、奈氏球菌的生长。1988年，Kellam等对132种海水和400种淡水微藻的有机溶剂提取物进行抗菌活性筛选，发现18种海水微藻和6种淡水微藻具有抗菌活性，海水微藻比淡水微藻更具开发潜力。1990年，村上昌弘等对20多种海水和淡水微藻进行了抗菌活性的筛选，同样发现海洋微藻更具有抗菌活力。1994年，Hasegawa等发现小球藻的热水提取物可显著增加免疫细胞的免疫反应，从而提高感染小鼠的存活率。1981年，Ostensvik等研究了5种蓝藻的甲醇和水提取物对6种供试菌的生长抑制作用，*Tychonema bourrellyi*、*Aphanizomenon flosaquae*和*Cylindrosphermopsis raciborskii*的甲醇提取物抗菌效果显著。1999年，Naviner等发现中肋骨条藻（*Skeletonema costarum*）的水提物能抑制大肠杆菌、枯草杆菌、金黄色葡萄球菌及一些海洋细菌的生长。2001年，Mundt等发现蓝藻产生的次级代谢产物可作为抗生素、免疫抑制剂、酶抑制剂等应用于临床。2006年，Santoyo等发现钝顶螺旋藻水提物没有任何抗菌性，己烷和石油醚提取物的抗菌活性强于乙醇提取物。提取物对真菌无任何抑制作用，对革兰阴性菌和阳性菌的抑制效果相差不大。敏感菌*C. albicans*的最低杀菌浓度为10^{-15} mg/mL。2004年，Engel等分别提取了52种热带大西洋海洋藻类的亲脂性化合物和亲水性化合物，90%对一种以上细菌有抑制作用，77%对两种以上细菌有抑制作用，27%对三种以上细菌有抑制作用。绿藻*Halimeda copiosa*和*Penicillus capitatus*抗菌谱最广，但只对其生长环境中存在的细菌有抑制作用，对人类疾病没有明显作用。

我国微藻抗菌活性物质筛选方面的研究很少。1999年，田黎等研究发现7种海洋微藻卡德藻、塔孢藻、球等鞭金藻、叉鞭金藻、绿色巴夫藻、小球藻、紫球藻对植物病原菌有不同程度的抑制作用，小球藻和紫球藻微藻蛋白质提取物抗真菌活性比抗细菌活性大。2008年，江红霞发现有8种微藻提取物能抑制细菌生长，其中铜绿聚球藻和塔胞藻的抗菌谱最广，娇柔塔胞藻的乙醚提取物对稻瘟病菌的抑制作用最强。王芹等采用琼脂扩散法测定了22种微藻不同溶剂提取物的抗菌活性，发现22种微藻粗提物显示出不同程度的抗菌活性，旋链角毛藻的提取物抗菌活性最强，其脂肪粗提物、多酚粗提物和萜类粗提物对供试菌株均有不同程度的生长抑制作用。各种提取物对细菌的生长抑制作用普遍强于对真菌的生长抑制作用。

人们相继从固着列金藻（Stichochrysis immobilis）、马汉母赭胞藻（Ochromobilis malhamensis）、褐囊藻（Phaeocysis ponchetii）、日本星杆藻（Asterionella japonica）、霍氏双岐藻（Scytonema hofmanni）和念珠藻（Nostoc commune）等多种微藻中分离到抗生素类化合物，并正在深入研究，试图从中开发出新型高效抗生素类药物。这些化合物大多数是有机酸、脂肪酸、溴酚及其他酚类抑制剂、萜类、大环内酯类、氨基酸及肽类、多糖及醇类。

一、脂肪族化合物

国内外研究人员普遍认为，微藻脂溶性提取物的抑菌作用要高于水溶性提取物。Pratt等是最早（1942）从微藻中分离抗生素的研究者，他们从小球藻中分离到小球藻素（Chlorellin）脂肪酸混合物，此混合物具抗细菌和自身毒性的功能。Pesando（1975）研究表明，日本星杆藻 Asterionella japonica 中产生的顺二十碳五烯酸（cis-eicosapentaenoic acid）的光氧化产物具有极强的抗生素活性。Entzeroth等（1985）从海水螺旋藻 Lyngbya aestuarii 中分离出一种脂肪酸（2，5-二甲基十二酸），它同样能抑制别的藻类及水生高等植物的生长。这种藻的浅水变种 Lyngbya majuscula 中含有一种7-氧甲基－十四碳-4-烯酸，它能抑制革兰阴性细菌的生长。

丙烯酸（acrylic acid）是人们第一次从一种褐囊藻 Haeocystis pouchetii 中分离得到并确认对革兰阳性细菌、酵母菌、曲霉菌等很有效的抗菌物质，它在细胞内部分以游离状态存在。

2004年，Ozemir G等采用多种有机溶剂提取螺旋藻中的脂溶性成分，甲醇提取物的抑菌效果强于其他有机溶剂提取物，GC-MS结果表明，螺旋藻的挥发性成分主要是十七烷（39.70%）和十四烷（34.61%）。2006年，Herrero M等从盐生杜氏藻中发现15种不同的挥发性化合物（主要是棕榈酸、α-亚麻酸和油酸）具有抗菌活性。Hansson等（2011）研究发现，马汉母赫胞藻（*Ochromonas mathamensis*）中存在一种叶绿素酯（Chlorophyllides），此抗生素物质结构尚未鉴定清楚。

二、酚类抑制剂

酚类是海洋微藻抵抗其他生物吞食及感染的重要化学防卫物质，在海洋生态系统中起着重要作用。许多微藻的提取物具有抗菌活性，都是与卤代酚类物质的存在有关。目前，在很多藻类中发现了具有抗菌活性的酚类化合物。

灰色念珠藻 *Nostoc muscorum* 中含有的酚类化合物能够抑制多种人类致病菌的生长。Wisespongpand等（2003）从团扇藻中分离得到了三种带^{20}C骨架的间苯三酚，具有抗金黄色葡萄球菌和枯草芽孢杆菌活性。从墨角藻中分离鉴定出的一种多羟基化岩藻多酚具有很强的杀菌作用，能够抑制多种人类致病菌的生长。师然新等（1997）用80%乙醇提取青岛沿海9种海藻的酚类化合物，提取物对枯草杆菌有明显抑制作用。徐年军等（2003）从松节藻 *Rhodomela Confervoides* 中分离出了两种新型溴酚，皆具有很强的抗菌活性。

三、萜类

萜类（Terpenoids）是天然有机化合物中的一个重要组成部分，由不同个数的异戊二烯首尾相接构成，通式为$(C_5H_8)_n$，又称为异戊二烯类化合物（Isoperenoids）。按组成的异戊二烯基本结构单元的数目，将萜类化合物分为单萜、倍半萜、二萜、二倍半萜、三萜、四萜和多萜。

萜类结构独特、生物活性强，是藻类保护自己所产生的最具代表性的次生代谢产物之一。近十几年来，仅从凹顶藻属中就分离出26种不同类型结构骨架的萜类化合物，它们具有抑瘤活性、免疫活性、抗菌活性，是海洋药物的重要来源。从绿藻中陆续分离到的几十个倍半萜和二萜中，大多数含有1，4-二乙酰氧基丁二烯结构片段。这种共轭的双烯醇乙酸酯代表着"隐蔽"的二醛，故有很强的生物活性。Suzuki 等（2001）在凹顶藻 Laurencia yonaguniensis 中发现了一种以溴代双萜为骨架的卤代物 Neoirietetraol。此卤代物具有抑制海洋细菌 Alcaligenes aquamarinus 和 Eseherschia coli 生长的作用。

从钝形凹顶藻（L. obtusa）中分离的三萜类化合物 Thyrsiferol 对 P-388 细胞的 ED_{50} 为 0.18 µg/mL。Takeda 等（1990）从该藻中分离到具有细胞毒性的双萜类 Lamouroux 和卤化烯二醇，其中 Lamouroux 对体外培养的 B-16 细胞的 IC_{50} 为 0.78 µg/mL，而卤化烯二醇对体外培养的 KB 和 P-388 细胞的分别为 4.5 µg/mL 和 10 µg/mL。Pec 等（1999）从 Laurencia viridis sp. 中分离到一种新的萜类（DHT），对 T47D、ZR-75-1 和 Hs578T 等癌细胞均有毒性。用 Pgp 过表达的人表皮样癌细胞系证明，该化合物不调节由 Pgp 介导的药物转运，表明该化合物可用于治疗 Pgp 表达的癌细胞而不受干扰。杉嘎蕨藻 Caulerpa taxofolia 的主要成分倍半萜 Caulerpenyne 对 KB 细胞和成纤维细胞具有细胞毒活性，对 8 种人类起源的肿瘤细胞系具有生长抑制作用，其中对 1 种克隆直肠癌最敏感，IC_{50} 为 611～717 mmol/L。Pederson 等（1978）发现巴西藻类 Dictyotam enstrualis 的 2 个二萜化合物能在体外抑制 HIV-1 病毒 PM-1 细胞株的复制。

四、大环内酯类

海洋生物体内的大环内酯化合物具有特殊结构和强烈的生物活性，因而引起人们广泛关注。Moore 等（1989）在 Oahu 的 Kahala 海滩的蓝藻 Lmajfuscula Gomont 藻体的二氯甲烷提取物中得到的内酯 malyngolide 与链霉菌属产生的大环内酯抗生素结构很相似，具有明显的抗菌活性，尤其对 Smegmatis 和 Sterptococcus pyogenes 有较强拮抗活性，对 Staphylococcus aureus 和 Bacillus *subtilis* 的活性稍弱，而对 *Enterobacter aerogenes*、*E. coli*、*P. Aeruginosa* 和 *Salmonella enteritids* 无活性。从小头颤藻 *O. aculissima* 中分离出一种大环内酯化合物 acutiphycin，具有细胞毒和抗肿瘤活性，体外试验当剂量大于 50 μg/kg 时显示抗肿瘤作用。从热带海洋蓝藻 *Hormothaminon enteromorphoides* 中提取的多肽类大环内酯化合物 hormothamin A 也具有良好的药用前景。它具有溶解肿瘤细胞、产生细胞毒性和神经毒性等抗肿瘤活性，作用机制主要是影响脑垂体细胞静止期的钙离子通道，提高电压敏感性钙离子通道的开放，促进脑内激素如催乳素的分泌而产生作用。

甲藻产生的多醚化合物和大环内酯化合物与链霉菌属产生的大环内酯抗生素很相似。前一类化合物以冈田酸（okadaic acid）为代表，它是一种强力的蛋白磷酸酶抑制剂，从培养的甲藻 *G. toxicushai* 中分离出的几个多环醚化合物 gambieric acid A、B、C 和 D 以及 gambierol 显示出抗真菌活性。后一类化合物包括一系列细胞毒素化合物，如由 *Amphidinium* sp. 产生的 amphidinolides A—V，来自 *Prorocentriumlime prorocentrolide* 以及发现于 *Goniodoma* sp. 的 goniodomin A。goniodomin A 除具有较强的抗真菌活性外，该二十五元环的大环内酯能刺激放线菌 ATPase 的活性。

一些硅藻表现出来的抗生素活性，过去主要归结为相当普通的游离脂肪酸衍生物，但是最近在普通的硅藻 *Asterionella* sp. 中发现了一组具有偶氮酸酯结构的化合物 asterlionellin A、B 和 C，这种未曾见过的具有环烯偶氮酸酯基的结构需要进一步研究加以证实。偶氮酸酯基是发现于若干种抗生素如 elaiomycin 油霉素中的氧化偶氮基的同分异构体，它们可能有相似的生物合成来源。

在一种伪枝藻（*Scytonema pseudohofmanni*）中提取的 Scytophycin B，是一种结构特殊的多肽类大环内酯化合物（lipopeptide），对体外培养的 KB 细胞、白血病细胞及肺癌细胞具有强烈抑制作用，作用机制是通过阻止球蛋白的形成从而有效抑制肿瘤细胞增殖。Namikoshi 等（1992）从绿藻（*Cyombacterium*）中分离得到 3 种全新的绿藻代谢物，这类化合物具有特殊取代结构，细胞毒性都较强。Kobayashi 等（1986）从培养的前沟藻中分离出 4 种具有抗肿瘤活性的大环内酯 amphidinolide-A、B、C、D，它们对 L-2110 细胞的 IC_{50} 分别为 $2.4×10^{-3}$、$1.4×10^{-4}$、$5.8×10^{-3}$、$1.9×10^{-3}$ μg/mL。

五、氨基酸及肽类

Beriand 等（1972）认为固着列金藻 *Stichochrysis immobilis* 中具有抗生素活性的物质可能是一种多肽。Koehn（1997）从委内瑞拉水域的蓝绿藻巨大鞘丝中分离到结构新颖的脂肽（microcolin A），是一种很强的免疫抑制剂。Gerwick 等（1992）从北波多黎各沿岸的浅水域中采集的热带海洋蓝藻 *Hormothamnion enteromorphoides* 中分离到一系列亲脂性的环肽，其中极性最小的一个环肽 hormothamnin A 具有细胞毒和抗微生物活性，其藻体的脂提物有明显的抗革兰阳性菌作用。陈晓清等（2005）发现海水小球藻和紫球藻的蛋白提取物对 4 种细菌具有生长抑制作用，对肠炎病原菌的抑制作用最强，两种微藻蛋白质提取物对真菌的抑制作用大于对细菌的抑制作用。

蓝藻中的 *Microsistis aeruginosa* 和 *Nodularia spumigena* 分别产生具有 7 个氨基酸的环肽毒素 microsystin 和 5 个氨基酸的环肽 nodularin。它们通过抑制蛋白磷酸酶活性，使处在非致死剂量下的肿瘤细胞无法进一步发育。从一种伪枝藻（*Scytonema mirabile* BY-8-1）中分离出的 38 种活性物质，有 24 种多肽具有抗肿瘤活性。2004 年，Pulz 等从小球藻中提取的耐高温的球蛋白和单半乳糖基二酰基都具有抗肿瘤活性。2002 年，Williams 等成功地从蓝绿色藻类中分离出一种环肽，此环肽具有抗真菌活性。NSC 630167 是一种从蓝藻（*Chromobacterium violaceum*）中分离到的环肽化合物，能降低致癌基因 c-MYC mRNA 的表达水平，能够使一些肿瘤细胞的细胞周期停留在 G0/G2 期，是一种组蛋白脱乙酰酶抑制剂。NSC 630167 对不同的人实体瘤细胞都表现出良好的细胞毒活性。

从念珠藻属（*Nostoc*）中提取的 Cryptophycisn 是 8 种多肽的总称。其中 Cryptophycins 1 最先从念珠藻（*Nostoc* sp. ATCC 53789）中提取出来，对

多种人肿瘤细胞株系产生细胞毒性，同时还是一种潜在的杀菌剂。从念珠藻（*Nostoc* sp. GSV 224）中提取出来的 cryptophycins 1 对小鼠移植的乳腺癌、卵巢癌、胰腺癌活性具有广谱的抑制作用，但由于 cryptophycin 1 毒性太强而不能用作临床用药。通过对结构与功能关系的进一步研究，在 cryptophycin 1 结构基础上产生了一种新的多肽——cryptophycin 8。临床研究表明，这种半合成的 cryptophycin 8 多肽比 cryptophycin 1 有着更好的治疗效果，而且对健康细胞的毒性更低。

　　cyanovirin（CV-N，cyanovirin-N）是从另一种念珠藻（*Nostocellipsosporum* F90783）中分离出来的一种由 101 个氨基酸组成的多肽，具有很强的病毒杀灭作用。美国国立癌症研究所（National Cancer Institute, NCI）研究发现，CV-N 是艾滋病毒（HIV）的竞争融合抑制剂，通过阻止 HIV 表面受体与健康细胞膜的融合从而阻断毒性 HIV 进入正常细胞。此外，还发现 CV-N 对其他所有的免疫缺陷病毒如 SIV 和 FIV 等都具有潜在的抑制作用，在临床治疗上具有良好的应用潜力。目前，NCI 已对 CV-N 的应用方法申请了多个保护性专利。

　　从海洋蓝藻鞘丝藻（*Lyngbya majuscula*）中提取的环肽 majusculamide C，对 HIV 病毒和骨髓瘤细胞具有很强的抑制效果，同时还是一种较好的微生物抑制剂。

六、生物碱

　　Moore 等（1989）从陆生的蓝藻泉生软管藻 *Hapalosiphon fontinalis* 的提取物中分离出一种含氯和异腈基团的吲哚生物碱——软吲哚 A，这种吲哚生物碱具有抑制藻类生长和抗真菌的活性。后来 Moore 又从这种藻中分离出 18 种含量极少的软吲哚，它们皆具有抗细菌和真菌的活性。2008 年，Volk 等从陆生的蓝藻泉生软管藻中分离出 18 种含量极少的软吲哚，它们皆具有抗细菌和真菌的活性。

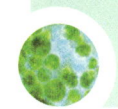

七、其他成分

Ishibashi 等（2003）从伪枝藻 *Scytonema pseudohofmanni* 中分离出来的 scytophytin-A 具有广谱的抗真菌作用，是强烈的细胞毒素，对 KB 细胞最低抑制浓度为 1 ng/mL。Naviner（1999）从海洋硅藻 *Skeletonem acostatum* 中获得的抗菌活性物质能抑制水产养殖中某些鱼、贝类的致病细菌。Stahi 等（1978）发现夏威夷的蓝藻 *Lyngbyam ajuscula* 藻体的甲醇提取物中有抗生素活性，对 *Microcuccus pyogenes* vaf. Aureeus、*Mycobacterium smegmatis* 等有拮抗作用。此外，从甲藻 *Alexandrium hirazoi* 中分离出的 Goniodomins 对真菌 *M ortierella ram annianus* 和 *Candida a Lbicans* 有抑制作用。

第八节　利用微藻生产活性物质的优缺点

一、优点

利用微藻生产活性物质，具有以下优点：①微藻种类繁多，能够提供很多独特的生物活性物质；②许多微藻可以进行人工养殖且生长速度快，能够较好地保证资源供应；③微藻适应性强，容易通过改变环境条件等因素来提高体内生物活性物质的含量；④植物源杀菌剂的有效成分在自然条件下容易分解，对环境影响较小；⑤作用机理独特，病原真菌不容易产生抗药性，对作物也不易产生药害。

二、存在的问题及解决途径

近年来，国内科学家对微藻活性物质的研究工作大多集中在化合物的提取、分离和结构鉴定等方面，对于其生物活性及作用机制的研究报道较少，与国际同领域相比还相对滞后，主要原因在于分子生物学、药理学领域的理论和研究方法没有明显突破。建议今后一段时期内有关微藻活性物质的研究重点集中在以下几个方面：

1. 微藻活性物质的发现

微藻活性物质的研究是药物开发的基础和源泉。微藻种类繁多，存在着许多特殊的次生代谢产物，然而目前对微藻中活性成分的发现还仅仅处在开始阶段。微藻天然活性成分往往具有复杂的化学结构而且含量极低，建立快速、微量的提取分离和结构测定方法以及应用多靶点的生物筛选技术，发现新的生物活性成分是当前科学家面临的挑战。

2. 有效成分比较复杂

由于微藻中的成分复杂且活性物质往往不止一种，活性成分的提取分离比较困难，给工业化生产及作用机制的研究造成很大的困难。

3. 微藻活性成分的结构优化

从微藻中发现的大量天然活性成分，有的可以直接进入新药的研究开发阶段，但有的活性成分存在着活性较低或毒性较大等问题。因此，需要将这些活性成分作为先导化合物进一步进行结构优化，如结构修饰和结构改造，以期获得活性更高、毒性更小的新的化学成分。

4. 解决药源问题

培养过程中的低收率导致所得的活性物质较少，成为限制其工业化的"瓶颈"。解决途径通常有：扩大微藻培养的规模，提高微藻培养的密度，加大高效萃取和纯化活性物质方法的研究力度。采用化学合成的方法进行化合物的全合成，是解决药源问题的一个重要手段，同时结合现代光生物反应器技术，研究适合于微藻的培养工艺，从而加快利用微藻生产药源活性物质的工业化进程。

参考文献

陈新美，等，2003.培养条件对螺旋藻生长和藻胆蛋白含量的影响[J].氨基酸和生物资源，25（1）：21-24.

华雪铭，等，1999.温度和光照时间对微藻的生长总脂肪酸含量及脂肪酸组成的影响[J].上海水产大学学报，8（4）：309-315.

李荷芳，周汉秋，1999.海洋微藻脂肪酸组成的比较研究[J].海洋与湖沼，30（1）：34-40.

李文权，等，2003.温度对四种海洋微藻脂肪酸组成的影响[J].台湾海峡，23（11）：159-163.

林丽玉，1999.海洋微藻中若干活性物质的开发现状与展望[J].台湾海峡，8（2）：168-171.

林学政，李光友，2002.11种微藻脂类和EPA/DHA组成研究[J].海洋科学，18（2）：36-40.

王长海，温少红，欧阳藩，1999.紫球藻合成的生物活性物质[J].海洋通报，18（3）：25-29.

王广策，曾呈奎，1998.藻胆蛋白功能的研究[J].生命科学，10（6）：312-315.

王宏礼，冯剑锋，沈菲，2002.渤海赤潮藻类生态动力学模型的非线性动力学研究[J].海洋技术，9（3）：8-12.

温少红，李叙风，王长海，2000.微藻高度不饱和脂肪酸的研究[J].海洋通报，19（4）：86-91.

杨秀霞，等，2001.影响微藻脂肪酸组成因素概述[J].海洋湖沼通报，8（1）：76-82.

张欣华，等，2000.不同培养条件对海洋微藻多糖含量的影响[J].生物学杂志，17（6）：17-18.

郑江，2002.藻胆蛋白的提取纯化研究[J].食品科学，23（11）：159-161.

庄慧如，等，2000.营养胁迫对雨生红球藻虾青素累积的影响[J].水生生物学报，5（2）：

87-89.

Anderson D M, Kulis D M, Sullivan J J, et al., 1990. Toxin composition variations in one isolate of the dinoflagellate *Alexandrium fundyense* [J]. Toxicon, 28: 885-893.

Anderson D M, Kulis D M, Qi Y Z, et al., 1996. Paralytic shellfish poisoning in Southern China [J]. Toxicon, 34: 579-590.

Andrinolo D M, Michea L F, and Lagos N, 1999. Toxic effects, pharmacokinetics and clearance of saxitoxin, a component of paralytic shellfish poison (PSP), in cats [J]. Toxicon, 37: 447-464.

Babinchak J A, Moeller P D R, Van Dolah F M, et al., 1994. Production of ciguatoxins in cultured *Gambierdiscus toxicus*. Mem. Qd. Mus. 34: 447-453.

Cembella A D, 1998. Ecophysiology and metabolism of paralytic shellfish toxins in marine microalgae. *In* Physiological Ecology of Harmful Algal Blooms (D M Anderson, A D Cembella, and G M Hallegraeff, eds.), Springer-Verlag, Berlin Heidelberg, 381-403.

Chang H J, Anderson D M, Kulis D M, et al., 1997. Toxin production of *Alexandrium minutum* (Dinophyceae) from the Bay of Plenty. New Zealand [J]. Toxicon, 35: 393-409.

Doblin M, Blackburn S I, and Hallegraeff G M, 1999. Comparitive study of selenium requirements of three phytoplankton species: *Gymnodinium catenatum*, *Alexandrium minutum* (Dinophyta) and *Chaetoceros* cf. *tenuissimus* (Bacillariophyta) [J]. J. Plank. Res, 21: 1153-1169.

Flynn K J, Flynn K, John E H, et al., 1996. Changes in toxins, intracellular and dissolved free amino acids of the toxic dinoflagellate *Gymnodinium catenatum* in response to changes in inorganic nutrients and salinity [J]. J. Plankton. Res, 18: 2093-2111.

Galleron C, 1976. Synchronization of the marine dinoflagllate *Amphidinium carteri* in dense culture [J]. J. Phycol, 12: 69-73.

Hwang D F, and Lu Y H, 2000. Influence of environmental and nutritional factors on growth, toxicity, and toxin profile of dinoflagellate *Alexandrium minutum* [J]. Toxicon, 38: 1491-1503.

Ireland C M et al., 1993. Pharmaceutical and bioactive natural products [M] // In: Atteaway D and Zaborsky O, eds. Marine Biotechnology. New York: Plenum Press, 1: 411-437.

Kim C H, Sako Y, and Ishida Y, 1993. Comparison of toxin composition between populations of

Alexandrium spp. from geographical distant areas[J]. Nipp. Suis. Gakk., 59: 641-646.

Oshima Y, Hasegawa M, Yasumoto T, et al., 1987. Dinoflagellate *Gymnodinium catenatum* as the source of paralytic shellfish toxins in Tasmanian shellfish[J]. Toxicon, 25: 1105-1111.

Oshima Y, Itakura H, Lee K C, et al., 1993. Toxin production by the dinoflagellate *Gymnodinium catenatum*[J]. In Toxic phytoplankton Blooms in the Sea (T J Smayda and Y Shimizu, eds.), Elsevier, New York, p907-912.

Plumley F G, 1997. Marine algal toxins: Biochemistry, genetics, and molecular biology[J]. *Limnol. Oceanogr.* 42(5): 1252-1264.

Pomati G, Sacchi S, Rossetti C, et al., 2000. The freshwater cyanobacterium *Planktothrix* sp. FP1: Molecular identification and detection of paralytic shellfish poisoning toxins[J]. J. Phycol, 36: 553-562.

Proctor N H, Chan S L, and Trevor A J, 1975. Production of saxitoxin by cultures of *Gonyaulax catenella*[J]. Toxicon, 13: 1-9.

Sheu J H, Sung P J, Cheng M C, et al., 1998. Novel cytotoxic diterpenes excavatolidesA-E, isolated from the *Formosangorgonian Briareumexcavatum*[J]. J. Nat. Prod., 61: 602-608.

Shimizu Y, 1996. Microalgal metabolites: a new perspective[J]. *Ann. Rev. Microbiol*, 50: 431-465.

Taroncher-Oldenburg G, Kulis D M, and Anderson D M, 1999. Coupling of saxitoxin biosynthesis to the G1 phase of the cell cycle in the dinoflagellate *Alexandrium fundyense*: temperature and nutrient effects[J]. Nat. Tox, 7: 207-219.

Usup G, Kulis D M, and Anderson D M, 1994. Growth and toxin production of the toxic dinoflagellate *Pyrodinium bahamense* var. *compressum* in laboratory cultures[J]. Nat. Tox, 2: 254-262.

Wang C H, Ouyang, et al., 1997. Studies on high concentration culture of *Porphyridium cruentum* [M]. Proceedings of the Young Asian Biochemical Engineers' Community 1997, Tianjing University, p37-39.

Wang C H, Wang Y Y, Sun Y Y, et al., 2003. Effect of Antibiotic Treatment on Toxin Production by *Alexandrium Tamarense*[J]. Biomedical and Environmental Sciences, 16: 340-347.

Wang C H, Alvin Y T Ho, Pei-yuan Qian, et al., 2004. Antibiotic treatment enhances C2 toxin production by *Alexandrium tamarense* in batch cultures[J]. Harmful Algae, 3(1): 21-28.

Wang C H, Hsieh D P H, 2002. Nutritional supplementation to increase growth and paralytic shellfish toxin productivity by the marine dinoflagellate Alexandrium tamarense[J]. Biochemical Engineering Journal, 11(2-3): 131-135.

White A W, 1986. High toxin content in the dinoflagellate *Gonyaulax excavata* in nature[J]. Toxicon., 24: 605-610.

Yamane Y, et al., 1988. Effect of *Spirulina* (*S. platensis*) on the rental toxicity induced by inorganic mercury and paraaminophenol. 108th Annual Conference of the Pharmaceutical [J]. Society of Japan, 58-62.

Zhukova N U, et al., 1995. Fatty acid composition of 15 species of marine microalgae[J]. Photochemistry, 39(2): 351-356.

第三章 微藻规模化生产的共性关键技术

微藻人工养殖已有很长的历史，许多文献资料对此都有详细的描述（Chu，1942；Lewin，1959；Fogg，1965；Venkataraman，1969；Stein，1973；Guillard，1975；Richmond，1986；Andersen，2005）。有记载最早的微藻人工养殖始于1850年，德国微生物学家Ferdinand Cohn在实验室成功培养了雨生红球藻（*Heamatococcus*），但后来证实Ferdinand Cohn的微藻培养物并非纯种；20世纪40年代后期，美国、日本、德国和以色列开始了微藻规模化养殖研究，以解决第二次世界大战期间的能源问题和战后饥饿问题；20世纪60年代，日本等出现了小球藻的商业化生产；20世纪70年代，Sosa Texcoco公司在墨西哥建成了世界上第一个螺旋藻工业化养殖场。随着微藻在食品、保健品、动物饲料以及化妆品生产中的广泛应用，微藻的工厂化养殖获得了快速发展。

微藻原料的生产包括几个关键环节：①微藻的规模化养殖，通过光生物反应器对微藻进行大量培养，获得微藻生物质；②微藻原料的收获与干燥，将微藻从水环境中收集，得到湿藻泥，然后通过干燥的方式制备干藻粉；③养殖过程调控，通过代谢、环境和营养等方式调控微藻生长，使其获得更高的生物量或活性物质产量；④养殖过程管理，对环境条件和营养条件进行监控，使微藻培养环境稳定，保证微藻原料的质量和品质。

第一节 微藻原料常见的规模化生产技术

单个微藻细胞相当于一棵高等植物的植株,可以不断繁殖并具有多种多样的生理和生化功能,这些单细胞的微藻可通过类似微生物发酵的方式,在透明的培养装置——光生物反应器中进行培养。光生物反应器是指用于光合微生物及具有光合能力的组织或细胞培养的装置。光生物反应器的历史最早可追溯到1953 年,Burlew 利用自行设计的矩形透明容器培养小球藻,为光生物反应器的应用奠定了基础。

目前,可用于微藻培养的光生物反应器主要有开放式和封闭式两种类型。开放式光生物反应器主要指开放池培养系统(如跑道池反应器)。该反应器具有结构简单、容易放大和成本低等优点,已普遍应用于商业化微藻大规模培养中,但它也存在诸多缺点,如比表面积小、光能和 CO_2 利用率低、易污染、环境条件(温度、光照、pH 等)控制能力差等,目前仅有少数几种微藻(小球藻、盐藻、螺旋藻等)能够采用开放式光生物反应器进行培养。培养条件要求温和、种群竞争能力较弱的微藻,则只能采用封闭式光生物反应器培养。封闭式光生物反应器是指用透明材料建造的生物反应器,目前常见的封闭式光生物反应器主要有管式光生物反应器、柱式光生物反应器、吊袋式光生物反应器、平板式光生物反应器、膜式光生物反应器和耦合式光生物反应器等。与开放式光生物反应器相比,封闭式光生物反应器具有许多优点:①不易受到灰尘、昆虫及杂菌等的污染,能实现纯种培养;②培养条件易于控制(温度、pH);③培养密度高;④适合于绝大多数微藻的光自养培养;⑤有较高比表面积;⑥光能和 CO_2 利用率较高。

微藻光生物反应器是微藻原料生产的关键设备,也是微藻规模化培养遇到的主要技术"瓶颈"之一。企业针对待生产藻种的特性、养殖基地所在地区的自然环境、投资规模等，采用不同的培养模式（开放式或封闭式）。例如，螺旋藻、盐藻和小球藻通常采用开放式跑道池和圆池进行养殖；雨生红球藻对环境非常敏感，一般利用封闭式光生物反应器进行培养（管式光生物反应器、平板式光生物反应器和柱式光生物反应器）；针对内蒙古地区风沙较大、春秋温度低等养殖不利因素，企业通常采用建设透光塑料大棚的方式隔绝风沙和保持温度，可使螺旋藻在温带地区实现半年以上的产业化生产。

一、开放池培养模式

最典型的开放式培养系统是由Oswald（1969）设计的跑道池光生物反应器。该反应器以自然光为光源，依靠桨轮的转动，使培养液在池内混合、循环，防止藻细胞沉淀并提高光能利用率。开放式反应器主要分为三类：开放池塘、跑道池以及循环池，其中跑道池是最常见的开放式反应器设计形式。

跑道池光生物反应器通常是由水泥砌成且内表面光滑的椭圆形浅池，长度一般为100 m，占地面积1 000~5 000 m^2，池中间有分隔体将池子分为对称的两半，池高40~50 cm，培养深度15~35 cm。池一端或两端安装有踏板式或叶轮式搅拌桨，旋转的搅拌桨推动水体流动，使培养液在池内混合循环，防止藻体沉底并提高藻体的光能利用率，搅拌速度一般维持在水流速度，即10~20 cm/s。池底通常具有一定坡度（100 m的跑道池，落差为10 cm），以方便跑道池的清洗。常见的跑道池仅有一条弯道，也有企业为了增加培养体积，将跑道池改为多条弯道。

不同微藻原料生产企业在跑道池结构选择和建造材质等方面会存在一定差异，大部分生产企业采用水泥建池，投资成本低，但随着水泥池使用时间的延长，地基下陷、水泥开裂等问题会陆续出现，导致水泥跑道池局部漏水，后期维修相对麻烦。一些企业针对这一问题，采用塑料地膜铺池，解决了水泥池漏水等问题。在一些风沙较大、冬季温度低的地区，则在每个池上建设塑料透光大棚，以达到隔绝风沙、保持温度的目的。跑道池光生物反应器的培养深度仅有 15～35 cm，通入的 CO_2 在水体中的停留时间短，气液传质效果差，CO_2 作为碳源的利用率较低。为解决开放池气相补碳的困难，一些研究人员对开放池结构进行了改变，在开放池的一端设置深阱，在深阱底部安装气体分布器，增加 CO_2 与藻液的接触时间，提高 CO_2 的吸收效率。当培养池中藻液密度很高时，光仅能穿透低于 2 cm 的藻液。为了解决这一问题，一些研究者在开放池底部加装了楔形挡板，使开放池底产生湍流流动，从而强化了混合传质和明暗交换。还有一些研究者在培养池底加设一些由太阳能驱动的 LED 灯，目前这种设计并未真正用于生产中。

跑道池是目前国际上使用最广泛的微藻培养系统，但开放池培养系统存在着易受污染、培养条件不稳定、光合效率低等难以克服的弱点。适合户外跑道池养殖的微藻需要具备一定的环境适应性。目前，采用开放池进行户外大规模培养的藻种只有螺旋藻（*Spirulina*）、小球藻（*Chlorella*）、盐藻（*Dunaliella*）等少数几种，但都存在着生物量低于 1.0 g/L，单位面积产率低于 10/(m·d) 的问题。采用跑道池光生物反应器的国外公司有：美国 PetroSun 公司、美国 Aurora BioFuels 公司、美国 PetroAlgae 公司、美国 Cyanotech 公司、美国 Cellana 公司、墨西哥 BioFields 公司、新西兰 Aquaflow Bionomic 公司、以色列 Seambiotc 公司、英国 AlgaeVS 公司等；国内公司有：云南爱尔发生物技术股份有限公司、荆州虾青素有限公司、内蒙古金骄集团、云南绿 A 生物工程有限公司、嘉兴大祺生物能源有限公司、东营大振生物工程有限公司、北海市康源生物工程有限责任公司、福建省神六保健食品有限公司、海南迪爱生微藻有限公司、江西新大泽实业集团有限公司等。

世界上几乎全部的螺旋藻生产企业均采用跑道池进行养殖，螺旋藻培养过程中会分泌一定的胞外多糖，这些胞外多糖具有一定的抑菌活性，可以抑制其他有害微生物生长。螺旋藻细胞的藻丝长，不容易被其他浮游动物捕食，因此在户外螺旋藻规模化养殖中很少会出现浮游动物污染。

盐藻需要极高的盐度才能生长，而大部分内陆水体中的浮游动物都不能在高盐度下存活，因此盐藻培养过程中也不容易被其他浮游动物污染。目前，国际上盐藻的大规模生产企业主要有澳大利亚 Betatene 公司、美国 Western Biotechnology 公司、以色列 Koor Foods 公司以及日本 Nihou Natural Beta-Biotechnology 公司。

许多企业虽然利用开放式圆池进行小球藻的户外规模化培养，但由于小球藻的培养环境并不特殊，其他藻类同样可以在此环境中生长，因此小球藻培养过程中容易受污染。此外小球藻细胞较小，非常容易被浮游动物捕食，户外小球藻在培养过程中一旦污染浮游动物，短至 2～3 d 就可以把整池小球藻全部吃完，这种现象在雨后极易出现。

海水饵料微藻养殖通常在小型开放式塑料桶中进行，如水产养殖中常用的中肋骨条藻、角毛藻和三角褐指藻等，培养体积一般为 1～2 t/桶，桶底部加入曝气管，通过高压鼓风机鼓入空气实现搅拌。饵料硅藻对光线较为敏感，适宜弱光培养。因此，硅藻养殖桶通常置于遮阳棚中，培养密度通常在 10^6～10^8 个细胞/mL。如果养殖用水没有经过处理，极易引发其他藻类和浮游动物的污染。

二、封闭式光生物反应器培养模式

封闭式光生物反应器是指利用透明材料建造的微藻培养容器，透明材料可以是透明塑料膜、普通玻璃、钢化玻璃、有机玻璃、PVC 透明材料等。封闭式光生物反应器已有近 50 年的发展历史，越来越多的不利用开放式反应器培养的新藻类资源被挖掘，促进了封闭式反应器的快速发展。

封闭式光生物反应器的单位体积微藻产量是开放式跑道池的 30 倍，同时容易实现培养过程的在线监控，二氧化碳和光能的利用率高，不易受灰尘、昆虫及杂菌等污染，是未来微藻规模化培养的发展方向。封闭式光生物反应器主要有以下类型：①柱式光生物反应器；②平板式光生物反应器；③管式光生物反应器式；④膜式光生物反应器；⑤吊袋式光生物反应器；⑥耦合式光生物反应器。

1. 柱式光生物反应器

柱式光生物反应器包括以下核心结构：透明圆柱桶、反应器内结构件、气体分布器、光源、温控系统等。透明圆柱桶一般由有机玻璃加工而成，圆柱桶直径 3~60 cm。气体分布器位于反应器底部中心位置，用于产生气泡，材质为多孔合成材料、不锈钢或中空纤维膜等。温控系统有内控温和外控温两种类型，内控温在反应器内部设置冷却蛇管，通过冷水机将蛇管中的循环水进行冷却；外控温通常通过在反应器外表面喷洒冷凝水，或将反应器置于浅水池中来实现冷却。

柱式光生物反应器可以放置在户外，利用太阳光进行养殖，也可以置于室内，利用人工光源进行养殖。人工光源分为外置和内置两种类型，外置光源操作方便，但藻密度较高时，光的穿透性差，光能利用率低。内置光源在一定程度上提高了光能利用率，但会引起藻液温度升高，培养后期藻细胞会部分黏附于光源表面，降低光源效率。目前，藻类学家正研究通过将外置和内置光源相结合的方式，来提高微藻养殖效率。

柱式光生物反应器分为鼓泡柱式光生物反应器和气升柱式光生物反应器两种类型。鼓泡柱式光生物反应器的气体分布器置于反应器底部，通过连续鼓入气体产生气泡，实现藻液的循环和搅拌。气体分布器的优化设计对鼓泡柱式光生物反应器的养殖效率影响较大，气泡越小，气液接触面越大，更有利于气泡中二氧化碳的吸收利用。但鼓泡柱式光生物反应器体积放大后，容易导致藻液循环不完全，在反应器底部或顶部积累大量死细胞，影响微藻养殖效率。气升柱式光生物反应器在反应器内部增加同轴管，或在外部增加循环管，利用气体上升产生的力，使藻液循环。气升柱式光生物反应器分为上升区和下降区，上升区和下降区在底部和上部连通，气体分布器位于上升区底部。由于上升区藻液的气含率高，藻液密度小，培养液向上层移动。当气含率高的藻液到达上升区上部时，气体会从培养液中逸出，使培养液密度增加，再加上反应器底部由于气泡的上升产生一定负压，带动下降区藻液向反应器底部移动，藻液到反应器底部时又循环进入上升区。Kamonpan 比较了雨生红球藻在鼓泡柱式光生物反应器和气升柱式光生物反应器中的生长情况，发现雨生红球藻在气升柱式光生物反应器中可以获得 8.0×10^5 个 /mL 的细胞密度，而在鼓泡柱式光生物反应器中仅获得 4.2×10^5 个 /mL 的细胞密度，说明气升柱式光生物反应器具有比鼓泡柱式光生物反应器更高的培养效率。

柱式光生物反应器具有传质效率高、混合均匀、剪切力小、能耗低、不存在氧解析困难、操作简便等优点，但也存在培养体积小、成本高、放大困难等问题，现多用于实验室培养微藻的研究中，少数企业将柱式光生物反应器用在微藻的二级扩种中，一些海水饵料养殖企业将其用在饵料微藻的生产中。

2. 平板式光生物反应器

平板式光生物反应器的历史最早可追溯到 1953 年，Burlew 利用自行设计的矩形透明容器培养小球藻，为平板式光生物反应器的应用奠定了基础。此后直到 1985 年，加拿大的 Samson 和 Leduy 设计了一种垂直的、双侧光照和利用空气进行搅动的平板式光生物反应器，至此平板式光生物反应器的核心设计理念逐渐形成（Samson R，Leduy A. 1985）；1992 年，Tredici 和 Materassi 进一步强化了平板式光生物反应器的设计，发明了垂直嵌合板光生物反应器（Tredici M R，Materassi R，1992）。在此以后，许多学者在此核心思想的基础上加以改进，设计出多种不同类型的平板式光生物反应器，如多层平行排列板式光生物反应器、倾斜鼓泡板式光生物反应器、平板反应器单元组合和带挡板的新型平板式反应器等，并应用到不同种类的微藻规模化培养中（Zittelli G C，2000；Pulz O.，1995；Degen J，2001；Hu et al.，1996；Zhang et al.，2002；Hoekema et al.，2002）。

平板式光生物反应器一般由透明的平板箱体组成，构成部分包括光源、透明箱体、支撑架、控温系统、鼓气系统。平板式光生物反应器的透明箱体所用材料为硅酸盐玻璃或有机玻璃，其中材质的厚度对光径以及反应器比表面积有影响，厚度越小，光径越小，微藻光合效率和生物量越高。在箱体内部，采用相同材料的隔板粘于前后平板之间,从而起到一定的加固作用。此外,有的还在反应器外部黏结封条用于进一步加固。若采用有机玻璃作为箱体材料,用有机玻璃胶黏合时,由于有机玻璃具有塑性,容易引起有机玻璃板变形,最终导致整个反应器破裂。设计的平板式光生物反应器无论是应用于实验室研究还是大规模生产,除了要考虑它的放大性能、操作性能、培养效率,还必须考虑它的承重能力、耐用性和使用寿命以及美观程度。反应器内混合系统有气升式混合、底部鼓泡混合或机械搅拌。

平板式光生物反应器可以根据太阳光强度及入射方向的变化,调节最适的采光方向,增大透光率,通过调节不同的反应器厚度维持短的光通路,保证有效液层充分受光。许波应用平板式光生物反应器对缺刻缘绿藻(*Parietochloris incise*)进行了高密度培养,微藻的生物量达到 5.2 g/L。该反应器由 6 个串联单元组成,由外冷却循环水喷淋降温,通过鼓入压缩空气实现藻液搅动。张成武等报道了一种平板式光生物反应器,该反应器由 100 个板式反应器单元串联组成,单个单位的体积为 20 L,高为 100 cm,光径为 10 cm。采取通气鼓泡混合,最终实现了对微拟球藻(*Nannochloropsis* sp.)的高密度规模化连续培养,细胞密度达到 6×10^8 个 / mL。

国内雨生红球藻生产企业在培养雨生红球藻绿色细胞时,大多采用板式光生物反应器进行,每个反应器单元 200 L,置于户外半开放大棚中。板式光生物反应器用透明保鲜膜封口,细胞密度可以达到 70 万个 /mL。但板式光生物反应器由于培养体积小,每次清洗都需要耗费大量的人力和时间,目前许多研究机构在考虑如何将单个反应器进行串联,减少清洗等所消耗的人力和时间。还有一些企业研究平板反应器自动清洗机,不过这种设备目前仍没有样机生产。

3. 管式光生物反应器

管式光生物反应器一般采用透明的直径较小的硬质塑料或玻璃、有机玻璃管,弯曲成不同形状,利用透明的管道,借助外部光源进行藻类培养。管式光生物反应器的设计和操作理论最早由 Prit 等人提出,后来有许多人研究与应用,发展为垂直管式、倾斜可调管式、水平管式、螺旋管式等多种形式。管式光生物反应器被认为具有较好的应用前景，反应器管道直径通常小于 10 cm，以保证管中培养基能够接收到充足的光照。在整个反应器中，培养液由水泵或气升系统驱动，从一个供应系统中输送到整个管式反应器中。经过一个循环后，剩余的培养液会重新回到供应系统里。气升系统还承担着二氧化碳气体和氧气的交换功能，搅拌和混合可以显著促进气体传质。随着时间的推移，反应器中会出现溶解氧含量增加、二氧化碳含量减少、pH 波动等现象，因此反应器的管道部分不应过长。大规模的生产设备由一系列的管式反应器组成，这些系统拥有更大的受光面积，更适合户外培养。

我国绝大多数雨生红球藻企业都采用平行管式光生物反应器对红色细胞进行培养，最长的超过 100 m，单组培养体积 5 t 以上。利用平行管式光生物反应器可以使雨生红球藻的虾青素含量达到 4% 以上。

（1）水平放置的气升管式光生物反应器：F G Acien Fernandez 等设计了一种气升管式光生物反应器，容积为 0.20 m³，该反应器由气升系统和集光管两部分组成。集光管两末端分别与气升系统的进气管和出气管相连，管径 6 cm、长 80 m 的管道盘绕成双层水平放置于地面，占地面积为 12 m²，相连的水平管之间的距离为 0.09 m，双层垂直管的距离为 0.03 m。位于气升系统顶部的气液分离器能阻止循环产生的气泡再次进入集光管。在这种反应器中研究了三角褐指藻的连续培养。

（2）垂直管式光生物反应器：采用机械搅拌、鼓泡、气升混合，这是比较常见的一种反应器，应用比较广泛。

（3）圆形螺旋盘绕管式光生物反应器：圆形螺旋盘绕管式光生物反应器直径 3.0 cm 的聚乙烯塑料管安放在支架上呈螺旋状排列，表面积与体积比为：每 1 200 L 藻液的表面积是 100 m²。在藻液流速和产率等方面，这种反应器与水平放置的管式反应器相当。Chrismadha 与 Borowitzka 曾研究过采用这种装置培养微藻生产二十碳五烯酸。

管式光生物反应器内部极易发生微藻细胞附着而出现细胞贴壁现象，此现象会导致管道表面粗糙，增大流体阻力，进一步增加贴壁现象的发生，最终影响管式反应器的透过性，导致微藻光合效率下降。为降低贴壁现象的影响，现采用的措施有：保持管道内侧光滑，减少管道内部装置和弯道，增大管道内径以提高藻液流速，安装自动清洗设备。另一个关键技术问题是管式光生物反应器的控温，如果不采取降温措施，封闭式光生物反应器中的温度会比周围环境高出 10～30℃，在高出 10℃ 的情况下，微藻生长会受到严重抑制。因此，管式光生物反应器必须采取降温措施，目前常用的降温措施有：喷淋冷却水、管道浸泡水浴，在气体解析罐中安装冷却设备。

微藻高浓度培养时，光的穿透厚度仅有 0.8 mm 左右。理论研究表明，藻细胞在反应器的光区和暗区以特定频率转换，会使藻细胞生长速率得到大幅提高。Ugwu 等在管式光生物反应器中安装静态混合器，能提高藻液湍流，加快微藻在光区和暗区之间的循环流动，微藻在 12.5 cm 管式光生物反应器中的单位体积产率比在 3.8 cm 管式光生物反应器中的高约 63%。Lee 等针对一天中太阳光照的变化，对水平设置的管道进行改进，将管式光生物反应器设计成与地面角度可调的形式，能更好地利用太阳能。研究发现，当倾斜角度为 80°时，小球藻的产量是水平放置时的 6 倍。

根据管式光生物反应器的研究现状分析，以提高产率为目的的管式光生物反应器的开发设计有以下一些发展趋势：①管径减小并稳定在一定范围内。管式光生物反应器设计中，管径从十几厘米逐渐减小并稳定在 2.5～5.0 cm。由于管式光生物反应器的表面积与体积比得到了提高，从而较大幅度地提高了反应器的体积产率。②集光管的排列向空间发展。管式光生物反应器集光管的排列方式，从平放于地面向空间立体结构发展。这样在占地面积不变的条件下，增加了反应器的采光表面积，使得按照占地面积计算的单位面积产率有较大提高。③采取措施降低管路阻力，提高藻液流速。例如，多支路并行流管式光生物反应器，将集光管并联，这样能够减少藻液的流动阻力，从而提高流速，并且取得了一定成效。④普遍采用气升循环混合系统，气升循环有特殊优越性，它在提供藻液流动力的同时，还有助于溶氧脱气，气升循环对藻体的剪切作用较小，动力消耗也不大。

4. 膜式光生物反应器

膜式光生物反应器是利用微藻具有吸附在固体培养基中形成生物膜的趋势，研制出的微藻培养光生物反应器。Liu 等提出了一种微藻贴壁培养技术，首先他们将藻细胞直接接种于滤膜（纸）材料上形成生物膜，通过培养基浸湿的滤膜为藻细胞提供营养盐和水分，系统通入含 1% CO_2 的空气提供碳源。结果发现，栅藻、葡萄藻、微拟球藻、筒柱藻（硅藻）、螺旋藻等均可实现良好的贴壁生长，生长速度与藻种关系不大，但与光照强度、培养基组成有关，一般为 4~10 g/(m^2·d)。栅藻缺氮诱导后含油量可达 50% 左右。研究发现，在这种贴壁培养方式上，光照强度为 100~150 μmol/(m^2·s)。考虑到室外培养时太阳光照强度一般可达 400~2 000 μmol/(m^2·s)，远高于上述光饱和点，如果直接将微藻细胞生物膜置于强光下，则不利于利用太阳光。因此，提出了一种光强稀释的微藻贴壁培养反应器设计新原理，即通过扩大单位入射光照面积上的培养面积，或通过周期间明-暗循环的方式来扩大培养面积，从而实现光入射面上的光强稀释。依据此原理，他们提出了多种贴壁培养反应器结构。例如，设计的一种插板阵列式反应器，在室内培养微藻平均密度可达 200~300 g/L，面积产率可达 60~90 g/(m^2·d)，室外也可达到 40~60 g/(m^2·d)，远高于开放池和光反应器的液体培养。正是他们将贴壁培养方法与光稀释反应器设计原理相结合，实现了微藻培养效率上的巨大潜力，从而引起人们对微藻贴壁培养技术研究越来越多的关注。中国科学院青岛生物能源与过程研究所目前已完成了 200 m^2 微藻贴壁培养中试。

膜式光生物反应器不需要消耗大量的水资源进行微藻培养，同时微藻收获成本低，但目前有关的文献并不多，微藻生物膜的贴壁培养技术尚处于初期研发阶段，还有许多基础科学问题、工艺与过程控制、装备设计与放大等关键问题需要解决。这些问题包括：藻种与介质之间的黏附作用、贴壁介质的选择、培养基分布装置、温度控制、补碳技术、如何自动化接种与藻细胞采收，以及反应器结构设计与放大等。但是，微藻贴壁培养是对微藻传统液体悬浮培养模式的重要突破，在培养效率、节约水资源和采收能耗方面具有明显优势，值得从原理、机理、工艺、控制、反应器设计及过程放大等方面进行更加深入、系统的研究。

Bayless 设计的膜式光生物反应器将微藻吸附在反应器的垂直纤维膜上生长，烟道气作为 CO_2 来源，培养基沿纤维膜表面循环流动，在反应器顶部安装透镜收集太阳光，通过光纤导入光线到反应器中供微藻光合作用，微藻的采收可通过提高培养基流速、增大剪切力使微藻从纤维膜上脱下而实现。使用膜式光生物反应器培养 *Chlorogleopsis* sp.，通入饱和热烟道气进行微藻培养，最终微藻生长速率为 $10 \sim 15 \text{ g}/(\text{m}^2 \cdot \text{d})$。

5. 吊袋式光生物反应器

为降低成本，用塑料膜来代替玻璃和有机玻璃制造光反应器是一个合理的选择，采用聚乙烯薄膜袋封闭式培养微藻，有受光面积大、保温性能好、污染机会小、成功率高、成本低、操作简单的优点，在提高藻种的密度和纯度上取得了良好的效果。聚乙烯薄膜袋吊袋式光反应器具有以下优点：①膜袋内外压力均衡，薄膜几乎不受张力，且薄膜袋在水中漂浮，自由度相对较大，因而不仅大大方便了操作，而且有效地解决了塑料薄膜袋的破损漏水问题；②藻种分布均匀；③具有良好的恒温性能；④能直接由封闭培养的一级藻种向三级培养的塑料袋中接种，避免了多次接种操作造成的污染。然而塑料膜的承压强度低，因此塑料膜光反应器放大困难。美国 Solix 公司开发了一种水浮薄膜吊袋式微藻培养系统，将数百米长的吊袋悬浮于水池中，一方面借助水的浮力来减轻塑料膜的承压，另一方面也可利用水池中的水来实现吊袋培养系统的温度缓冲。经过一年左右的运行，结果两株微拟球藻 *Nannochloropsis oculata* 和 *Nannochloropsis salina* 平均生长速率分别为 $0.16 \text{ g}/(\text{L} \cdot \text{d})$ 和 $0.15 \text{ g}/(\text{L} \cdot \text{d})$，最大值分别为 $0.37 \text{ g}/(\text{L} \cdot \text{d})$ 和 $0.37 \text{ g}/(\text{L} \cdot \text{d})$。

6. 耦合式光生物反应器

封闭式光生物反应器与开放式光生物反应器各有优缺点，并且不同类型的封闭式光生物反应器优缺点也不一样，因此许多学者将两种不同构造反应器进行耦合设计，以一种反应器优点弥补另一种反应器缺点，耦合型光生物反应器是反应器研制的趋势。Fernandez 开发出一种采用气升传质系统和环形光合管道的混合型光生物反应器，反应器环形光合管道光比表面积大，光能利用高效。气升传质系统采用气升式平板光生物反应器原理，能促进藻液均匀混合，同时解决管道反应器中氧解析困难的问题，配有探测仪。

还有研究报道，第一阶段，运用封闭式光生物反应器获得密度高、性状稳定的接种物；第二阶段，将封闭式光生物反应器中的培养物接种至开放池中大规模培养微藻。在封闭式光生物反应器中进行连续培养，在开放式光生物反应器中进行批次培养，采用两阶段培养方式能发挥两类反应器的优点，降低微藻养殖成本，是实现高效、规模养殖经济微藻的有效思路。最近中国科学院青岛生物能源与过程研究所开发了一种开放池与平板式光生物反应器通过水泵连接实现培养液周期性在开放池和光生物反应器内循环的培养装备，建立了 20 个单体为 24 m^2、容积为 3 m^3 的中试系统。结果表明，微藻培养产率可达到 17～20 $g/(m^2 \cdot d)$，较单纯的开放池培养提高了 1 倍。张成武等发明了多种耦合式光生物反应器类型并申请专利，例如平板式与开放池相耦合、平板式与柱式反应器相耦合等，充分发挥了不同反应器的优势，但大部分仍然处于小试阶段。目前，荆州市天然虾青素有限公司在生产雨生红球藻的过程中将封闭式光生物反应器与开放池相结合，先在封闭式光生物反应器中培养雨生红球藻绿色细胞（平板式），然后转入开放式跑道池中进行红色细胞的诱导，可以实现年产雨生红球藻藻粉 50 t。

三、异养或兼养培养模式

1953 年，Lewin 等首先发现了一些藻类能利用有机物作为碳源和能源进行异养生长，20世纪80年代末，国际上提出将微藻异养培养作为新的研究方向，由此拉开了微藻异养培养研究的热潮。异养培养能够克服或减少自养培养的不足，培养过程不需要光照，消除了光限制，并且完全密封，避免污染，培养条件易控制，提高了微藻生物量。异养培养是微藻大规模产业化生产的发展趋势。

微藻的异养方式主要可以分为3类：①化能异养生长（chemoheterotrophy）；②光异养生长（photoheterotrophy）；③光激活异养生长（light-activated heterotrophic growth，LAHG）。由于大多数微藻是光合自养生物，能进行兼养生长的微藻不一定能进行异养生长，如 Chlamydobotrys stellata 能利用乙酸钠进行兼养生长，但是不能利用乙酸钠进行异养生长。因此，有效地筛选能够吸收和利用有机碳进行异养生长的微藻藻株至关重要。能够进行异养生长的微藻一般具备如下特征：①具备在黑暗中分裂和代谢的能力；②能在廉价的培养基中生长；③能迅速适应新环境；④能够承受发酵罐和周边设备的水压。Lewin 早在1953年即对42株无菌培养的硅藻进行筛选，并确定有4种13个株系可以进行异养生长。Gladue 等对可作为水产养殖饲料的部分微藻进行了异养筛选。Van Baalen 和 Mannan 等报道了蓝藻中一些可以进行异养生长的种类。至今为止，已经有多个门类几十种微藻被筛选出来，部分种类，如小球藻（Chlorella protothecoides）已经得到较为深入的研究并达到较高产量。

微藻异养培养生产多不饱和脂肪酸具有很好的商业化应用开发前景，目前国际上有 Martek、Omega-Tech、Nissin OilMills 等公司已经利用微藻培养生产了二十碳五烯酸和二十二碳六烯酸（Docosahexaenoic acid，DHA），中国香港大学已成功进行了小球藻（Chlorella）、隐甲藻（Crypthecodinium cohnii）、螺旋藻（Spirulina）和雨生红球藻（Haematococcus）的兼养和异养研究，生物量可达 45 g/L，体积产率为 20 g/(L·d)（Gladue & Maxey，1994）。目前，市场上已经有饵料小球藻异养发酵产品，如上海光语生物科技有限公司、天津佳音科技有限公司等公司都已经将异养发酵技术用于饵料微藻的生产。异养发酵小球藻难以达到国家食品标准，原因是异养发酵过程藻细胞的光合系统退化，作为捕光色素的叶绿素几乎不合成，而叶绿素含量是衡量小球藻产品品质的一项重要指标，因此大多数异养发酵小球藻产品无法进入食品市场，只能作为动物饲料使用，价值完全被低估。为此，李元广等发展了一种序贯式异养—稀释—光诱导的新工艺，可以在异养发酵培养后，将藻细胞进行光合自养培养，使藻粉光合色素得到一定程度的恢复。在这种方式中，异养主要用于快速制备微藻种液，然后将高密度的种液稀释到光自养培养基中，在开放池或光反应器中进行光诱导，从而实现微藻快速生长，蛋白质、色素或油脂的积累。例如，用该技术对多株小球藻的培养表明，将异养的小球藻种子液稀释到 2~5 g/L 的自养体系中，经过 12 h 光诱导，藻蛋白和叶绿素含量可达到 50.87% 和 32.97 mg/g，几乎与传统的全部光自养过程相当；24 h 诱导后的细胞含油量最高可达 26.11%，比光诱导前提高了 70%~120%。对三株小球藻 *Chlorella pyrenoidosa*、*Chlorella ellipsoidea* 和 *Chlorella vulgaris* 的种子培养效率表明，采用异养方式，其效率较光自养的种子培养效率分别提高了 20.9、26.9 和 25.2 倍。利用这些异养种子液进行光稀释诱导大规模培养，藻细胞产率较传统光自养种子的诱导培养提高了 1.91、1.51 和 1.48 倍，油脂产率分别提高了 1.66、1.37 和 1.42 倍。显然利用这种方式来高效制备微藻大规模培养的种子液，一方面降低了传统纯异养过程对有机碳源的过度依赖，另一方面也显示了其用于微藻大规模培养时在生物质产率和油脂产率上的一定优势，但这种方式只适用于某些少数能够异养的藻种。

总体而言，开放式光自养培养模式、密闭式自养模式、异养或兼养培养模式各自优点明显，但缺点也明显。如何选择，不单纯是一个培养的问题，还要结合目标产品、藻种特性、地域环境等进行综合考虑，并进行全生命周期分析，找到影响微藻能源经济性的主要因素，如培养效率、物能消耗、装备投资等。

第二节　微藻原料生产中的共性关键技术

一、养殖基地选址

微藻基地选址是影响微藻原料产量的关键问题之一，通常需要考虑以下几个方面：①选择全年平均日光照强度高、日照时间长的地区。②微藻存在适宜生长温度，超过或低于最适宜温度，微藻的生产效率均不同程度地降低。根据待培养藻种的特性，选择培养地区。③选择空气中微生物数量较少的地区，避免培养过程中微生物污染。④选择全年雨水较少的地区，雨水对开放池培养会产生严重的负面影响，特别是淡水培养，雨后极易滋生其他藻类及浮游动物大量繁殖。此外，雨水大量进入培养池，导致培养池中藻液溢出，微藻生物质损失。⑤选择水中重金属含量低的地区，应减少微藻重金属污染。

我国微藻养殖基地大部分集中在云南、内蒙古、广西、海南等地区，这些地区全年的太阳辐射较充足，全年日照时间都超过 3 000 h，非常适宜藻类培养。但这些地区也存在不利于藻类养殖的自然因素，内蒙古地区风沙大，如果开放池不进行遮蔽，将使大量沙尘进入培养池，影响藻粉质量。内蒙古冬季温度低，不适合微藻生长。为了克服上述两个不利因素，微藻企业通常利用透明塑料大棚进行保温和防治风沙，内蒙古企业通常在 11 月便停止生产，到第二年 4 月才开始生产，避过低温期。内蒙古适宜藻类养殖的另外一个重要因素是当地的水中含有一定量的碳酸氢钠，碳酸氢钠可以作为微藻生长的碳源，这在一定程度上可以降低培养成本。此外，碳酸氢钠生产企业靠近微藻养殖基地，使碳酸氢钠成本进一步降低。以色列沙漠干旱地区也非常适合进行微藻养殖，以色列是全球第一个实现雨生红球藻规模化生产的国家。美国 Cyantech 公司的雨

生红球藻养殖基地建在夏威夷海边，利用海水进行降温，降低了培养成本。澳大利亚的盐藻养殖基地建在近海，可以方便获取海水。三亚海王海洋生物科技有限公司将螺旋藻养殖基地建在三亚天涯镇海边，引进了中国科学院南海海洋研究所的海水螺旋藻驯化技术，成功实现了螺旋藻海水驯化培养，养殖用水来自三亚无污染海域。广东海融环保科技有限公司位于肇庆大旺镇，主要生产雨生红球藻相关产品，该公司靠近热电厂，养殖用的二氧化碳均来自热电厂净化后的二氧化碳，降低了养殖成本，还可以起到减排效果。

有些国内微藻养殖基地选址并不一定遵循上述原则，主要依靠地方政策和区域经济发展建厂，政府会在企业发展过程中给予一定的支持，这对于企业前期发展至关重要。一些不符合微藻生长的自然因素，企业通过增加成本予以解决：如一些企业进入11月后将停止生产，一些企业利用塑料大棚解决冬季温度低的问题。综上所述，微藻企业选址是多因素共同考虑的结果，在充分考虑微藻生长特性的基础上，结合政府政策和投资规模进行。

二、微藻代谢调控

1. 营养调控

按藻细胞对营养元素吸收利用的程度，营养元素可分为两类：大量元素和微量元素，其中大量元素包括氮、磷、钙、镁、钾、钠、碳等，微量元素包括铁、锌、铜、钼、钴等。各种元素相互组合，构成了微藻生长的营养环境。

(1) 氮元素：氮元素是细胞重要的组成元素。通常可以被微藻利用的氮源有铵盐、硝酸盐及尿素等，但在吸收速度与利用程度上有所差异。研究表明，微藻利用氮的能力的顺序为：氨氮＞尿素＞硝态氮＞亚硝态氮，这是因为氨氮可以直接通过转氨基作用合成氨基酸，其余氮源都需要通过酶的催化转为氨氮再被细胞利用。但是很多研究表明，利用尿素和硝酸盐培养微藻也可以达到非常好的效果。Borowitzka等（1991）研究表明，雨生红球藻最适氮源形式为硝酸盐；在研究尿素、硝酸钠和碳酸氢铵对小球藻生长及油脂含量的影响时发现，尿素对生长的促进作用最大，硝酸钠对油脂的积累最有利。随着氮浓度的增加，微藻的生长速率表现出先升高后下降的现象，高浓度的氮对生长有一定抑制作用。这可能是因为高浓度氮源促进微藻大量繁殖，磷逐渐被耗尽，氮磷比例失调，藻细胞吸收过量的氮源，不利于细胞分裂。

低氮有利于微藻油脂的积累，这也成为目前规模化培养中提高微藻油脂含量的常用工艺。这可能是因为当氮含量较低时，细胞内的腺苷－磷酸（AMP）脱氨酶的含量增加，它将 AMP 大量转化为肌苷－磷酸（IMP）和氨，而线粒体中异柠檬酸脱氢酶（ICDH）多为 AMP 依赖性脱氢酶，细胞内 AMP 浓度的降低将减弱甚至完全抑制该酶的活性。藻细胞内的柠檬酸可被柠檬酸裂解酶催化生成乙酰辅酶 A，也可进入柠檬酸循环。ICDH 是柠檬酸循环中的催化酶，在氮浓度较低时，ICDH 活性的降低促使柠檬酸更多地被催化生成乙酰辅酶 A，从而使细胞内脂肪的积累量增加。

（2）碳元素：碳是微藻糖类、蛋白质、脂肪、色素等合成所必需的大量元素之一，微藻碳元素含量接近细胞干重的 50%。微藻在生长过程中对碳元素需求量大，单靠溶解在培养基中的 CO_2，难以满足高密度培养要求。因此，在微藻的大规模培养过程中需要不断补充碳源。碳源分为无机碳源和有机碳源，无机碳源主要有二氧化碳、碳酸氢钠、碳酸钠等，有机碳源包括葡萄糖、乙酸钠等小分子糖类。在光自养条件下，微藻利用无机碳源（CO_2 及含碳的无机化合物碳酸氢钠等）进行光合作用，将光能转化为化学能。在水溶液中，无机碳源以 H_2CO_3、CO_2、HCO_3^- 和 CO_3^{2-} 四种形式存在，彼此之间存在着动态平衡，彼此的相对含量主要受 pH 的影响。当 pH < 5 时，溶解无机碳（DIC）大部分为 CO_2；pH = 6.6 时，CO_2 与 HCO_3^- 基本持平；当 pH = 8.3 时，DIC 绝大部分为 HCO_3^-。因此，在微藻培养过程中应控制 pH，便于 CO_2 的吸收利用，另外也受到盐度和温度的影响。在异养或兼养条件下，微藻利用有机碳源进行生长。可以利用有机物生长的微藻在异养条件下通常会具有更快的生长速率，因为有机碳源可以直接进入细胞糖酵解和三羧酸循环，更快地分解转化。

目前大多数微藻养殖企业的微藻养殖模式为光自养，因此在培养过程中需要不断地补充无机碳源，补充无机碳源的主要方法有：通入富含 CO_2 的空气、100% CO_2、碳酸氢钠等。因为碳酸氢钠储存相对容易，所以大多数企业采用补充碳酸氢钠的方式补充碳源。所有藻类都能够利用 CO_2，大多数藻类具有利用 HCO_3^- 的能力，而普遍认为 CO_3^{2-} 不能作为光合作用的直接碳源，既不抑制也不促进光合作用。微藻对 HCO_3^- 的吸收较对 CO_2 的吸收慢，因此在微藻培养过程中通过调节 pH 控制 H_2CO_3、CO_2、HCO_3^- 和 CO_3^{2-} 的比例尤为重要。

CO_2 既是微藻和植物光合作用的底物，又是光合作用的限制因子之一。微藻进行光合作用需要一定浓度的 CO_2，体积比例为 1%~5% 时可达到最大光合效率。空气中的含量虽然较低，但通过鼓气也可以达到较高的光合效率。CO_2 浓度的提高能显著地提高微藻对数生长期的光合效率和光合作用饱和光强，这与 CO_2 浓度的提高能得到较高的微藻生物量相一致。微藻培养过程中可适量添加碳酸氢钠，以缓解 CO_2 供应不足，作为碳源促进藻细胞生物量的增加，同时还可起到缓冲剂的作用。但是，一次性添加碳酸氢钠浓度不宜过高，否则藻液 pH 偏碱性，微藻生长就会受到限制。工业烟道气中 CO_2 的含量较高，完全能满足微藻对 CO_2 的需要，若能将其应用到微藻规模化培养中，既降低了微藻培养成本，又可用于减排 CO_2。

（3）磷元素：磷是核酸、磷脂、细胞内能量载体（ATP）的重要组成元素，广泛参与细胞遗传、细胞膜的构建和能量传递等代谢过程，一些含磷的辅酶（NAD、NADP、TPP）在呼吸链和光合链电子的传递中起作用；磷通过影响类囊体膜蛋白的磷酸化、Rubisco 酶活性影响光合作用。尹翠玲（2007）研究缺磷对盐生杜氏藻和纤细角毛藻的影响，结果表明，缺磷时 Fv/Fm 降幅可达 82.5%。Fábregas（2000）报道 6.2 mg/L 的磷浓度最合适，翟兴文等（2002）报道适宜生长的磷浓度为 4~8 mg/L。对于雨生红球藻，CG-11 适宜生长的磷浓度未有报道，磷缺乏或磷过量对雨生红球藻光合生理的影响也未有报道。

（4）钙元素：钙是细胞膜与细胞壁的重要组成成分，它可与磷脂和果胶酸结合，稳定细胞膜和细胞壁；钙是细胞内重要的第二信使，参与各种信号传递活动；液泡内储存有大量的钙，可以调节细胞的渗透压；钙还可以影响纺锤丝的形成，从而影响细胞分裂（王朝晖等，1997）。

（5）镁元素：镁对维持叶绿体结构和功能具有重要的作用。饶立华（1993）报道当植物缺镁时，叶绿体基粒数目减少，当补充镁元素时，又会重新出现基粒；张其德等（1990）报道适宜的 Mg^{2+} 浓度可以提高光系统 II 的活性和原初光能转化效率；镁可以参与 DNA 指导的 RNA 聚合酶催化反应（王镜岩等，2002）；Jaime Fabrega（1998）报道缺镁可以诱导虾青素合成，积累量最高为 26 μg/mL。

（6）钾元素：钾是藻类生长必需的营养元素之一，也是地球上所有生物生存所必需的元素之一。钾对生物具有重要的生理功能，广泛参与多种代谢过程：①钾离子是细胞内 50 多种酶的激活剂，如谷氨酰胺合成酶、丙酮酸激酶等；②调节细胞内外跨膜电势（钠钾泵），维持细胞渗透压；③与蛋白质的合成密切相关，氮代谢重要的调控酶——天冬酰胺酶需要钾离子进行活化，钾还参与蛋白质合成前体物质（如糖、ATP 或其他能源物质）的运输，新合成蛋白质的稳定也需要钾离子；④调节 Rubisco 酶和 Rubisco 活化酶的活性，从而影响光合作用。微藻在人工培养基中生长，很少出现钾限制。关于钾对微藻生长影响的研究不多，刘沛然等（1999）在盐生杜氏藻培养液中加入一定量的 KCl，观察到当 KCl 浓度为 100 mmol/L 时，盐生杜氏藻的生长受到抑制。当培养液中钾缺乏时，盐生杜氏藻的生长也被显著抑制，并推测钾对盐生杜氏藻生长的抑制作用与质子的跨膜运输存在一定关系。

（7）钠元素：钠元素不属于植物生长所必需的元素，但在适宜的条件下对植物的生长仍具有一定的促进作用。钠元素的作用主要有：①通过调节胞内钠钾离子浓度，调节渗透压；②代替钾离子行使一些生理功能。微藻培养基中通常添加 $NaNO_3$、NaCl、$NaHPO_4$ 等来补充钠元素，钠、钾离子的比例可成为影响藻细胞生长的因素之一。

（8）铁元素：铁作为微藻生长所必需的微量元素之一，广泛参与光合作用、呼吸作用、物质的合成、营养盐吸收、自由基的清除等重要生理过程（Flynn K

J, et al., 1999; Geider R J, et al., 1999）。Boya（2000）等学者报道，在高营养盐低叶绿素（HNLC）的海域，大面积撒播铁粉，能快速提高浮游植物的生物量，并由此提出，铁是海洋初级生产力的限制因子。室内实验也证明，铁对微藻的生长具有明显的促进作用，缺铁会限制微藻的生长（朱明远等，2000；陈慈美等，1993；欧明明等，2005；吕秀平等，2005）。

（9）锰元素：锰是藻类生长必需的微量元素。光合作用中氧气的生成需要锰的参与，方昭希等（1989）研究表明，缺锰可引起叶绿体膜结构的破坏，使光合放氧受到抑制。Mn^{2+} 是糖酵解和 TCA 中的某些酶（己糖磷酸激酶、异柠檬酸脱氢酶、烯醇化酶、羧化酶）的活化剂；Mn^{2+} 也是硝酸还原酶的活化剂，缺 Mn^{2+} 会影响藻类对硝酸盐的利用（王镜岩等，2002）。郭金耀（2008）研究表明，培养液中锰浓度过高或过低都不利于盐藻细胞生长与物质积累；当锰浓度为 4.0 mg/L 时，能明显促进藻细胞生长和 β- 胡萝卜素的积累。对于雨生红球藻，最适锰浓度未见有报道。

（10）铜元素：铜是藻类维持正常代谢活动所必需的微量元素之一。铜是细胞色素氧化酶、多酚氧化酶、抗坏血酸氧化酶等的组成成分，铜也存在于叶绿体的质体蓝素中，参与光合作用的电子传递（祝沛平等，2000）。当铜元素过量时，会对细胞产生毒害作用。陆开形（2004）的研究表明，铜对雨生红球藻 24 h、48 h、72 h 的 IC_{50} 分别为 1.394 mg/L、1.756 mg/L、1.904 mg/L。

（11）锌元素：锌对藻细胞的代谢活动具有重要的调控作用。细胞内的碳酸酐酶、碱性磷酸酶都含有锌。碳酸酐酶是藻细胞吸收和利用无机碳的关键酶。当锌浓度过量时，也会对藻细胞产生一定的毒害作用（胡晗华等，2003）。锌还可以影响细胞的生化组成，杨晓玲等（2007）研究了不同浓度的锌对盐藻生长和物质积累的影响，结果表明，当培养液中锌浓度为 6 mg/L 时能明显促进藻细胞生长，并且细胞内蛋白质与 β- 胡萝卜素积累量也最大；培养液中锌过量（大于 8 mg/L）或不足（小于 2 mg/L）都不利于盐藻细胞的生长与物质积累。

（12）钼元素：钼是植物细胞内多种酶的辅酶，广泛参与物质代谢（硝酸还原酶、黄嘌呤脱氢酶、亚硫酸盐氧化酶等）和光合作用，蓝藻固氮酶中也存在钼元素，钼是培养基中不可缺少的元素之一（徐根娣等，2001）。钼浓度可以影响藻细胞生长及物质的积累。郭金耀（2007）的研究表明，当培养液中钼浓度为 60 μg/L 时，能明显促进盐藻细胞的生长，并且细胞内蛋白质与 β- 胡萝卜素的积累量也最大；当培养液中钼过量（大于 80 μg/L）或不足（小于 20 μg/L）时，都不利于盐藻细胞的生长与 β- 胡萝卜素的积累。钼对雨生红球藻生长及虾青素积累的影响未见有报道。

（13）钴元素：钴具有稳定叶绿体膜上色素蛋白质复合体的作用，能够提高藻细胞的光合效率（郑爱珍等，1998），培养基中添加钴可以提高藻类的生物量。

（14）维生素类：维生素可以促进藻类生长，是藻类生长所必需的有机物质之一（王镜岩等，2002）。李立欣（2006）报道，在 BBM 的培养基中添加维生素 B_1、维生素 B_{12} 和维生素 H 能不同程度地促进雨生红球藻生长，添加维生素 B_{12} 效果最明显。

（15）生长促进剂：植物生长促进剂是对植物生长发育具有刺激作用的一类有机物，在农业生产中应用较多。最近研究表明，培养基中添加适宜浓度的生长促进剂，也可促进藻类生长。杨群英等（2000）研究表明，植物生长激素可以促进绿色巴夫藻生长速率提高。关于生长促进剂对雨生红球藻生长及虾青素积累的影响也有报道，崔宝霞等（2008）研究了 α- 萘乙酸（NAA）、6- 苄基嘌呤（6-BA）、2,4 - 二氯苯氧乙酸（2,4-D）、赤霉素（GA_3）四种植物生长调节剂对雨生红球藻生长及虾青素含量的影响，结果表明，四种植物生长调节剂仅在对数生长期有促进作用，6-BA、NAA 和 GA_3 的最佳浓度分别为 0.5 mg/L、0.1 mg/L、0.05 mg/L。

（16）金属离子螯合剂：螯合剂并不是藻细胞生长所必需的物质，但它在一定程度上可以促进藻细胞的生长，培养基中添加螯合剂重要目的之一就是防止微量元素过早沉淀。常用于培养基中的螯合剂有 $EDTA-Na_2$ 等。培养基中添加 $EDTA-Na_2$ 可以促进藻类生长，姚久祥等（2005）研究不同浓度的 $EDTA-Na_2$ 对等鞭金藻、扁藻、绿色巴夫藻、小球藻生长的影响，结果表明，当 EDTA-

Na$_2$ 浓度为 1～7 mg/L 时，均能促进上述单细胞微藻的生长，最高生物量增加值可达 2.24 倍。

2. 环境调控

（1）光强与光质：光对微藻生长具有重要的影响作用，光对微藻生长的影响主要体现在光强、光质和光周期三个方面。光强，即光的强度，在光补偿点以上才会有生物量的积累。当光强超过光饱和点后，即使光强再增加，光合效率也不会增加，而且光强过高对光合效率还有抑制作用。因此，在培养过程中应使光强处于这两个转折点之间，并且尽量接近光饱和点，使微藻处于最大光合效率的状态。光质，指光的波长。微藻等植物的光合系统中有两个系统，即光系统Ⅰ和光系统Ⅱ，光系统Ⅰ的吸收峰位于 680 nm，光系统Ⅱ的吸收峰位于 700 nm，不同的微藻对不同波长光的吸收量是不一样的。例如，小球藻对红光的利用率最大，其次为黄光和青光。光周期，即光暗交替，对光合作用效率也有影响。研究表明，藻细胞在光区与暗区交替达到一定频率（常高于 1 Hz）时，就会产生"闪光效应"，从而有利于提高微藻对光的利用率。利用这个现象对光生物反应器进行改良，在板式等封闭式光生物反应器内壁上加入一些挡板，可以提高微藻的生产率。许多光生物反应器的创新都在于如何高效地利用闪光效应。在微藻规模化培养中，常以自然光作为光源，其优点是，首先可以降低成本，而且我国太阳能资源丰富，年总辐照量可达到 280 W/m，大部分地区可达到 120 W/m。微藻对自然光的利用率可达到总辐照量的 3%～11%，如果再加上人工条件，利用率则更高。其次，自然光光质好，全波长。自然光的缺点是光强难以控制，中午光强大，微藻易发生光抑制；阴雨天光照不足，影响微藻生长。

光照度是影响微藻生长的关键参数。藻细胞需要通过光合作用合成有机物质。微藻的光饱和点的光照强度一般在 200～500 μmol/（m^2·s），如螺旋藻的光饱和点的光照强度为 200 μmol/（m^2·s）左右，雨生红球藻的光饱和点的光照强度为 320 μmol/（m^2·s）左右，铜绿微囊藻的光饱和点的光照强度在

500 μmol/(m²·s)附近。在微藻培养中，光照强度应根据培养阶段的不同进行调节。培养初期由于生物量较低，应选用低光照强度，以防止出现藻细胞光漂白现象。随着生物量的升高，光照强度也应逐渐升高。对于高光照强度能够促进产物积累的微藻（如盐藻），培养后期要提供高光照强度，以诱导次级代谢产物（β-胡萝卜素）的积累。在户外培养中光照强度较难自动控制，一般通过调节遮阳程度来调节光照强度；室内培养，一般光照强度都处于光限制条件下，不同光照强度的调节通过程序自动控制灯管开关的数量实现。

（2）温度和溶解氧：温度和溶解氧会影响微藻的生长，不同的藻种对温度的适应范围不同，淡水藻（小球藻、栅藻）能适应的温度为 5~35℃，最适温度为 25~30℃，在培养过程中应尽量使其处于最适温度范围内。O_2 是微藻呼吸作用必需的气体，也是光合作用释放的气体，它对微藻细胞而言是非常重要的。微藻在进行旺盛的光合作用时会在培养液里积累大量的溶解氧，如果这些溶解氧不能及时排放就会形成高溶解氧，会对微藻的生长甚至生存造成严重的胁迫。溶解氧浓度过高会对微藻生长产生毒害作用的原因是：光合碳同化的关键酶 Rubisco 不仅具有固定 CO_2 的作用，还具有固定 O_2 的作用，过高的溶解氧浓度会和 CO_2 竞争与 Rubisco 的结合，从而导致藻细胞光合作用受阻，因此在规模化培养中要注意溶解氧的释放。微藻培养液中溶解氧浓度一般控制在 20 mg/L 以下，当培养液中溶解氧浓度达到 30 mg/L 时，微藻停止生长。目前，一般采用复膜氧电极来监测培养液中溶解氧浓度，当溶解氧浓度过高时，通过加强气液传质如调节通气速率或搅拌转速来进行调节。

（3）pH：pH 也会对微藻生长及产物合成产生多方面的影响。首先，pH 会影响酶的活性，从而影响微藻的新陈代谢；其次，pH 会影响细胞膜所带电荷的状态，从而改变细胞膜的通透性，影响微藻对营养物质的吸收利用；最后，pH 还会影响培养基中某些组分的解离（如 HCO_3^-），从而影响微藻对这些物质的利用。微藻最适的 pH 因藻种而异，螺旋藻生长最适 pH 为 9.5，栅藻和小球藻生长最适 pH 为 7.0 左右。微藻培养的 pH 变化主要取决于藻种、培养基组分及培养条件，一般通过补加酸碱或酸性物质、碱性物质，使培养液 pH 维持在微藻生长或产物积累的最适 pH 附近。目前，微藻培养 pH 的监测技术已很成熟，采用在线 pH 电极能够连续测定并记录 pH 的变化，并将信号输入控制器来反馈控制酸性或者碱性物质的添加。

3. 遗传改造

诱变育种是当前最主要的藻种获取手段，通过化学诱变以及物理诱变的方法对藻种的遗传过程进行干扰，造成藻种遗传信息的改变。在大样本量的群体中，通过快速的筛选手段得到需要的优良性状，这个过程随着筛选手段的不断丰富，逐渐成为主要的育种方案。诱变育种主要包括物理诱变和化学诱变两种形式，运用物理因素如各种射线、微波或激光等处理诱变材料，习惯上称之为辐射育种；化学因素是运用能导致遗传物质改变的一些诱变剂对样品进行处理。物理诱变剂主要有紫外线、X 线、γ 线、快中子、激光、微波、离子束等。化学诱变剂主要有烷化剂、天然碱基类似物、氯化锂、亚硝基化合物、叠氮化物、碱基类似物、抗生素、羟胺和吖啶等嵌入染料。国内外有大量的文献报道在微藻中使用诱变育种的方法提高了微藻的产业化价值。各种突变手段在使用过程中各有特点，在一定的剂量和突变筛选方法配合下都可以筛选到阳性突变的株系。不同突变方法在选择上主要偏重的诱变方式需要具有对诱变物种的广谱性，诱变操作技术简单，对环境污染较小，对操作人员的安全有较高的保障。但诱变育种的方法对一些新的优良性状的发现存在盲区。对突变机理的不明确以及表型性状存在不稳定也会对生产造成一定的影响。

微藻基因工程的研究起源于 20 世纪 70 年代，Shestakov 和 Khyen（1970）首次对原核的蓝藻进行了遗传学和分子生物学研究，之后 Blowers 等（1989）首次突破性地在真核的衣藻中成功进行了叶绿体转化，这才真正开始了微藻遗传转化研究的步伐。通过遗传转化和基因编辑技术修饰微藻基因和引入外源基因，从而提高微藻相关代谢产物的产量，成为国内外学者竞相研究的热点。随着二代测序成本的降低，一些藻类基因组先后被公布，这为针对微藻的遗传学改造提供了更加清晰的背景，一定程度上推动了微藻遗传改造的发展。目前

在 *Chlamydomonas reinhardtii*、*Phaeodactylum tricornutum*、*Nannochloropsis* 和 *Dunaliella salina* 中实现了遗传转化和表达，能够进行基因的沉默和敲除，对微藻进行基因工程的改造，需要对选择标记、载体以及转化方法进行更多的尝试。基因工程藻株具有较高的稳定性，且能够通过定向的改造获得较理想的突变株。在最新的报道中，使用 CRISPR/Cas9 这种由 RNA 指导的 Cas9 核酸酶对靶向基因进行编辑的技术已开始在微藻中实现精确的基因改造，Wang 等通过特定外源 Cas9 蛋白和指引 RNA 分子的设计和共同表达，结合基于二代测序的高通量转化株鉴定方法，实现了对 *Nannochloropsis* 硝酸还原酶基因序列上 5 个碱基的精确删除，并筛选分离出与预测的表型和基因型均完全契合的基因组编辑突变藻株，在微藻中示范了基因组的精准编辑。目前，利用基因工程技术进行的微藻育种在方法上已逐步成熟，但应用的微藻种类仍然有限，在许多微藻中尚无法实现稳定的遗传转化。随着遗传转化技术的发展，基因组测序费用的进一步降低，以及不同微藻数据库的丰富，微藻的基因工程育种将是一个有巨大发展前景的方向。

与传统育种相比，太空诱变育种的最大优势是变异概率高、变异范围广、育种周期短，可在相对较短时间内，创造出优质的种质资源。"实践十号"科学卫星搭载了由中国科学院南海海洋研究所与深圳农科集团共同选育的 12 种微藻，研究人员利用宇宙辐射、微重力和复杂电磁环境等因素对微藻的诱变作用，使微藻细胞发生遗传变异，然后从大量的诱变株中筛选出生长速率快、生物量高、遗传性状稳定且具有开发价值的藻株。微藻太空育种研究对于丰富我国微藻资源库，选育优质微藻品系具有重要意义，同时通过分析搭载微藻的基因变化，研究太空环境对微藻影响的机制，为认识可能存在的太空生命形式及改良微藻种质提供依据。

三、安全性控制

微藻原料进入市场必须符合国家安全标准，例如,《食品安全国家标准 藻类及其制品》（GB19643—2016）等中规定了感官要求、污染物限量、致病菌限量、理化指标等，如果藻粉不能达到食品安全标准将不能进入食品市场。微藻原料污染主要来源于：①培养用水；②营养盐；③养殖地环境；④采收过程中设备器材污染；⑤其他微生物分泌的毒素；等等。

1. 培养用水

养殖地水质情况对微藻藻粉的质量具有重要影响，如果藻类养殖周边存在大型的水污染企业，所生产的藻粉的质量将很难达到标准。微藻在生长过程中会吸附水体中的重金属，使藻粉中的重金属超标。大多数藻类养殖企业选择水质污染较轻的地区建设基地，减少水处理带来的成本，此外还有利于产品后续的宣传。

2. 营养盐

微藻生长过程中需要补入各种营养盐，如氮、磷、铁等，往往会混合带有一些难以去除的重金属，引起藻类中重金属超标。为了避免药品重金属污染，藻类养殖企业通常会选择食品级的药品。中国科学院南海海洋研究所建立了耦合CO_2补充的海水螺旋藻养殖技术，采用新筛选得到的海水螺旋藻HS331藻株，在起始培养时添加少量碳酸氢钠，随着培养时间的延长，培养液pH升高，此时开始补充CO_2作为替代碳源并调控培养物的pH，通过控制CO_2的添加速率或频率，使培养液的pH稳定在一个较高范围内（9.3~9.7），既适宜海水螺旋藻的生长，又可有效抑制虫害，同时可以有效避免钙、镁沉淀的形成，大幅度降低海水螺旋藻的生产成本。此外，由于CO_2中没有重金属元素（碳酸氢钠是螺旋藻重金属富集的主要来源），通过建立CO_2补充技术，进一步减少了重金属元素的富集，使螺旋藻藻粉的重金属含量远低于国家限量标准。因此，建立耦合CO_2补充的海水螺旋藻培养技术，对发展海水螺旋藻产业具有十分重要的意义（张峰等，2012）。

3. 养殖地环境

若在热电厂附近、交通要道或城镇周边等空气中颗粒度较大的地区建厂养藻，这些颗粒物会落到养藻池中。此外，粉尘中还含有一定量的重金属元素，导致重金属超标，影响产品质量。

4. 采收过程中设备器材污染

采收过程中使用的设备可能存在漏油等风险，采用的容器可能会带来重金属或有机污染物。

5. 其他微生物分泌的毒素

一些杂藻经常会在雨后出现，如微囊藻，其会分泌微囊藻毒素，微囊藻毒素能够强烈抑制蛋白磷酸酶的活性，为强烈的肝肿瘤促进剂。中国科学院南海海洋研究所研究通过海水培养螺旋藻，而微囊藻在海水中无法生长，因此海水螺旋藻从未检出过微囊藻毒素。企业需要严防蓝藻污染，定期进行显微观察，发现蓝藻及时处理，在水处理方面加大投入，从源头上杀灭蓝藻（向文洲等，2014；徐海滨等，2003）。

四、养殖用水处理

微藻污染防控中的重要环节是养殖用水处理，前期养殖用水处理的效果好，将会大幅减少后续养殖过程中的污染概率。

1. 臭氧杀菌消毒

臭氧在水产养殖上越来越多地用于对养殖水体的消毒。臭氧是氧气的三价同位素异构体，在水中具有很强的氧化能力；它能破坏和分解细菌的细胞壁，并迅速扩散透入细胞内杀死病原体，可对水中污染物，如氨、硫化氢、氰化物

等进行降解。因此，臭氧既可迅速及时地杀灭水中的病原微生物，又可以降低氨氮，增加溶解氧。但臭氧发生器的电耗较大，处理成本较高，经过处理后的水没有持续灭菌的功能，易遭二次污染。有资料表明，根据不同需要，养殖水体中含有 0.1～0.2 mg/L 的臭氧，持续 1～30 min 就可以达到杀菌消毒的理想效果。臭氧还具有沉淀悬浮物的作用，如果能提高综合利用效率，臭氧将会在微藻规模化养殖中得到广泛应用。

2. 紫外线杀菌消毒

一定波长的紫外线（180～300 nm）具有很好的灭菌消毒效果。一般养殖水体中紫外线强度超过 30 000 μW/cm 时，可以有效杀灭养殖水中的微生物。紫外线消毒杀菌的同时，会产生一定浓度的臭氧，增强消毒效果。

3. 自然沉淀处理

自然沉淀技术可使悬浮物沉淀、集聚并不断排出。设计良好的沉淀池可去除 59%～90% 的悬浮物，其中设计的关键是确定悬浮物的沉降流速。有资料表明，应用自然沉淀处理，过流流速应低于 4 m/min，适宜流速为 1 m/min，单位面积的流量为 1.0～2.7 $m^3/(h \cdot m^2)$。自然沉淀虽然具有较好的效果，但是限制了水体循环的流量，从而使结构庞大，增加了成本。水中的悬浮物质大多可通过自然沉淀去除，而胶体颗粒不能依靠自然沉淀去除。

4. 过滤

过滤是养殖用水处理中比较经济有效的方法之一，被广泛应用。它既可以作为养殖用水的预处理，也可作为养殖用水的最终处理，滤料主要有石英砂、炼渣、砾石等。滤料层的厚度与滤料种类有关，粒径较大的滤料孔隙率大，滤料层需厚一些；相反，粒径较小的滤料，孔隙率小，则滤料层可薄一些，但通常不小于 0.6 m。网目越小过滤越彻底，但是网目小于 60 μm 就会影响过水性能。为了改善过滤性能，增加过滤面积，防止堵塞，减少尺寸和反冲用水是进一步研究的重点。

5. 重金属的去除

养殖用水中不能含有超量的重金属，否则会导致微藻的生长受到抑制，最终生产的藻粉中重金属超标。养殖生产上去除水中重金属常采用的药剂是钠盐，化学名称为乙二胺乙酸二钠，产品为白色粉末状结晶，易溶于水，一旦与水中其他金属离子，如汞、铝、铜等相遇，钠离子位置立刻会被其他重金属离子取代而形成新的稳定化合物，从而大大降低水体中的重金属离子浓度和对微藻细胞的毒害作用。

6. 消毒剂消毒法

常用的消毒剂有漂白粉、漂白精、二氧化氯等。

7. 余氯去除

去除水中余氯的方法目前有两种：一是向水中添加某些化学药品，如$NaHSO_3$；二是让水通过粒状活性炭过滤器。两种方法目前都有应用。活性炭去除余氯是吸附与化学反应共同作用的结果。活性炭与水中余氯接触后的初期，去除余氯以物理吸附作用为主，达到吸附平衡后，余氯浓度继续下降是化学反应的作用。脱除水中余氯的粒状活性炭滤床的流速可以设计为 $20\ m^3/h$，这主要因为活性炭对余氯去除速度较快。

五、微藻原料的收获

目前，已成功实现规模化养殖的微藻种类较少，主要有螺旋藻、杜氏盐藻、雨生红球藻、眼点拟微绿球藻和蛋白核小球藻等，大量具有开发价值的经济微藻和能源微藻难以实现产业化，原因除受藻种本身性能和培养技术制约外，采收也是微藻养殖中存在的关键技术壁垒。利用传统工艺（如过滤法）采收微藻，藻粉的成本占总生产成本的 15%~35%，如果藻细胞密度降低（通常情况下，户外开放池培养的藻细胞密度低于 1.0 g/L），采收成本将进一步提高。此外，绝大多数具有商业开发潜力的微藻为单细胞生物，细胞个体直径一般在 2~10 μm，如小型藻类、微型藻类和微微型藻类，极难采收，目前只能依靠能耗和成本巨大的离心工艺进行。因此，根据不同微藻的特性（如细胞形态、细胞大小和细胞表面电化学特征等），研发一种新型、高效、低成本的微藻采收工艺和装置十分必要。

目前，已用于微藻规模化采收的技术主要有：①过滤。该方法所需的设备简单，利用特定规格筛选即可实现，成本低廉，但此方法仅适用于多细胞丝状藻类的采收，应用范围窄，一些具有价值的单细胞球形微藻，如眼点拟微绿球藻（富含多不饱和脂肪酸 EPA）和杜氏盐藻（富含 β-胡萝卜素）则完全无法采用此方法采收。②离心。该方法适用于大多数藻类的采收，所需设备为高速离心机（如管式离心机、蝶式离心机和三足式离心机等），已应用于一些经济微藻的生产中，如小球藻等，但此方法存在设备投入巨大、设备需专人维护和操作复杂等缺点。近些年，一些新型微藻的采收方法，如絮凝沉降法（化学絮凝和电絮凝）和气浮采收法，也受到人们的广泛关注，但上述两种方法仍处于实验室探索阶段，至今没有微藻产业化应用的实例。

1. 絮凝法

絮凝是使分散的小颗粒聚集在一起形成大颗粒的过程，絮凝包括自动絮凝和化学絮凝等。絮凝沉降法主要包括化学絮凝法、自絮凝法、电絮凝法等。化学絮凝法通常添加阳离子絮凝剂（Fe^{3+} 或 Mg^{2+}）或调节培养液 pH，使细胞发生絮凝浓缩。电絮凝法是在外加电场作用下的载体絮凝技术，在外加电场作用下，可以打破带电微藻间形成的液膜平衡，使微藻细胞在载体表面聚集并形成大的絮块。

絮凝沉淀：是一种传统的生物分离方法，絮凝机理主要有三种理论：①胶体理论，把细胞直接当作胶体溶液中的胶粒来解释絮凝过程，认为絮凝过程是由于细胞表面的极性基团引起的表面吸附使表面吸附自由能降低的过程。②高聚物架桥理论，W C Meggreor 发现细胞表面分泌出许多高聚物，如蛋白质、多糖等，这些高聚物在细胞表面形成胞外纤丝，认为细胞的絮凝是由于这些胞外纤丝相互架桥交联而形成。③双电层理论，大多数生物细胞表面都带有一定的电荷，絮凝过程是加入电解质后，相同电荷排斥以及细胞表面水合程度不同而产生聚并；同时细胞表面的离子键和氢键参与了细胞的絮凝过程。

化学絮凝：在各种固液分离过程中，添加化学物质诱导絮凝作为预处理阶段的做法被引入微藻的采收技术中。研究表明，几乎所有的微藻都能被絮凝。絮凝剂可分为无机絮凝剂、无机复合高分子絮凝剂、有机高分子絮凝剂、微生物絮凝剂和助凝剂五种。

电絮凝：电絮凝包括三步连贯的过程：①絮凝电极氧化过程；②悬浮颗粒的破乳作用；③絮凝体的聚集，絮凝发生。Poelman 等研究表明，电絮凝可采收藻液中 80%～95% 的藻生物量，但电絮凝采收微藻工艺目前还不成熟，且电絮凝采收能耗较高，应用前景不太乐观。

自絮凝：pH 升高，碳酸盐夹带藻细胞沉淀下来的结果，尤其是在光合作用消耗大量 CO_2 后，因此可以在长时间光合作用 CO_2 不足的条件下自动采收微藻。实验过程中还发现在藻液中加入 NaOH，pH 升高时，微藻也能自动絮凝，这可能与藻细胞在强碱作用下的失活也有一定关系。

2. 重力沉降

重力沉降常用于微藻的采收和废水的处理中。Brennan 和 Owende 研究表明，重力沉降采收微藻时，藻液密度和藻细胞粒径大小会对沉降产生明显影响。藻液密度较低时微藻不能很好地沉降，不过絮凝剂的添加可使沉降加速。由于藻细胞具有一定活性，通过重力沉降采收微藻时对失活的藻细胞效果较好，对活性较强的藻液则很难起到沉降效果。

3. 筛分过滤

Grima 等指出微藻采收过程需要考虑采收率和采收成本两个因素。筛选涉及滤布的孔隙率选择等；微滤器和振动筛过滤器是筛分过程中的两个主要部件。微滤器有以下优点：操作简单、投资少、磨损小等。由于微藻颗粒较小，易堵塞微滤器，所以需经常冲洗，而在藻液浓度过低时采收效果不理想。作为固液分离的常用方法，筛滤可以作为微藻絮凝采收的下游工艺，也可以直接过滤采收微藻。另外，超滤、错流过滤也在微藻采收中得到应用，膜过滤在采收小量藻液中效果良好。

4. 泡沫分离浓缩技术

泡沫分离浓缩技术是近几十年发展较快的新型分离技术。泡沫分离技术是通过向溶液中鼓泡并形成泡沫层，将泡沫层与液相主体分离，由于表面活性物质聚集在泡沫层内，可以达到浓缩表面活性物质或净化液相主体的目的。20 世纪初，泡沫分离技术广泛应用于矿冶工业，后来又被用于脱除废水中的表面活性物质（如表面活性剂蛋白质酶等）；在生化制品领域中，还可以通过泡沫分离技术进行病毒分离以及蛋白质酶的提炼。

泡沫分离浓缩技术相对于传统的分离技术（过滤法、离心法等）具有明显优势，各国科学家针对细胞浓缩机理、浓缩效率和浓缩工艺优化等开展了大量研究工作，为泡沫分离浓缩技术全面推广奠定了坚实的理论基础。目前采用上述两种浓缩技术的微藻浓缩采收设备并未出现，如将该类设备投入微藻养殖生产中，将推动微藻采收工艺的进步，加速微藻产品的市场化，使更多有价值的微藻产品服务于社会。同时，可以使具备中国自主产权的设备在微藻生物技术领域找到突破口，产生一定的国际影响力。中国科学院南海海洋研究所团队已开展了大量微藻泡沫分离技术的研究，发现自然界许多海洋微藻均可以利用泡沫分离浓缩技术进行分离，通过调节分离参数，可实现细胞单级浓缩 10~80 倍，同时辅以多级串联，可以实现藻液的多级连续浓缩，大幅提高采收效率。

六、微藻原料的干燥与储存

湿藻泥中通常含有90%的水分,需要将湿藻泥进行干燥以方便运输和储存。微藻原料干燥是指将微藻中的水分汽化,并将产生的蒸气排出的过程,本质为被除去的水分从固相转移到气相,固相为被干燥的物料,气相为干燥介质。干燥技术的机理涉及传热学、传质学、流体力学、工程热力学、物料学、机械学等学科,是一个典型的多学科交叉技术领域。目前,微藻常用的干燥技术主要有:喷雾干燥、真空冷冻干燥、热风干燥、自然晾干等,但广泛用在规模化生产中的干燥技术仅有喷雾干燥法。干燥加工技术对微藻藻粉的品质具有重要影响。

喷雾干燥是系统化技术应用于物料干燥的一种方法。于干燥室中将稀料经雾化后,在与热空气的接触中,水分迅速汽化,即得到干燥产品。该法能直接使溶液、乳浊液干燥成粉状或颗粒状制品,可省去蒸发、粉碎等工序。主要有以气流式雾化器和高速离心式雾化器为核心的两种流程,但是普遍存在塔内温度高、藻体在塔内停留时间较长等问题。通常螺旋藻的喷雾干燥需在温度为150~180℃的塔内停留10 s左右。采用喷雾干燥方式,虽然总的干燥时间较短,但能耗大,且会对蛋白质等热敏性物质造成较大程度的破坏。

真空冷冻干燥技术是利用低温低压的干燥特点,使物料中预先冻结的水分以直接从冰态升华为水蒸气的方式被除去,从而使物料在低温状态下被迅速干燥而减少热敏产品的变性,保持产品原有特性,被誉为生产高品质脱水食品的最好加工方式。但与热风干燥相比,真空冷冻干燥技术存在干燥时间长、能耗大、产量低、生产效率低等缺点。

热风干燥以热空气为干燥介质,自然或强制地以对流循环的方式与湿藻泥进行湿热交换,物料表面的水分即水汽通过表面的气膜向气流主体扩散;与此同时,由于物料表面汽化的结果,使物料内部和表面之间产生水分梯度差,物料内部的水分因此以气态或液态的形式向表面扩散。热风干燥会导致微藻中部分活性物质失去活性。

自然晾干是指将微藻泥置于避光通风处，自然脱去微藻细胞之间水分的过程。这种方法可以避免加热对微藻活性物质造成的影响。但在潮湿的地区，自然晾干过程会使藻粉变质，此外自然晾干过程需要占用较大的面积。

七、微藻养殖的病害防控

微藻工程化培养过程中的另一个重要方面是生物污染的防治，由于培养过程中通气、营养盐添加等过程，使得生物污染难以避免。无论在开放培养过程中，还是密闭培养过程中，敌害生物污染均是比较突出的制约微藻培养规模扩大的重要原因。尤其在单藻株的规模化培养过程中，微藻培养液对由杂藻、浮游动物等引起的生物污染非常敏感。Vasudevan 和 Briggs 发现在一些高油脂含量的微藻藻株工程化培养过程中，目标藻株常常被其他一些生长较快的杂藻藻株或是蓝藻竞争取代。若是培养过程中污染了以浮游动物为主的敌害生物，轻者影响微藻生长，重者则会在几天时间内将培养池或反应器中的微藻食光，造成严重的经济损失，因此生物污染的防治好坏是微藻工程化培养能否实现规模化和是否稳定的关键。目前，国内外更多关注微藻培养过程中培养条件优化的研究，而对于培养过程中的生物污染问题关注相对较少。

微藻工程化培养中最常用开放式跑道池反应器和封闭式管道光生物反应器，虽然两者在结构特点、培养形式、生产效率等方面存在差异，但在微藻培养过程中都必然存在营养盐添加、生物量监测、气体传输和交换等过程，从而使得微藻培养系统不可避免地与外界环境相通。从该方面看，不论跑道池反应器或管道光生物反应器，两者都是相对的开放系统，从而生物污染难以避免，尤其是在夏季高温季节，微藻工程化培养过程中，敌害生物污染发生的概率大大增加，极易造成培养失败。

1. 引起微藻污染的主要途径

（1）**水源污染**：工程化培养中微藻培养水体体积较大，传统的热灭菌方法无法应用。生产中一般在微藻接种之前采用过滤或添加漂白粉的方法对培养水体进行简单处理,但受漂白时间、有效氯浓度等因素影响,培养水体中仍残留大量污染物。

(2)空气污染:开放式跑道池培养过程中,藻液完全暴露在外界空气中,但这种开放性也增加了生物污染的概率,导致空气中的杂藻、杂菌、昆虫等容易侵入藻液,严重限制了可大规模培养的微藻种类,并严重影响产品质量;在封闭式培养系统中,相对封闭式的光生物反应器减少了藻液与外界环境的接触,相比开放式跑道池反应器,可有效降低污染,但在培养过程中必须持续对系统内藻液进行通气,补充的空气通常采用微孔滤膜进行过滤,在此过程中可将细菌、真菌等大部分污染物拦截,但是仍然无法去除空气中的病毒类污染物。

2. 污染生物

微藻工程化培养过程中,由于水源和空气污染不可避免,生物污染时常发生,污染生物可主要归纳为溶藻细菌、杂藻、病毒、浮游动物四类。

(1)溶藻细菌:溶藻细菌通常指采用直接或间接方式,对藻类生长产生抑制作用,或者直接杀死藻类,从而导致藻细胞溶解的细菌。目前报道的溶藻细菌主要有交替单胞菌(*Alteromonas*)、黄杆菌(*Flavobacterium*)、纤维弧菌属(*Cellvibrio*)、噬胞菌属(*Cytophaga*)、黏细菌(*Myxobacter*)、假单胞菌(*Pseudomonas*)、芽孢杆菌(*Bacillus*)和弧菌(*Vibrio*)等,以上细菌多为革兰阴性菌,可广泛作用于硅藻、绿藻和蓝藻等藻类。

(2)杂藻:微藻大规模工程化培养中由杂藻引起的交叉污染已被多次报道,并且该杂藻污染是不可避免的。在实际生产中如果上游的藻种培养液已被其他藻株污染,造成初始培养液纯度不高,在后期逐级扩大培养过程中污染程度将逐渐加大;另外,微藻生长通常与其代谢产物的合成呈负相关,在微藻代谢产物,如油脂的积累过程中,细胞生长速率往往呈下降趋势,此时其他一些生长快但经济价值较低的杂藻在入侵至培养液中后便发展成为优势种,降低培养体系的培养效率和目标藻种的产品质量。杂藻对规模化培养目标藻株的污染机制主要有细胞接触、资源竞争和化感作用。

（3）病毒：病毒在水生态环境中无处不在，可广泛侵染真核藻类和蓝细菌，已在多种真核微藻类群中发现病毒或病毒类似颗粒，包括微微藻、超微藻和微藻、游动与非游动微藻种类等。病毒侵染、杀死和裂解微藻是水生态系统中的普遍现象。微藻工程化培养中，病毒性感染不仅能在几天时间内导致培养池中微藻产量显著下降，同时也可引发藻类物种的种间演替，对种内演替、藻类群落的丰度和多样性也会产生明显影响。病毒复制周期短，感染特异性高，可迅速降低培养液中藻细胞密度，既能感染真核藻类，也能感染原核蓝藻细胞。

（4）浮游动物：浮游动物依据体长可分为巨型浮游动物（>200 mm）、大型浮游动物（20~200 mm）、中型浮游动物（0.2~20 mm）、小型浮游动物（20~200 μm）、微型浮游动物（2~20 μm）和微微型浮游动物（<2 μm）。浮游动物种类较多，纤毛虫、轮虫、枝角类和桡足类是最常见的浮游动物种类。微藻规模化培养涉及环节众多，无论开放式系统还是封闭式光生物反应器培养，都难以杜绝来自水源、空气、肥料、培养管道和容器（或光反应器）等的敌害生物污染。作为微藻细胞的捕食者，由原生动物和后生动物引起的浮游动物污染被认为是导致规模化培养失败的主要原因。培养条件的差异和污染浮游动物物种的不同，会导致微藻生长速率和敌害生物对藻细胞的吞噬能力存在差异，因此在工程化培养中可引起微藻大规模死亡、导致培养失败的敌害生物有害浓度不尽相同。在众多浮游动物污染中，轮虫污染是比较突出的。轮虫具有较强的繁殖和摄食能力，在微藻工程化培养过程中一旦发生轮虫污染，几天时间内培养的微藻将被全部食光，造成严重的经济损失。

3. 污染预防

目前对污染的控制以预防为主，同时采用过滤、化学控制和改变环境因素等方法预防污染。

微藻工程化培养中，一般采用紫外线法或5%有效氯的次氯酸钠对培养水体进行前期预消毒1~2 d，以减少培养水体携带的原生动物和后生动物。对注水管道等采用臭氧消毒方法灭活部分污染病菌。对微藻培养池采用 8 mg/L 硫酸铜或 2～5 mg/L 次氯酸钠进行喷洒，冲洗干净加入新鲜培养液进行生产。该类方法可有效清除轮虫存活个体，但对大多数轮虫休眠卵的灭活率比较低。在生产过程中每天巡池，做好显微镜镜检、光密度监测等系列工作，建立完备的档案资料，做到早发现早防治。

（1）过滤法：过滤法是现行控制浮游生物污染常用的物理去除方法。该方法充分利用微藻和浮游生物个体体积的差异去除浮游生物。一般微藻细胞体积相对较小，细胞直径一般 3～30 μm。相比微藻细胞，浮游生物个体体积则远远大于微藻细胞体积，如海水微藻培养中常见的褶皱臂尾轮虫，个体体长往往在 135～315 μm，一般为 200 μm 左右。当培养微藻与污染浮游生物个体体积差异较大时，过滤法被认为是控制轮虫污染的有效方法。

（2）化学法：通过添加化学试剂抑制或杀灭浮游动物的研究较多。一些常见的化学试剂，如甲苯、己烷、二甲苯对萼花臂尾轮虫和褶皱臂尾轮虫均表现高毒性，但该类试剂往往具有广谱性，对微藻和其他水生生物亦会产生毒性影响。

（3）改变培养条件：微藻顺利培养需要光、温度、盐度等多种环境因素共同调节。研究表明，该类环境因素的改变不仅影响微藻细胞生长、光合作用等生理过程，而且对浮游动物捕食、游动、繁殖等生理活动也会产生一定影响。

（4）植物源杀虫剂：植物为抵御昆虫的植食行为而产生某些次生代谢产物，该类物质经抽提、加工等制成植物源杀虫剂。一方面，对害虫具有明显的忌避、拒食、触杀和抑制生长发育等多种生物活性；另一方面，对害虫具有高度的选择性和专一性，对害虫天敌几乎无影响。同时，具有半衰期短、易降解、害虫不易产生抗药性等优点。

第三节 微藻原料生产中的检测技术

一、生物质浓度检测

1. 生物质浓度

准确量取藻液 10 mL，过滤到预先烘好的混合纤维滤膜（重量为 m_1）上，将带有藻细胞的滤膜置于 80℃烘箱 24 h，置于干燥器中冷却至室温后称重（重量为 m_2）。生物质浓度 = $(m_2-m_1) \times 100$。

2. 细胞密度

取样用光学显微镜观察藻细胞形态，并用血球计数板测定细胞密度。

3. 光密度

测定藻液 750 nm 波长下的吸光度值，间接反映藻类生长情况。

二、活性物质检测

1. 色素含量

类胡萝卜素的分离与纯化常用薄层层析、高压液相层析以及质谱分析等分析技术。

2. 总脂

总脂含量：二甲亚砜/甲醇、乙醚/正己烷进行抽提，重量法测定。

脂类分级：硅胶柱层析法进行总脂分级，分别用氯仿、丙酮和甲醇洗脱，收集不同洗脱液，吹干后称重，得到不同脂类组分的含量。

3. 脂肪酸

海藻脂肪酸的测定通常采用气相色谱（GC）或气相色谱-质谱联用（GC-MS）进行测定。具体方法为：总脂样品或藻细胞样品加入甲醇或乙醇，在酸催化或碱催化的条件下，生成脂肪酸甲酯，利用 GC 或 GC-MS 进行测定。如采用 GC 测定，需事先利用混合标样的保留时间，确定每个峰对应的脂肪酸甲酯种类（Khozin-Goldberg et al.，2005）。

4. 活性多糖

硫酸多糖的含量可以采用苯酚-硫酸法进行测定（Dubois et al.，1956）。具体步骤为：脱脂藻粉的制备，利用有机溶剂抽提去掉藻粉中的色素，避免对比色法产生干扰；海藻多糖的提取，利用 0.5 N H_2SO_4 反复抽提，合并上清液并定容；螺旋藻多糖含量的测定，采用苯酚-硫酸法，测定 485 nm 波长下吸光值，计算多糖含量。

5. 蛋白质

凯氏定氮法、试剂盒。

三、营养盐浓度检测

（1）**硝酸盐**：快速检测试剂盒进行。

（2）**磷酸盐**：快速检测试剂盒进行。

四、环境条件检测

（1）光强：照度计。

（2）温度：温度计。

（3）pH：pH 计或 pH 试纸。

目前上述方法及相关设备倾向于向在线、集成、远程的方向发展。

第四节　微藻原料生产技术发展趋势

目前我国生产的藻类原料种类主要有小球藻、螺旋藻、盐藻、雨生红球藻、裸藻五种。我国小球藻生产企业主要分布在广东、江西、福建、山东等几个省市，产能超过 50 t 的有 5 家企业（江西品生源生物工程有限公司、福清新大泽螺旋藻有限公司、深圳市力歌小球藻生物科技有限公司、江西双赢螺旋藻有限公司、绿奇生物工程有限公司、广东金球绿藻有限公司），2015 年我国小球藻产量约 2 000 t，养殖平均成本 4 万~8 万元/t，市场售价 8 万~16 万元/t。目前我国对于小球藻的需求逐年增加，已经形成了超过 1 亿元人民币的市场价值，但国内小球藻养殖产量不高、质量不稳定等原因，制约了小球藻更大范围的推广和应用。

全国目前有 100 多家螺旋藻产品相关企业，分布于云南、海南、江西、广西和福建等地。其中属于上游养殖产业的 80 余家，下游深加工产品的约 20 家。2015 年螺旋藻总养殖面积超过 700 万 m^2，螺旋藻干藻粉的总产量为 1.5 万~2.0 万 t，螺旋藻养殖业已成为我国重要的微藻产业，许多地区建立发展了螺旋藻养殖业及加工产业。销售方面，上游干藻粉产品需求处于供不应求的状态，下游以螺旋藻功能为中心开发了以保健品、食品添加剂、饲料为主的多项产品。

目前我国螺旋藻的养殖成本在 2 万~4 万元/t，市场售价 4 万~8 万元/t。雨生红球藻原料生产刚刚起步，国内共有企业 10 家左右，主要分布在云南、广东等地。盐藻产区主要集中在内蒙古的吉兰泰湖附近，裸藻养殖相对较少。

我国是世界上最大的藻类原料出口国，但养殖技术门槛相对较低、藻类养殖技术更新换代慢、越来越多的企业相继进入藻类养殖领域，竞争越来越激烈，导致我国养殖的原料以超低价格出口至国外，出现价值被低估的现象。如果这种现象持续发展，将对我国藻类养殖业产生致命的打击。为了摆脱这一困局，应该深入开展技术改进与创新、新资源与新产品的培养挖掘等。

1. 养殖技术

建立自动化的养殖系统、减少人力资源成本，提高藻类养殖技术程度；引入水处理设备去除重金属等有害污染，实现藻类养殖水的循环利用，减少资源消耗；设计新型低成本的光生物反应器养殖模式，提高藻粉原料品质；优化养殖工艺，提高活性物质（藻蓝蛋白、虾青素、β-胡萝卜素）含量，提高产品价值；建立耦合沼液处理、废气处理的养殖模式，实现藻类原料生产与环境处理相结合的有效模式。

2. 新资源藻种的筛选

从自然环境中筛选更多有价值的藻种，通过企业联合的方式申请国家新资源食品许可，丰富我国微藻原料产品的种类，减少国内藻类养殖同质化的竞争压力。

3. 微藻原料的深加工技术

开发现有微藻原料的深加工技术，改变我国低值原料出口的现状，提高整个产业的产值。例如，开发螺旋藻全藻粉的深加工技术，提取藻蓝蛋白、螺旋藻多糖、螺旋藻油等目标产物。

4. 开拓微藻原料应用新出口

目前,我国微藻原料主要用来生产保健品,应用范围窄。微藻具有非常广泛的用途,如医用材料、饲料、食品、日用化工等,未来应该拓展微藻原料在上述领域中的应用。

参考文献

陈慈美,蔡阿根,陈雷,1993.铁对海洋硅藻的生物活性形式及其对藻类生长的影响[J].海洋通报,12(3):49-55.

崔宝霞,2008.雨生红球藻712株生产虾青素研究[D].武汉:武汉工业学院.

翟兴文,蒋霞敏,陆开形,2002.雨生红球藻的优化培养研究[J].水利渔业,22(5):16-18.

方昭希,彭德川,梅镇安,1989.多变鱼腥藻Mn^{2+}、Ca^{2+}和Mg^{2+}之间取代作用和放氧的研究[J].Acta Botanica Sinica(植物学报:英文版),31(9):696-701.

郭金耀,杨晓玲,2008.锰对盐藻生长与物质积累的调控作用[J].水产科学,27(3):148-150.

郭金耀,杨晓玲,2007.钼对盐藻生长与物质积累的调控作用[J].盐业与化工,36(1):27-30.

胡晗华,石岩峻,丛威,蔡昭铃,欧阳藩,2003.微小原甲藻的生长及其对锌限制的响应[J].应用生态学报.1140-1142.

刘沛然,武维华,1999.高浓度钾抑制杜氏盐藻生长的生理机制[J].Acta Botanica Sinica(植物学报:英文版),41(6):617-623.

陆开形,2004.Cu^{2+}和Zn^{2+}对雨生红球藻的毒性效应[J].宁波大学学报:理工版,17(4):397-400.

吕秀平,胡晗华,张栩,等,2005.Fe^{3+}对浮游颤藻生长和光合作用的影响[J].水生生物学报,318-322.

欧明明,蔡伟民,2005.铁限制对铜绿微囊藻光系统活性变化的影响[J].环境化学,24(6):651-653.

饶立华，1993. 植物矿质营养及其诊断［M］. 农业出版社.

王朝晖，孙大业，1997. 植物钙调素研究进展［J］. 植物学通报，14（1）：1-7.

王镜岩，2002. 生物化学 第三版上册［M］. 高等教育出版社.

向文洲，李涛，吴华莲，等，2014. 海水螺旋藻产业发展战略研究［J］. 广西科学，21（6）：573-579.

徐根娣，刘鹏，任玲玲，2001. 钼在植物体内生理功能的研究综述［J］. 浙江师范大学学报（自然科学版），24（3）：292-297.

徐海滨，陈艳，李芳，等，2003. 螺旋藻类保健食品生产原料及产品中微囊藻毒素污染现状调查［J］. 卫生研究，32（4）：339-343.

杨群英，施巧琴，陈必链，等，2000. 利用植物生长调节剂提高绿色巴夫藻（*Povlova viridis* Tseng）生长速率的研究［J］. 福建师范大学学报（自然科学版），16（1）：80-83.

杨晓玲，郭金耀，2007. 锌对盐藻生长与物质积累的调控作用［J］. 微生物学杂志，27（1）：91-94.

尹翠玲，梁英，张秋丰，2007. 磷浓度对盐生杜氏藻和纤细角毛藻叶绿素荧光特性及生长的影响［J］. 水产科学，26（3）：154-159.

张峰，向文洲，萧邶，等，2012. 耦合二氧化碳减排的微藻产业化培养技术［J］. 微生物学报，52（11）：1378-1384.

张其德，1990. Mg^{2+}对生长在不同光强下的小麦叶绿体光合功能的影响［J］. 广西植物，10（1）：55-61.

郑爱珍，张美善，于海秋，等，1998. 植物的钴素营养［J］. 农业与技术，18（3）：16-17.

朱明远，牟学延，李瑞香，等，2000. 铁对三角褐指藻生长，光合作用及生化组成的影响［J］. 海洋学报，22（1）：110-116.

Algal culturing techniques［M］. Elsevier, 2005.

Blowers A D, Bogorad L, Shark K B, et al., 1989. Studies on *Chlamydomonas* chloroplast transformation: foreign DNA can be stably maintained in the chromosome［J］. The Plant Cell, 1(1): 123-132.

Borowitzka M A, Huisman J M, Osborn A, 1991. Culture of the astaxanthin-producing green alga *Haematococcus pluvialis* 1. Effects of nutrients on growth and cell type［J］. Journal of Applied Phycology, 3: 295-304.

Brennan L, Owende P, 2010. Biofuels from microalgae—a review of technologies for production, processing, and extractions of biofuels and co-products [J]. Renewable and sustainable energy reviews, 14(2): 557-577.

Chini Zittelli G, Pastorelli R, Tredici M R, 2000. A modular flat panel photobioreactor (MFPP) for indoor mass cultivation of *Nannochloropsis* sp. under artificial illumination [J]. Journal of Applied Phycology, 12: 521-526.

Chu S P, 1942. The influence of the mineral composition of the medium on the growth of planktonic algae: part I. Methods and culture media [J]. The Journal of Ecology, 284-325.

CRC Handbook of microalgal mass culture [M]. Boca Raton, FL, USA: CRC press, 1986.

Degen J, Uebele A, Retze A, et al., 2001. A novel airlift photobioreactor with baffles for improved light utilization through the flashing light effect [J]. Journal of biotechnology, 92(2): 89-94.

Degen J, Uebele A, Retze A, et al., 2001. A novel airlift photobioreactor with baffles for improved light utilization through the flashing light effect [J]. Journal of biotechnology, 92(2): 89-94.

DuBois M, Gilles K A, Hamilton J K, et al., 1956. Colorimetric method for determination of sugars and related substances [J]. Analytical chemistry, 28(3): 350-356.

Fábregas J, Domínguez A, Álvarez D G, et al., 1998. Induction of astaxanthin accumulation by nitrogen and magnesium deficiencies in *Haematococcus pluvialis* [J]. Biotechnology letters, 20(6): 623-626.

Fábregas J, Domínguez A, Regueiro M, et al., 2000. Optimization of culture medium for the continuous cultivation of the microalga *Haematococcus pluvialis* [J]. Applied microbiology and biotechnology, 53: 530-535.

Fernández I, Acién F G, Fernández J M, et al., 2012. Dynamic model of microalgal production in tubular photobioreactors [J]. Bioresource technology, 126: 172-181.

Flynn K J, Hipkin C R, 1999. Interactions between iron, light, ammonium, and nitrate: Insights from the construction of a dynamic model of algal physiology [J]. Journal of Phycology, 35(6): 1171-1190.

Fogg G E, Stewart W D P, 1965. Nitrogen fixation in blue-green algae [J]. Science Progress, 191-201.

Geider R J, 1999. Complex lessons of iron uptake [J]. Nature, 400(6747): 815-816.

Gladue R M, Maxey J E, 1994. Microalgal feeds for aquaculture [J]. Journal of Applied Phycology, 6: 131-141.

Grima E M, Belarbi E H, Fernández F G A, et al., 2003. Recovery of microalgal biomass and metabolites: process options and economics [J]. Biotechnology advances, 20(7-8): 491-515.

Guillard R R L, Bold H C, MacEntee F J, 1975. Four new unicellular chlorophycean algae from mixohaline habitats [J]. Phycologia, 14(1): 13-24.

Hoekema S, Douma R D, Janssen M, et al, 2006. Controlling light - use by *Rhodobacter capsulatus* continuous cultures in a flat - panel photobioreactor [J]. Biotechnology and bioengineering, 95(4): 613-626.

Hu Q, Kurano N, Kawachi M, et al., 1998. Ultrahigh-cell-density culture of a marine green alga *Chlorococcum littorale* in a flat-plate photobioreactor [J]. Applied Microbiology and Biotechnology, 49: 655-662.

Kaewpintong K, Shotipruk A, Powtongsook S, et al., 2007. Photoautotrophic high-density cultivation of vegetative cells of Haematococcus pluvialis in airlift bioreactor [J]. Bioresource Technology, 98(2): 288-295.

Lewin D, 1959. Re: Intervallic relations between two collections of notes [J]. Journal of Music Theory, 3(2): 298-301.

Lewin J C, 1953. Heterotrophy in diatoms [J]. Microbiology, 9(2): 305-313.

Liu T, Wang J, Hu Q, et al., 2013. Attached cultivation technology of microalgae for efficient biomass feedstock production [J]. Bioresource technology, 127: 216-222.

Poelman E, De Pauw N, Jeurissen B, 1997. Potential of electrolytic flocculation for recovery of micro-algae [J]. Resources, conservation and recycling, 19(1): 1-10.

Pulzl O, Gerbsch N, Buchholz R, 1995. Light energy supply in plate-type and light diffusing optical fiber bioreactors [J]. Journal of Applied Phycology, 7: 145-149.

Pulzl O, Gerbsch N, Buchholz R, 1995. Light energy supply in plate-type and light diffusing optical fiber bioreactors [J]. Journal of Applied Phycology, 7: 145-149.

Qiang H, Richmond A, 1996. Productivity and photosynthetic efficiency of *Spirulina platensis* as affected by light intensity, algal density and rate of mixing in a flat plate photobioreactor [J].

Journal of Applied Phycology, 8: 139-145.

Samson R, Leduy A, 1985. Multistage continuous cultivation of blue‐green alga *Spirulina maxima* in the flat tank photobioreactors with recycle [J]. The Canadian Journal of Chemical Engineering, 63(1): 105-112.

Samson R, Leduy A, 1985. Multistage continuous cultivation of blue‐green alga *Spirulina maxima* in the flat tank photobioreactors with recycle [J]. The Canadian Journal of Chemical Engineering, 63(1): 105-112.

Shestakov S V, Khyen N T, 1970. Evidence for genetic transformation in blue-green alga Anacystis nidulans [J]. Molecular and General Genetics MGG, 107(4): 372-375.

Stein-Taylor J R, 1973. Handbook of Phycological Methods: Culture methods and growth measurements, edited by JR Stein [M]. Cambridge University Press.

Tredici M R, Materassi R, 1992. From open ponds to vertical alveolar panels: the Italian experience in the development of reactors for the mass cultivation of phototrophic microorganisms [J]. Journal of applied phycology, 4: 221-231.

Tredici M R, Materassi R, 1992. From open ponds to vertical alveolar panels: the Italian experience in the development of reactors for the mass cultivation of phototrophic microorganisms [J]. Journal of applied phycology, 4: 221-231.

Vasudevan P T, Briggs M, 2008. Biodiesel production—current state of the art and challenges [J]. Journal of Industrial Microbiology and Biotechnology, 35(5): 421.

Venkataraman G S. The cultivation of algae [J]. 1969.

第四章 微藻在食品医药与化妆品产业中的应用

第一节 概 述

一、微藻与人体健康

近年来,随着螺旋藻、小球藻、盐藻、雨生红球藻等多个微藻物种成功实现了大规模产业化生产和广泛应用,它们极高的营养、保健和药用价值得到了全世界的公认,微藻新资源的挖掘、微藻的营养、保健和药用价值的评估及其健康产品的开发与应用已得到了联合国等重要国际组织、各国政府、投资商以及科学家们的高度关注(Richmond,1990;Priyadarshani & Rath,2012)。

大量实验研究或推广应用表明,微藻除了可为人类提供丰富的蛋白质、氨基酸、糖类、维生素、矿物质等,还可大量积累虾青素、岩藻黄素、活性多糖、藻蓝蛋白、不饱和脂肪酸等活性物质。微藻健康制品对包括艾滋病、癌症、心血管疾病、肥胖症、糖尿病、贫血、艾莫斯综合征、阿尔兹海默病、关节炎、肝硬化、前列腺代谢异常、过敏性炎症等诸多人类重大和疑难疾病均有良好的生物活性(Belay,2002;Bishop & Zubeck,2012;Priyadarshani & Rath,2012)。

近年来,微藻的功能性化妆品(药妆)的应用也得到了前所未有的重视,利用微藻提取物生产的具有保湿、增白、去皱、祛痘、祛斑、抗衰老、抗辐射等多个功能的化妆品已得到了应用。多个国际品牌公司均已将开发微藻功能性

化妆品作为公司的优先发展战略。

二、微藻作为健康制品生物资源的历史

人类对健康长寿的不懈追求是推动微藻应用技术发展的主要因素。我国在2000多年前,就已药用、食用葛仙米、地皮菜等念珠藻属微藻,同属念珠藻属的发菜也是我国传统食品,通过外敷内用验证了其营养保健和医药功效。南美地区食用极大螺旋藻(*Spirulina. maxima*)至少有400多年的历史,非洲地区食用钝顶螺旋藻(*Spirulina platensis*)也有相当长的历史。这些野生微藻资源仅局限于局部地区或特殊生态环境中,产量有限,甚至大规模开采可严重破坏产地生态环境,因此难以大规模商业化应用。

随着现代生物学的发展,人类对微藻的生态价值和资源价值有了全新的认识。微藻,作为地球上最古老的细胞生命形态,个体虽小,但因启动、演化和传递放氧光合作用,对地球生命的演化和现有生态环境的形成起到创世纪般的关键作用。从以人为中心的健康角度来看,微藻真正被人类认识到其巨大的健康应用潜力并逐步独立形成应用性学科的时间不长,二战后的全球性饥饿问题以及随后的能源问题是推动微藻应用技术系统化、科学化发展的关键社会背景,20世纪80年代初澳大利亚建立了盐藻的产业化养殖开发技术,该成果成为微藻生物技术形成独立学科方向的标志。从此开始,微藻在人类健康领域的应用得以快速发展和普及(Spolaore et al.,2006)。

微藻富含陆地植物所稀缺和独特的生物活性物质,驱动微藻资源利用与开发的主要动力来自微藻在人类健康领域的巨大价值。人类进入21世纪的第一个十年前后,微藻的能源与减排应用成为全球性的研发热点,新的微藻物种资源得到了广泛分离、筛选和评估,微藻的培养技术、污染防控技术、采收技术和精深加工技术得到了迅猛发展,提高了企业家、科学家及政府官员对发展微藻健康产业的兴趣。据估计,2010—2015年间,仅我国就分离培养了至少2万个新藻株,其中不乏可大规模培养的新藻株。这些研究积累为更好地利用开发微藻健康制品奠定了重要基础。基于微藻种质新资源的人类健康产业正处于厚积薄发的关键期。

三、微藻作为健康制品生物资源的特征

微藻物种数量庞大，生物多样性极其丰富，据估计微藻物种数量可能高达20万~80万种，但也有不同的估计，有5万多种的估计（陈峰，1999），还有20万种的估计（Waltz，2009）。Metting（1996）估计硅藻纲的数目为10万~100万，也有学者估计仅海洋中就有20万种硅藻（Kooistra et al.，2007）。尽管如此，这些估计数据都是为了说明微藻物种数量巨大，迄今对微藻生物多样性的研究还十分有限。据报道，目前进行鉴定描述的仅约3.5万种（Tabatabaei et al.，2011），开展规模化商业利用的物种不超过10种。因此，微藻无疑是尚未充分开发的资源宝库，微藻生物多样性研究，还具有巨大的探索和挖掘空间。

微藻替代陆地植物资源的潜力巨大。伴随着全球性的能源、粮食、环境、人口、耕地和淡水等多重危机的加剧，现有陆地植物资源难以维持人类的可持续发展，微藻具有巨大的替代陆地植物资源的空间。微藻在动物饲料、二氧化碳减排、污水治理、新能源开发领域也具有极为广阔的前景，可以利用海水、盐碱水、工农业废水与废气、荒漠、盐碱地、滩涂甚至海平面发展微藻养殖，减缓耕地、淡水资源对农业发展的制约，同时也为人类改善环境、切断恶化的环境因素提供可能性。这些相关技术与微藻健康产品的开发协同耦合，除了可以推动健康产业发展，还有可能为解决人类健康问题建立标本兼治的理想开发模式。

与陆地植物相比，微藻生长速度更快，大规模培养的生物量产量可达1.3~2.5 t/亩，而且全部藻体或细胞均可食用。但需要连续搅拌、含水量高导致干燥能耗大、养殖设施基建投资大等因素，微藻的生产成本要高于农作物成本，目前微藻养殖成本最低水平仅能达到15~20元/kg。生物质生产成本偏高是限制其商业开发应用的关键。目前，人工大规模应用的微藻主要应用于高值化的

特殊营养制品、保健品和医药制品，全世界的微藻产量在4万~5万t，与农作物产量无法比较，要实现微藻对陆地农作物资源的有效替代，还有相当长的路要走。

由于养殖成本因素的限制，目前微藻规模化生产主要采用开放池培养模式，该模式的最大问题是生物污染问题，也是目前仅有为数不多、可有效控制污染的藻种才能实现产业化生产的原因。由于个体小、水体大，相对于农作物的病虫害控制，控制微藻生物污染问题的难度要大得多。污染问题不仅降低产量和质量，而且影响产品的安全性。

此外，微藻由于个体微小，多有坚韧的细胞壁，因此在产物制备工艺上，特别是在破壁萃取和去渣等环节，将比陆地植物产物更耗能。但微藻细胞产物较容易实现定向诱导，使目标产物含量大幅度提高，特别是一些产物如虾青素、藻蓝蛋白的高含量特性或特殊活性是陆地植物无法替代的，因此，深加工生物制品的开发前景仍然相当可观。

与陆地植物相比，微藻特别是新资源微藻要进入市场的行政许可门槛更高。按照我国的食品法规定，新的生物资源及生物制品要作为食品、保健食品，需要进行新资源食品的认证。绝大多数微藻要进行新资源食品中的安全性论证，由于没有人类的长期食用记录或证明，资金和时间成本将越来越高。

同样，与陆地植物相比，微藻由于个体微小且培养环境对细胞形态的影响较大，形态分类特征不显著，基于传统形态分类学的微藻物种分类单元容易产生混乱，最终在新资源食品的认证和商业应用上产生矛盾或混乱。

最后，需要强调的是，微藻属于光合微生物，微生物工业的研究开发经验，包括种质选育、培养和产物制备技术，对发展微藻生物技术具有重要的借鉴价值，而且已经得以广泛借鉴。

参考文献

操丽丽，庞敏，吴学凤，等，2015. 分子蒸馏法纯化低热量结构脂质的工艺优化 [J]. 食品科学,36(06):6-11.

曹文华,陈显奇,徐伟强,2022.食品加工技术对食品安全及营养的影响分析[J].现代食品,28(12):150-152.

陈峰,1999.微藻生物技术[M].北京:中国轻工出版社.

陈俊杰,2020.超临界萃取番茄红素及其脂质体制备研究[D].哈尔滨:哈尔滨商业大学.

陈鹏,张春枝,王婧,2009.皂化对提取三孢布拉氏霉中β-胡萝卜素的影响[J].食品科技,34(05):228-231.

陈文佳,邵秀芝,赵祥忠,等,2011.岩藻黄素的分离纯化及生物活性的研究进展[J].食品工业,32(10):78-81.

陈祥,周国玲,闵琪,等,2016.尿素包埋法纯化DHA油脂的研究[J].江苏科技信息,(14):67-71.

付丽丽,那日,郭久峰,金晶,2016.螺旋藻藻蓝蛋白提取纯化方法研究进展[J].生物技术通报,32(1):65-68.

傅红,裘爱咏,2002.分子蒸馏法制备鱼油多不饱和脂肪酸[J].无锡轻工大学学报,(06):617-621.

葛毅强,孙爱东,蔡同一,1998.分子蒸馏技术在食品加工中的应用[J].中国食品工业,(12):30-32.

顾宁琰,刘宇峰,2002.紫球藻胞外多糖抗辐射的生物学活性研究[J].海洋科学,(12):53-56.

郭赛,张雨婷,张莉,等,2017.超高压技术中药领域研究进展[J].广东化工,44(01):53-54.

郭文晶,张守勤,张格,2008.超高压提取雨生红球藻中虾青素的工艺优化[J].农业机械学报,(05):201-203.

韩士群,2004.小球藻生长因子(小球藻精、CGF)提取方法[P].中国,1164762C.

郝宗娣,刘洋洋,续晓光,等,2010.小球藻(Chlorella)活性成分的研究进展[J].食品工业科技,31(12):4-7.

何江川,韩永萍,2005.超滤膜分离法在多糖分离提取中的应用[J].食用菌,(1):5-8.

胡开辉,周山勇,2005.小球藻细胞活性物质的提取及对啤酒酵母的生理效应[J].应用生态学报,16(8):1572-1576.

姜建国，姚汝华，1997. 五种盐藻生化组成及β-胡萝卜素异构体分析［J］. 华南理工大学学报（自然科学版），25（10），38-41.

金思，马空军，2017. 超声波辅助提取类胡萝卜素研究进展［J］. 食品研究与开发，38（09）：192-197.

李红艳，王颖，刘天红，等，2020. 铜藻岩藻黄素提取及纯化工艺研究［J］. 生物技术进展，10（02）：205-213.

李敏，2007. 油菜花粉多糖的分离、纯化、结构鉴定及抗氧化活性的研究［D］. 南昌：南昌大学.

李淑清，索全伶，杨伟，2000. 吉兰泰杜氏盐藻中类胡萝卜素的分析和鉴定［J］. 天然产物研究与开发，（06）：56-60.

李婷，2011. 雨生红球藻中虾青素的提取及抗氧化活性研究［D］. 青岛：中国科学院研究生院（海洋研究所）.

李振，李爱芬，张成武，2012. 硅藻金色奥杜藻色素的HPLC分析与超临界CO_2萃取研究［J］. 天然产物研究与开发，24（06）：814-818.

梁井瑞，胡耀池，陈园力，等，2012. 分子蒸馏法纯化DHA藻油［J］. 中国油脂，37（06）：6-10.

刘程惠，张聪，胡文忠，等，2010. 超临界CO_2萃取牡蛎中多不饱和脂肪酸的工艺研究［J］. 食品工业科技，31（10）：316-319.

刘兰英，李晓莺，禄璐，等，2019. 超高压对果蔬类胡萝卜素及抗氧化活性影响的研究进展［J］. 宁夏农林科技，60（08）：56-59.

罗庆华，宋英杰，王海磊，等，2015. 低温结晶法富集鳢鱼内脏油中多不饱和脂肪酸［J］. 中国油脂，40（10）：36-39.

马翠华，2009. 紫球藻多糖的分离纯化及其理化性质分析［D］. 烟台：烟台大学.

马建设，韩方方，叶海仁，等，2009. 裂殖壶菌油脂提取方法的研究［J］. 温州大学学报（自然科学版），30（06）：21-24.

毛多斌，付瑜，贾春晓，2008. 超高压技术在天然产物萃取中的应用［J］. 安徽农业科学，（23）：9836-9837.

齐计英，姚依婧，岑琴，2015. 响应面法优化雨生红球藻虾青素的超声提取工艺［J］. 食品工业科技，36（06）：313-321.

乔言平, 王宇滨, 吴朝霞, 等, 2018. 超高压处理对番茄汁功能性成分的影响[J]. 食品科技, 43（06）: 53-58.

邱榕, 陈庶来, 陈钧, 1998. 银离子络合法分离鱼油中EPA和DHA[J]. 江苏理工大学学报, （04）: 25-29.

石斌, 石军, 1994. 利用盐生杜氏藻提取β-胡萝卜素[J]. 精细化工, 11（5）: 17-19.

宋燕, 李云政, 2001. 中华芦荟中性糖的分离与鉴定研究[J]. 中草药, 32（6）: 491-493.

孙蓓, 朱中原, 王龙刚, 2020. 超高压技术在食品化工中的重要应用[J]. 化工管理, （34）: 131-132.

孙丽萍, 胡文锐, 1996. 杜氏藻中β-胡萝卜素的提取分离, 西北师范大学学报（自然科学版）, 32（3）106-107.

孙协军, 李秀霞, 冯彦博, 等 b, 2016. 杜氏盐藻β-胡萝卜素超高压提取工艺优化[J]. 中国食品学报, 16（03）: 88-94.

孙协军, 薛晓霞, 李秀霞, 等 a, 2016. 盐藻β-胡萝卜素微波提取工艺研究[J]. 食品工业科技, 37（01）: 252-257.

孙兆敏, 张芹, 郭正霞, 等, 2014. 酶促乙酯化和分子蒸馏联用制备高DHA乙酯的工艺[J]. 食品工业科技, 35（12）: 167-171.

谭周进, 谢达平, 2002. 多糖的研究进展[J]. 食品科技, 3: 10-12.

汤永强, 范宇, 范伟权, 2007. 小球藻压力破壁及核苷酸、蛋白质、多糖、藻干粉的制取方法[P]. 中国, 101053577A.

滕长英, 张立, 邹宁, 等, 2008. 不同提取方法对盐藻β-胡萝卜素产量的影响[J]. 安徽农业科学, （29）: 12546-12547+12559.

王巍杰, 徐长波, 2010. 双水相萃取藻蓝蛋白的研究[J]. 粮油加工, （5）: 92-95.

吴海龙, 崔岩, 成家杨, 2016. 破囊壶菌二十二碳六烯酸（DHA）的制备工艺及应用前景[J]. 食品与发酵工业, 42（02）: 259-264.

吴健, 2011. 超临界CO_2萃取雨生红球藻中虾青素工艺的研究[J]. 生物产业技术, （05）: 79-82.

吴克刚, 杨连生, 黄通旺, 2002. 破囊壶菌（Thraustochytrium）脂质的提取与分析[J]. 中国油脂, （03）: 88-90.

武一琛, 杨慧茹, 方园, 等, 2014. 天然虾青素提取及分离纯化研究进展[J]. 食品研究与开发, 25（12）: 117-120.

夏海锋, 姚善泾, 2006. 紫球藻的培养及其硫酸多糖的分离纯化 [J]. 食品科学, 27（3）: 75-78.

向文洲, 李涛, 吴华莲, 等, 2014. 海水螺旋藻产业发展战略研究 [J]. 广西科学, 21（6）: 573-579.

肖锡湘, 上官新晨, 2006. 多糖的应用研究 [J]. 中国食物与营养, 5, 21-23.

徐丽娜, 2009. 超高压处理对胡萝卜汁中类胡萝卜素及香气成分的影响 [D]. 镇江: 江苏大学.

许颖颖, 王晚晴, 华威, 等, 2016. 利用微藻提取类胡萝卜素方法研究进展 [J]. 食品工业科技, 37（03）: 373-379.

杨磊, 卫蔚, 刘婷婷, 等, 2010. 连续中压硅胶柱层析纯化法夫酵母虾青素 [J]. 化工进展, 29（06）: 1125-1128.

叶勇, 2001. 植物多糖的分离纯化与制备 [J]. 中国食品添加剂, 5: 29-31.

袁生, 秦怀兰, 戴传超, 等, 1996. 由盐藻提取天然 β- 胡萝卜素晶体与天然 β- 胡萝卜素油及其鉴定 [J]. 药物生物技术,（01）: 34-39.

张桂, 赵国群, 2005. 超声波提取枸杞多糖的研究进展 [J]. 食品科学, 26（9）: 302-305.

张惟杰, 1997. 复合多糖生化研究技术 [M]. 杭州: 浙江大学出版社, 11-198.

张相年, 刘演波, 赵树进, 等, 1999. 从深海鱼油中制备提纯二十碳五烯酸（EPA）和二十二碳六烯酸（DHA）乙酯的研究 [J]. 广东药学院学报,（03）: 171-173.

赵晓燕, 朱海涛, 陈军, 等, 2014. 响应曲面法优化有机溶剂萃取雨生红球藻中虾青素 [J]. 食品工业, 35（10）: 124-127.

周鸣谦, 刘云鹤, 陈宏柱, 2012. 超声波强化提取杜氏盐藻中 β- 胡萝卜素工艺的研究 [J]. 食品研究与开发, 33（12）: 54-57.

周冉, 王飞, 常明, 等, 2012. 从微藻中提取分离 EPA 和 DHA 的方法 [J]. 安徽农业科学, 40（14）: 8014-8017.

庄秀园, 黄英明, 张道敬, 等, 2015. 小球藻高附加值生物活性物质"小球藻热水提取物"的研究现状与展望 [J]. 生物工程学报, 31（1）: 24-42.

Belay M, 2002. The potential application of Spirulina (Authrospira) as a nutritional and therapeutic supplement in health management [J]. Journal of American Nutraceutical Association, 5(2):

27-49.

Bewicke D, 1984. Chlorella: the Emerald Food[M]. 1st ed. Berkeley, CA: Ronin Publishing, 21.

Bishop W M and Zubeck H M, 2012. Evaluation of microalgae for use as nutraceuticals and nutritional supplements[J]. Journal of Nutrition & Food Sciences, 2(5): 147-153.

Borowitzka L J, Borowitzka M A, Moulton T, 1984. Mass culture of Dunaliella: from laboratory to pilot plant[J]. Hydrobiologia, 116/117: 115–121.

Burja A M, Armenta R E, Radianingtyas H, , et al., 2007. Evaluation of fatty acid extraction methods for *Thraustochytrium* sp. ONC-T18 [J]. Journal of Agricultural and Food Chemistry, 55(12): 4795-801.

Dvir I, Chayoth R, Sod-Moriah U, et al., 2000. Soluble polysaccharide and biomass of red microalga Porphyridium sp. alter intestinal morphology and reduce serum cholesterol in rats [J]. British Journal of Nutrition, 184(4), 469.

Fabregas J, et al., 1999. In vitro inhibition of the replication of hemorrhagic septicemia virus (VHSV) and African swine fever virus (ASFV) by extracts from marine micro algae[J]. Antiviral Research, 44: 67-73.

Falch B. H., Espevik T., Ryan L., et al., 2000. The cytokine stimulating activity of (1 → 3)-[beta]--glucans is dependent on the triple helix conformation[J]. Carbohydrate Research, 329: 587-596.

Henriques M, Silva A, Rocha J, 2007. Extraction and quantification of pigments from a marine microalga: a simple and reproducible method[M]. In: Communicating Current Research and Educational Topics and Trends in Applied Microbiology. F. Publishers, Spain, pp., 586-593.

Huheihel M, et al, 2002. Activity of Porphyridium sp. polysaccharide against herpes simplex viruses in vitro and in vivo[J]. Journal of Biochemical and Biophysical Methods, 50: 189-200.

Jensen G S, Drapeau C, Lenninger M, et al, 2016. Clinical safety of a high dose of phycocyanin-enriched aqueous extract from Arthrospira (Spirulina) platensis: Results from a randomized, double-blind, placebo-controlled study with a focus on anticoagulant activity and platelet activation [J]. Journal of medicinal food, 19(7): 645-653.

Johnson E, Krinsky N, Russell R M, 1996. Serum response of all-trans and 9-cisisomers of B-carotene in humans[J]. Journal of the American College of Nutrition, 15: 620-624.

Kooistra W H C F, Gersonde R, Medlin L K, et al., 2007. Evolution of Primary Producers in the Sea[M]. Elsevier, 207-249.

Kuddus M, Singh P, Thomas G, et al., 2013. Recent developments in production and biotechnological applications of C-phycocyanin[J]. BioMed research international, http://dx.doi.org/10.1155/2013/742859.

Lee Chang K J, Nichols C M, Blackburn S I, et al., 2014. Comparison of Thraustochytrids *Aurantiochytrium* sp., *Schizochytrium* sp., *Thraustochytrium* sp., and *Ulkenia* sp. for production of biodiesel, long-chain omega-3 oils, and exopolysaccharide[J]. Marine Biotechnology, 16 (4): 396-41.

Lorenz R T, Cysewski G R, 2000. Commercial potential for Haematococcus microalgae as a natural source of astaxanthin[J]. Tibtech, (18): 160-167.

Metting F B, 1996. Biodiversity and application of microalgae[J]. Journal of India Microbiollogy, 17: 477-489.

Nilsson W B, Seaborn G T, Hudson, J K, 1992. Partition coefficients for fatty acid esters in supercritical fluid CO_2 with and without ethanol[J]. Journal Of The American Oil Chemists Society, 69: 305-308.

Pisal D S and Lele S S, 2005. Carotenoid production from microalga, Dunaliella salina[J]. Indian Journal of Biotechnology, 4: 476-483.

Priyadarshani I, Rath B, 2012. Commercial and industrial applications of micro algae-A review [J]. Journal of Algal Biomass Utilization, 3(4): 89-100.

Richmond A, 1990. Handbook of micoalgal mass culture[M]. Boca Raton: CRC Press.

Rito-Palomares M, Nuez L, Amador D, 2001. Practical application of aqueous two-phase systems for the development of a prototype process for C-phycocyanin recovery from Spirulina maxima[J]. Journal of Chemical Technology and Biotechnology, 76(12): 1273-1280.

Sen D，Kahveci D，2020. 酶法制备含 ω-3 多不饱和脂肪酸油脂的国际研究进展[J]. 粮油食品科技，28(04): 82-92.

Shi Y, Sheng J, Yang F, et al., 2007. Purification and identification of Polysaccharides derived from

Chlorella pyrenoidosa. Food Chemistry[J]. 103(l): 101-105.

Song S, Kim I, Nam T, 2012. Effect of a hot water extract of Chlorella vulgaris on proliferation of IEC-6 cells[J]. International Journal of Molecular Medicine, 29(5): 741-746.

Soni B, Trivedi U, Madamwar D, 2008. A novel method of single step hydrophobic interaction chromatography for the purification of phycocyanin from Phormidium fragile and its characterization for antioxidant property[J]. Bioresource Technology, 99(1): 188-194.

Spolaore P, Joannis-Cassan C, Duran E, et al., 2006. Commercial applications of microalgae [J]. Journal of bioscience and bioengineering, 101(2): 87-96.

Tabatabaei M, Tohidfar M, Jouzani G S, et al., 2011. Biodiesel production from genetically engineered microalgae: Future of bioenergy in Iran[J]. Renewable and Sustainable Energy Reviews, 15: 1918-1927.

Tang S, Qin C, Wang H, Li S, Tian S, 2011. Study on supercritical extraction of lipids and enrichment of DHA from oil-rich microalgae [J]. The Journal of Supercritical Fluids, (1): 44-49.

Tolivia A, Conforti V, Córdoba O, et al., 2013. Chemical constituents and biological activity of Euglena gracilis extracts[J]. Journal of Pharmacy Research, 7(3): 209-214.

Waltz E, 2009. Biotech's green gold[J]. Nature Biotechnology, 27(1): 14-18.

Wu B, Tseng C K, Xiang W, 1993. Large-scale Cultivation of Spirulina in Seawater Based Culture Medium[J]. Botanica Marina, 36(2): 99-102.

Yamamura R., Shimomura Y, 1997. Industrial high-performance liquid chromatography purification of docosahexaenoic acid ethyl ester and docosapentaenoic acid ethyl ester from single-cell oil [J]. Journal of the American Oil Chemists Society, 74, 1435–1440.

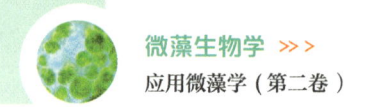

第二节 微藻在食品医药工业的应用

一、微藻在食品医药工业的商业化应用

1. 营养食品

营养食品即营养品，是用于补充人体膳食摄入不足而缺乏的营养成分，改善身体营养状况的食品。营养品分为基本型、健康型、选择性三种类型。基本型营养品，主要是指补充人体欠缺及损失的基本营养成分。这类物质含有一种或者数种以下的营养成分，如维生素、矿物质、蛋白质、卵磷脂、EPA、DHA、胶原蛋白、软骨素等。这些成分都是人体的构成要素，不可缺少的营养素。因此，每天都需要摄入一定量的基本型营养品，避免营养缺乏。健康型营养品，是维持及增进人体健康的营养成分，如螺旋藻属于这一类型营养品。通常，在人们膳食摄取过程中应以基本型营养品为基础，再选择有实效的健康型营养品。选择性营养品，如苦荞、松茸虫草等，主要是一些草本植物或药草类，具有增进健康和天然疗治效果。

2. 纳入食品名单的微藻种类

微藻的营养成分丰富而全面，富含蛋白质、脂肪、多糖、维生素、抗氧化物质、色素、微量元素等。微藻细胞还是硒、锌等元素的优良载体。微藻营养品属于营养食品类型中的健康型营养品。目前，已经有几种藻（包括藻细胞提取物）进入我国新资源食品"新食品原料"名单，部分见表4-1。

表 4-1 我国新资源食品"新食品原料"名单

中文名称	拉丁名称	食用量	批准日期	公告号
裸藻	Euglena gracilis		2013-10-30	2013 年第 10 号
蛋白核小球藻	Chlorella pyrenoidesa	≤ 20 g/d	2012-11-12	2012 年第 19 号
雨生红球藻	Haematococcus pluvialis	≤ 0.8 g/d	2010-10-29	2010 年第 17 号
盐藻及提取物	Dunaliella Salina (extract)	≤ 15 mg/d（以 β - 胡萝卜素计）	2009-12-22	2009 年第 18 号
钝顶螺旋藻	Spirulina platensis	作为普通食品	2004-08-17	2004 年第 17 号
极大螺旋藻	Spirulina maxima	作为普通食品	2004-08-17	2004 年第 17 号

（1）螺旋藻：螺旋藻含有丰富的蛋白质、维生素、不饱和脂肪酸、各种微量元素及其他营养物质。蛋白质含量为 60%~70%，由 18 种氨基酸组成，其中 8 种是人体必需氨基酸。蛋白含量相当于大豆的 1.7 倍，小麦的 6 倍，大米的 8 倍，玉米的 9.3 倍，鱼肉的 3.7 倍，猪肉的 7 倍，牛肉的 3.5 倍，鸡肉的 3.1 倍，蛋类的 4.6 倍，全脂奶粉的 2.9 倍。人体对螺旋藻蛋白的吸收率高，可以达 85%。螺旋藻含有 10 多种维生素且含量极丰富，其中维生素 B_{12} 的含量是现在已知生物体中含量最高的一种，比动物肝脏高 3.5 倍，是人体最佳的生血催化剂。螺旋藻还是钙、铁、锌、硒、钾、镁、碘等多种有益身体的矿物质的来源，其中有机铁的含量是菠菜的 23 倍。螺旋藻含有人体无法合成而又必需的不饱和脂肪酸 γ—亚麻酸和亚油酸。藻蓝蛋白是蓝藻特有的光合色素，最高可达干重的 18%。每 10 g 螺旋藻中含有 10 000~37 500 个单位的 SOD。螺旋藻多糖含量丰富，由于细胞壁由多糖构成，故极易被人体消化吸收。螺旋藻是迄今为止发现的营养成分最丰富、最均衡、最符合人体需要的营养品。螺旋藻被联合国粮农组织和联合国世界食品协会推荐为"21 世纪最理想的食品"。

2004 年 8 月，国家卫生健康委发布 17 号公告，极大螺旋藻和钝顶螺旋藻

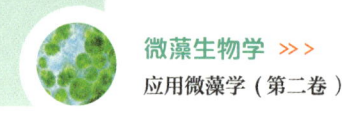

被我国列为普通食品。

藻蓝蛋白是一种新型的天然色素，其良好的安全性和功能性正在世界范围内被不断研究和证明。日本是最早使用藻蓝蛋白作为天然食用色素的国家，我国在20世纪90年代初，将藻蓝蛋白列入食品添加剂GB2760目录。藻蓝蛋白也是美国FDA认可的唯一天然蓝色色素。欧盟近年也已经通过相关的法律法规，将藻蓝蛋白列为彩色食品原材料，非食品添加剂，在食品中的使用量不受限制。

在20世纪70年代螺旋藻已被开发成为各种保健食品，如螺旋藻片、螺旋藻胶囊、螺旋藻口服液、螺旋藻饼干、饮料、果汁等。另外，也有富硒、富锌、富钙的螺旋藻产品。

全球的螺旋藻产量逐年增长，现国际市场上螺旋藻的年增长率超过10%，我国是增长速度最快的国家。目前我国共有螺旋藻工厂逾70家，养殖总面积约750万m^2，年产量超过9 000 t，占国际市场的60%以上。云南绿A拥有目前世界上最大的天然螺旋藻养殖基地，年产天然螺旋藻粉3 000 t，占我国总产量的30%。绿A螺旋藻成功出口德国、意大利、法国、丹麦等国家，并且被美国、日本等的检测机构公认为目前世界上品质最好的螺旋藻产品。

（2）**盐藻及提取物**：杜氏盐藻是迄今为止发现的最耐盐的真核生物之一。盐藻无细胞壁，含有丰富的油脂、β-胡萝卜素、蛋白质、多糖等，同时含钙、钾、铁、锌、碘、氟等多种矿物质及微量元素，还含有赖氨酸、色氨酸、苯丙氨酸、苏氨酸、异亮氨酸等包括人体必需氨基酸在内的18种氨基酸（Pisal and Lele，2005）。经过诱导，藻细胞内合成积累的β-胡萝卜素可达干重的10%以上，是胡萝卜含量的200多倍。

2009年12月，卫生部2009第18号公告，盐藻及提取物正式被批准为新资源食品。盐藻及提取物是盐藻藻种经养殖、藻液净化、离心分离、洗盐脱水、提纯等工艺制成的半流体或粉状产品。

盐藻提取物胡萝卜素被联合国粮农组织（FAO）、世界卫生组织（WHO）以及联合国食品添加剂委员会（JECFA）一致推荐为无毒、有营养的食品添加剂，被美国FDA确认为营养保健品。我国已将天然胡萝卜素确认为食品添加剂，允许添加到口服液、蔬菜汁中。国内外很多厂家已将其作为添加剂，添加到人造黄油、奶酪、果汁、饮料、食盐等食品中。

盐藻产品主要有盐藻软胶囊、片剂等。盐藻提取物产品有胡萝卜素油溶液、胡萝卜素晶体以及胡萝卜素微胶囊。1998年，徐贵义建立了我国第一家现代化的盐藻素基地，并研发出天光盐藻素。2011年9月28日，天光盐藻素被评为"首届世界中华品牌十大健康产品"。该产品在国内盐藻生产及销售方面占据了比较大的市场份额。随后，各企业推出盐藻－雨生红球藻片、盐藻叶黄素、盐藻枸杞、盐藻褐藻、多藻合一等复合产品。

目前，全球杜氏盐藻总产量约1万t，我国杜氏盐藻年产量已达3 000 t。内蒙古和青海卤水充足、日照强烈、昼夜温差大，是杜氏盐藻两大主产区。西北地区拥有很多咸水湖泊，具有发展杜氏盐藻生产的得天独厚条件。有关部门预测，今后我国杜氏盐藻的潜在产能可达5 000 t以上，将成为世界上最大的杜氏盐藻生产基地和出口国。

（3）雨生红球藻：雨生红球藻中的虾青素是类胡萝卜素的一种，在自然界具有最强的抗氧化性，抗氧化能力是维生素C的6 000倍、CoQ10的1 000倍、绿茶儿茶酚的550～1 000倍、维生素E的550～1 000倍、β-胡萝卜素的10倍，被誉为21世纪抗氧化的革命性产品（Lorenz and Cysewski，2000）。

2010年10月，我国卫健委发布17号公告，批准雨生红球藻为新资源食品，雨生红球藻作为添加剂开始进入我国的食品、保健品以及日化行业。

雨生红球藻及相关产品的剂型主要是片剂、胶囊、压片糖果等。虾青素活性强，片剂容易被空气氧化，粉剂胶囊不仅有利于保存，还容易吸收。

我国直到20世纪90年代末才开展雨生红球藻的人工培养。近年来，国内雨生红球藻生产发展较快，全国已年产2 000多t，江苏东台、大丰和广东、福建等沿海地区均建立起雨生红球藻培养基地。2012年，绿A联合中国科学院实现了我国红球藻的科研攻关，在青海湖基地成功培育出红球藻，并在2012年建成了国内第一条也是唯一的一条红球藻生产线，实现了红球藻产业化。可以说，

绿A不仅是螺旋藻产业化、国际化发展的有力推动者，也是国内红球藻产业化的缔造者和领导者。

(4) 蛋白核小球藻：蛋白核小球藻里含有的营养物质较为丰富，有蛋白质、不饱和脂肪酸、生物活性多糖、核酸、维生素、微量元素、矿物质、叶酸与叶绿素等。主要功效是快速排除体内重金属等毒素；快速平衡体液酸碱度，促进新陈代谢；全面补充人体营养，提高细胞再生能力，增强人体免疫力。

2012年11月，国家卫生健康委发布19号公告，批准蛋白核小球藻为新资源食品。蛋白核小球藻自发现以来，在欧美、日本、韩国等引起了高度的重视，小球藻的开发应用得到迅猛发展，已被广泛地应用到保健品、食品、儿童饮品以及临床辅助治疗中。在20世纪60年代，我国为了缓解全国性饥荒问题，曾经大规模养殖小球藻，高蛋白的小球藻在一定程度上缓解了当时的粮食危机。

2008年，全球小球藻干粉销售量已超过2 500 t。今后几年内，小球藻干粉国际市场总需求量有望上升至8 000 t以上。小球藻在我国台湾省已形成规模化生产，现台湾省年产小球藻干粉约2 000 t，其中一半左右出口日本，另一半作为养殖虹鳟鱼等名贵鱼类的高级饲料添加剂。从小球藻里提取出一种名为"绿藻精"（CGF）的物质，具有极高的营养保健价值，目前国际市场上每克CGF的售价为3 000~4 000美元。小球藻外面包裹着一层厚厚的厚壁细胞膜，主要成分为几丁质，可直接作为优质膳食纤维来源，用于生产各种"排肠毒食品"的新原料。

(5) 裸藻：裸藻含有丰富的维生素、矿物营养、氨基酸、不饱和脂肪酸、叶绿素、黄体素、玉米黄质营养元素，其中最重要的裸藻多糖成分是裸藻属的特有成分，由线性β-1,3-葡聚糖构成的多糖体。它与食物纤维一样不易消化，不能被人体吸收，将其内部降解后会发现螺旋状缠绕的复杂结构中有无数的小孔，可以吸附人体中的多余物质如胆固醇、中性脂肪、重金属、酒精等并排出体外。裸藻多糖具有很强的抗癌、抗细菌、抗病毒HIV活性，在保护肝脏、缓和过敏性皮炎、抑制嘌呤吸收和预防改善痛风方面有独特作用（Tolivia et al., 2013）。在喜食海鲜的日本，天然的裸藻多糖已运用于各类治疗痛风、肝癌的药品中。

2013年5月,裸藻被我国列为新资源食品,具有药食同源的作用。裸藻无细胞壁,较螺旋藻、小球藻具有更高效的吸收率(93.1%)。同时,裸藻还含有类似母乳中的人体所需的全部氨基酸。裸藻的氨基酸含量堪称藻类之最,若理想的氨基酸值为100,那么裸藻属的氨基酸值为83,小球藻和螺旋藻分别为54和51。裸藻的功能如下:补充平衡人体营养需求,缓解隐性饥饿,保持合理体形;抗氧化,强效清除自由基;清除有害胆固醇、中性脂肪、重金属;调理肠胃,改善便秘、宿便;缓解慢性疲劳,改善睡眠;帮助缓解痛风;缓解过敏性皮炎;缓解粉刺;帮助保持碱性体液环境;抗衰老。

现阶段主要有盐藻软胶囊、普通片剂、压片糖果片剂、固体饮料等裸藻产品。目前,国内主要是国光、仁大和海健这三个牌子的裸藻,后者是进口产品。

3. 功能性食品

功能性食品是指具有特定营养保健功能的食品,即适于特定人群食用,具有调节肌体功能,不以治疗为目的的食品。功能性食品包括:增强人体体质(增强免疫能力、激活淋巴系统等)的食品、防止疾病(高血压、糖尿病、冠心病、便秘和肿瘤等)的食品、恢复健康(控制胆固醇、防止血小板凝集、调节造血功能等)的食品、调节身体节律(神经中枢、神经末梢、摄取与吸收功能等)的食品和延缓衰老的食品。保健食品强调具有特定保健功能,营养食品强调提供营养成分。保健食品具有规定的食用量,其他食品一般没有服用量的要求。保健食品根据保健功能的不同,具有特定适宜人群和不适宜人群,其他食品一般不进行区分。

功能性食品有时也称为保健品。在学术与科研上,叫功能性食品更科学些。

目前,食品研究的热点和发展趋势已集中在保健与功能食品的研究和开发上。所谓保健与功能食品,指在具备一般食品的营养和色香味特性的基础上,还具有对人体的体质、免疫力、代谢等有明显促进作用的食品。

目前取得保健品批文的有螺旋藻、小球藻、虾青素、杜氏盐藻。

（1）**螺旋藻**：螺旋藻含有丰富的蛋白质、各种维生素、生物多糖、多不饱和脂肪酸、叶绿素、类胡萝卜素及矿物质等，故具有优异的营养保健功能。螺旋藻作为一种全天然营养保健食品的概念早已深入人心。大量科研试验证明，螺旋藻具有防癌、抑癌、增强机体免疫力，抗衰老的作用，同时对治疗高血压及胃和十二指肠溃疡、降低胆固醇、避免粥样硬化，以及对贫血、肝炎、糖尿病、护肝、治疗微量元素缺乏等方面都有积极作用。

螺旋藻保健品已有 200 多种。螺旋藻适用于所有营养不均衡的人群和体力脑力劳动者，长期使用药物及化疗人群，贫血、失眠、免疫力低下者，慢性消化系统疾病人群，在缺氧环境下工作者，血脂、胆固醇偏高者，肿瘤、糖尿病患者，常食用油炸、腌制、海产类、烧烤类食品的人群。

（2）**蛋白核小球藻**：蛋白核小球藻含有蛋白质、不饱和脂肪酸、生物活性多糖、核酸、维生素、微量元素、矿物质、叶酸与叶绿素等。小球藻细胞内的活性成分对胃溃疡、外伤、贫血、肝炎、糖尿病、婴儿营养不良、精神病、癌症等具有一定的疗效，同时还具有活化皮肤细胞、加速新陈代谢、延缓细胞衰老的功效。部分小球藻保健品如表 4-2。

表 4-2　部分小球藻保健品

小球藻保健品名称	批准文号	生产单位
绿安奇牌小球藻咀嚼片	国食健字 G20080669	东莞市绿安奇生物工程有限公司
宇昌牌小球藻片	国食健字 G20130068	福清市新大泽螺旋藻有限公司
益普利生牌小球藻片	卫食健字（1997）第 855 号	山东圣海保健品有限公司
升康力牌小球藻片	卫食健进字（2002）第 0043 号	升康力（上海）商贸有限公司
活绿美牌小球藻片	国食健字 J20090021	Gong Bih Enterprise Co., Ltd

（3）**雨生红球藻**：雨生红球藻因富含虾青素而一度成为继螺旋藻、小球藻之后的另一种高价值的经济微藻。虾青素可预防中老年人视网膜黄斑退化所引

起的视力下降和其他眼病，在美国，虾青素已成为最畅销的眼保健食品原料之一。另外，在改善视力、防辐射、缓解疲劳、改善"三高"方面都有不错的表现。

雨生红球藻及相关产品适用于疼痛类疾病人群、糖尿病及其并发症人群、心血管疾病人群、炎症人群、癌症放化疗人群、眼疾人群、肾功能障碍人群、肝功异常人群、肺病人群、亚健康人群、美容人群。

（4）杜氏盐藻：杜氏盐藻 β-胡萝卜素是维生素 A 的前体，可在体内转化为维生素 A，避免夜盲症、皮肤角质化的发生。β-胡萝卜素具备一个特性，只有在人体需要时才会转换成维生素 A，预防体内过量的维生素 A 造成的中毒，所以 β-胡萝卜素是目前最安全的补充维生素 A 的途径。同时，β-胡萝卜素在抗癌、预防心血管疾病、白内障及抗氧化方面有显著的功能，并进而防止老化和衰老引起的多种退化性疾病。此外，盐藻还含有如 α-胡萝卜素、叶黄素、玉米黄素、γ-胡萝卜素等类胡萝卜素，都具有强抗氧化作用。盐藻粉中含有 10% 的多种生物多糖，经动物实验表明，以木糖、鼠李糖和己糖醛酸为主的硫酸多糖具有抗病毒、抗炎、提高免疫及抗癌作用，对 S-180 肿瘤细胞增殖抑制率高达 57%。

已经证实，盐藻对于高血压、高血脂、糖尿病、脑血栓、肝病、便秘、肺部问题、关节问题、前列腺问题、乏力、头晕、睡眠差、体质差、易感冒、皮肤暗黄无弹性等未老先衰及亚健康现象都有很好的调节改善作用。获得保健品批准文号的盐藻相关保健品如表 4-3。

表 4-3　获得保健品批准文号的盐藻相关保健品

盐藻保健品名称	批准文号	生产单位
百藻堂牌维蜂盐藻胶丸	国食健字 G20100446	内蒙古兰太药业有限责任公司
中盐牌盐藻蓝莓牛磺酸软胶囊	国食健字 G20150661	内蒙古兰太药业有限责任公司
红阳牌盐藻软胶囊	国食健字 G20110392	天津玉匾国健医药科技有限公司
博远天光牌盐藻叶黄素软胶囊	国食健字 G20140012	北京博远欣绿科技股份有限公司

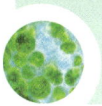

（续表）

盐藻保健品名称	批准文号	生产单位
红阳牌盐藻叶黄素枸杞菊花胶囊	国食健字 G20130571	北京博远欣绿科技股份有限公司
红阳牌盐藻叶黄素枸杞菊花片	国食健字 G20130415	北京博远欣绿科技股份有限公司
天光牌盐藻天然胡萝卜素软胶囊	国食健字 G20040847	天津开发区天光高科技开发有限公司
维蜂盐藻胶丸	国食健字 G20100446	内蒙古兰太药业有限责任公司
兰太牌盐藻片	国食健字 G20040395	内蒙古兰太药业有限责任公司

4. 食品添加剂

藻蓝蛋白是一种新型的天然色素，具有良好的食用安全性。经人体口服安全性评估试验的结果，藻蓝蛋白的食用量可达到公认安全级别标准（GRAS），累计估算日摄入量（CEDI）上限达到 1.14 g/d（FDA 21 CFR 73.530，Jensen et al.，2016）。藻蓝蛋白是目前唯一满足食品着色需求的色彩鲜亮的蓝色素，如果能有效控制生产成本，藻蓝蛋白作为天然的蓝色素在食品领域具有不可替代的地位。

日本是最早使用藻蓝蛋白作为天然食用色素的国家，于 20 世纪 80 年代藻蓝蛋白进入市场，并建立国家标准（日本国食品添加物公定书，第 8 版）。我国 20 世纪 90 年代初，将藻蓝蛋白列入食品添加剂 GB2760 目录，建立使用标准（GB2760—2014），命名为藻蓝（淡、海水），其中淡、海水表示藻蓝蛋白的原料分别为淡水螺旋藻和海水螺旋藻。近期在国家卫生健康委专项资金的支持下，已初步完成了该色素国家食用卫生安全标准的起草工作。藻蓝蛋白也是美国 FDA 认可的唯一食用天然蓝色色素，已制定了产品规范（FDA 21 CFR 73.530）。欧盟近年也已经通过相关的法律法规，将藻蓝蛋白列为彩色食品原材料和非食品添加剂，在食品中的使用量不受限制。

由于人工合成色素对人体的潜在风险不断被证实，利用天然色素代替人工色素的市场需求越来越迫切。在全球范围内，作为红、黄、蓝三大基本色的市场容量巨大，天然的红色素和天然的黄色素由于相对资源丰富、成本低，需求量巨大且在快速增加。藻蓝蛋白作为唯一的色调鲜亮的天然蓝色素，具有不可替代性，市场开拓空间巨大。

与其他市场成熟的"红黄橙绿色"天然色素市场相比，当前藻蓝蛋白这一"蓝色"天然色素的市场开发尚处于"婴儿期"，现今全球仅有十多家公司成规模地生产藻蓝蛋白产品，主要市场在欧美和日本等发达国家。近年来，由于生产技术的日趋完善和生产成本的逐步降低，藻蓝蛋白天然色素的需求也逐渐刚性化并呈现快速增加的趋势。

目前，天然色素藻蓝蛋白的出厂价为1 000～1 300元/kg，已形成了年消费500 t左右的国际市场，市场销售规模达到6亿元以上。特别是美国FDA新修订了天然色素藻蓝蛋白标准，规定食品中可以不限量使用藻蓝蛋白，将使用范围扩展到药品领域，包括片剂和药用胶囊等，并豁免了相关产品的认证程序，为拓展商业应用提供了有利条件。我国相关机构已计划修订相关标准并放开使用限量，随着成本、销售价格的降低和终端应用领域、用量的扩展，预期国际上未来5年的市场消费需求将有7～10倍的增加，我国藻蓝蛋白天然色素的应用市场也将进入快速发展阶段。

我国是国际上最大的螺旋藻生产国，并在国际上率先建立了海水螺旋藻产业技术（Wu et al., 1993；向文洲等，2014），随着天然色素藻蓝（淡、海水）制备技术日趋成熟，有望成为国际上最大的藻蓝（淡、海水）天然色素供应国。

5. 医药制品

可用海洋生物为原料或提取有效成分，进行海洋生物化学药品、保健品和基因工程药物的生产活动，包括基因、细胞、酶、发酵工程药物，基因工程疫苗，新疫苗；药用氨基酸、抗生素、维生素、微生态制剂药物；血液制品及代用品；诊断试剂；血型试剂、X光检查造影剂；用动物肝脏制成的生化药品等。

大型海藻如褐藻中的海带、裙带菜、羊栖菜等都有防治甲状腺肿大的功

效，红藻中的鹧鸪菜和海人草是驱除蛔虫的特效药。从褐藻中提取的海藻酸、甘露醇、褐藻多糖硫酸酯、藻酸双酯钠已经广泛应用，并取得批准文号。

来自微藻的药品并不多，获得国药准字的螺旋藻药品及其批准文号、生产单位和制剂，见表4-4。

表4-4　螺旋藻药品及批准文号、生产单位和制剂

序号	国产药品名称	批准文号	生产单位	制剂
1	螺旋藻片	国药准字 Z20026556	广西玉林制药集团有限责任公司	片剂
2	螺旋藻片	国药准字 Z44021324	广州白云山明兴制药有限公司	片剂
3	螺旋藻片	国药准字 Z14021880	山西同达药业有限公司	片剂
4	螺旋藻片	国药准字 Z44020978	广州白云山奇星药业有限公司	片剂
5	螺旋藻片	国药准字 Z53020226	云南神威施普瑞药业有限公司	片剂
6	螺旋藻片	国药准字 Z14020552	山西双人药业有限责任公司	片剂
7	螺旋藻片	国药准字 Z44021323	广州白云山明兴制药有限公司	片剂
8	螺旋藻片	国药准字 Z10983045	山东天顺药业股份有限公司	片剂
9	螺旋藻片	国药准字 Z20083297	辽宁中医学院药业有限公司	片剂
10	螺旋藻片	国药准字 Z20083296	辽宁中医学院药业有限公司	片剂
11	螺旋藻胶囊	国药准字 Z61021289	西安千禾药业股份有限公司	胶囊剂
12	螺旋藻胶囊	国药准字 Z46020076	海南林恒制药股份有限公司	胶囊剂
13	螺旋藻胶囊	国药准字 Z50020038	重庆华森制药股份有限公司	胶囊剂
14	螺旋藻胶囊	国药准字 Z53020227	云南神威施普瑞药业有限公司	胶囊剂
15	螺旋藻胶囊	国药准字 Z10983044	山东天顺药业股份有限公司	胶囊剂

这些产品具有益气养血，化痰降浊的功能，可用于气血亏虚，痰浊内蕴，面色萎黄，头昏头晕，四肢倦怠，食欲不振，产后体虚，贫血，营养不良的人群。

螺旋藻主要用于放疗、化疗、手术后白细胞减少、免疫力低下、高血脂

症、动脉硬化、病后体虚和贫血等方面的治疗。

此外，螺旋藻的主要活性成分藻蓝蛋白在医用藻蓝蛋白诊断试剂方面具有诊断精确性高和毒副作用低的优势。藻蓝蛋白荧光诊断试剂要求纯度高。传统纯化技术为色谱技术，回收率低，操作复杂，全程低温操作、难以放大，因而成本极高，导致市场价格高，限制了更大范围的应用。目前主要为少数企业所垄断，价格十分昂贵，零售价高达1 500元/mg，国际市场规模目前达到10亿美元左右。通过纯化技术的革新，低成本地获得达到诊断试剂标准的高纯度的藻蓝蛋白，方可大幅度提高该类产品的市场竞争力，并推动市场应用范围的大幅扩增。

6. 微藻食品医药健康制品市场发展趋势

我国老龄人口数量世界第一，老龄化速度世界第一，已成为世界上老龄化最严重的国家之一。同时，随着我国经济的发展，社会竞争越发激烈，亚健康人数呈逐年增加的趋势。我国学者王育学教授做过一个5万例的人群调查，结果表明，亚健康状态的正态分布率达到56.18%，其中大多数为20～40岁的青壮年，他们中以白领、知识分子为主。亚健康严重危害人类健康，降低人们的生活水平，同时也带来一些社会不稳定因素。随着生活水平的提高，人们开始越来越重视健康，也开始关注健康产业。保健品的消费属性也正逐步从可选消费品转为生活必需品。

生物、营养、药物和医学等领域的研究均取得共识后，对微藻的需求呈现不断上升的趋势。目前，人类微藻健康产业正在发展阶段。能够规模化养殖的微藻仅为螺旋藻、小球藻、雨生红球藻、裸藻、盐藻等寥寥数种，相对应的产品单一，而且多数是初加工产品，附加值比较低。为了有效利用微藻资源，打造多样化的微藻产品，提高市场的竞争力，目前各企业推出盐藻－雨生红球藻片、盐藻叶黄素、盐藻枸杞、盐藻褐藻、多藻合一等复合产品，实现效果增强，拓宽应用范围，促进微藻产业的发展。

微藻所含有的独特的药理活性物质使得微藻具有多种药用和保健性能，利用微藻进行新药品及保健与功能食品的研制和开发具有很大的潜力。目前对于微藻功能成分和功效的研究仍然不足，这就阻碍了微藻在治疗方面价值的发挥，直接影响了微藻相关产品的升级和升值。深加工产品的开发需要进一步加强，如藻蓝蛋白、γ亚麻酸、类胡萝卜素等具有保健、药用价值的产品，特别是防癌、治癌药物。

《"健康中国2030"规划纲要》的出台，全球健康促进大会首次在中国举办，公众对健康的诉求及保健理念也得到空前提升，为我国微藻健康产业创造了高速发展的契机。

二、常见应用微藻活性物质的制备技术

1. 油溶性产物的制备

（1）盐藻 β- 胡萝卜素： β- 胡萝卜素属四萜类化合物，广泛地存在于藻类等植物和真菌中，是所有类胡萝卜素中含量最大和研究最多的一种。

利用盐藻生产 β- 胡萝卜素已成为目前国内外生产天然 β- 胡萝卜素的主要方法。

杜氏盐藻细胞内有一杯状色素体，色素体内的色素主要是叶绿素和类胡萝卜素。有研究报道杜氏盐藻中的叶黄素、海胆烯酮、α- 胡萝卜素和 β- 胡萝卜素等21种类胡萝卜素组分中，相对含量最高的为全反式 β- 胡萝卜素（姜建国等，1997）。不同品系盐藻中，类胡萝卜素种类也不同，如内蒙古吉兰泰地区杜氏盐藻 β- 胡萝卜素中含有 11 种类胡萝卜素（李淑清等，2000）。

杜氏盐藻中类胡萝卜素以 β- 胡萝卜素为主，在极限条件下，盐藻中累积的 β- 胡萝卜素含量最高可达藻体干重的 14%（Borowitzka et al., 1984）。同时 β- 胡萝卜素由多种异构体组成，较为常见的 β- 胡萝卜素包含 7- 顺式、9- 顺式、15- 顺式、全反式等 4 种异构体，其中全反式 β- 胡萝卜素的含量基本在 50% 以上（姜建国，姚汝华，1997）。

胡萝卜素不溶于水，微溶于植物油，在脂肪族和芳香族的烃中有中等的溶解性，最易溶于氯化烃，如氯仿等。在现有的技术工艺中，溶剂浸取法是提取盐藻中β-胡萝卜素的传统方法。萃取机理为：根据相似相容原理，将盐藻细胞置于己烷、石油醚等非极性溶剂中，溶剂可渗透到细胞内部将β-胡萝卜素溶解，细胞内的溶剂经过两步扩散到达外部溶剂中。通过持续地更换外部溶剂，可以达到很好的萃取效果。此方法易于操作，提取率相对较高，且溶剂可回收重复使用，缺点是提取时间较长。

由于盐藻没有细胞壁，在β-胡萝卜素提取中，省去了破壁的工艺环节，但是仍然需要采取技术手段破坏完整的细胞结构，促进β-胡萝卜素溶入溶剂。因此，溶剂浸渍提取的方法往往加以一些辅助手段，研究与生产中较为常见的工艺是超声辅助、微波辅助或者压力处理。

超声波在介质中的传播有超声效应，有很强的冲击力，在液体介质中传播时可形成空化效，由于杜氏盐藻不含细胞壁，超声波可以轻易破坏杜氏盐藻的细胞膜结构，使得细胞内的色素等可以轻易通过细胞膜。同时，超声波的机械效应和热效应可以提高液体的分子运动能力，有助于色素透过细胞膜后的扩散。超声提取法提取时间短，色素提取率和原料利用率高，在多种天然产物提取中得到广泛的应用（金思等，2017）。通过对杜氏盐藻β-胡萝卜素的超声波提取工艺进行优化，β-胡萝卜素的提取率可达4.4%（周鸣谦等，2012）。

微波是一种电磁波，辐射频率高，范围为300 MHz～300 GHz，可用来萃取盐藻细胞内的β-胡萝卜素。萃取机理为：微波辐射频率高可轻易穿透溶液和细胞膜等结构到达细胞内部，向细胞传递能量，使之温度升高，内压增大，从而导致细胞破裂，细胞内物质自然溢出，溶解于适当的溶剂中（孙协军等，2016）。微波萃取速率快，所需温度低，适合少量快速萃取。

加压溶剂提取：全过程是在较高的温度和压力环境下，过程中溶剂保持液体状态。这种方法可以减少提取所需溶剂，并可在短时间内获得高产率的目的物。利用此方法可以在不同温度、时间、溶剂条件下分离盐藻中的β-胡萝卜素等活性物质（许颖颖等，2016）。

在加压提取技术上，更新发展出来的超高压提取（Ultrahigh pressure extraction，UHPE）全称为"超高冷等静压提取"，是在常温下用100~1 000 MPa的流体静压力作用于料液，在设定压力保持一段时间，使原料细胞内外压力达到平衡（有效成分达到溶解平衡）后迅速卸压，使物料细胞内外渗透压差增大，细胞内的有效成分穿过细胞膜溶入提取液中，达到提取目标成分的目的（毛多斌等，2008）。超高压提取具有提取效率高、保留提取物生理活性和耗能低等优点，现已广泛应用于中药和食品原料功能组分的提取中（郭赛等，2017）。超高压对蛋白质和淀粉等生物大分子的氧键结构有破坏作用，对共价键几乎没有影响，因而对食品中的维生素、氨基酸、多肽、小分子色素等物质的影响较小（孙蓓等，2020）。超高压技术已广泛应用于番茄红素、虾青素和盐藻β-胡萝卜素的提取中（乔言平等，2018；郭文晶等，2008；孙协军等，2016），超高压辅助技术较之常规的溶剂回流能显著提高类胡萝卜素的提取量、提取效率及生物利用率，但500 MPa以上的压力则导致类胡萝卜素的损失明显增加（徐丽娜，2009；滕长英等，2008；刘兰英等，2019）。

有机溶剂的选择是盐藻β-胡萝卜素提取工艺中重要的一环。植物油（如大豆油等）、石油醚、甲烷、甲醇、乙醇、丙酮、氯仿、乙酸乙酯、正己烷、异丙醇等有机溶剂在研究或生产中有应用。但是在产业化的盐藻β-胡萝卜素提取生产中，溶剂的使用首先要考虑安全性，然后考虑回收的便利性（溶剂使用效率），提取效率反而是最后才考虑的因素。因此，在生产中，常用的溶剂为乙醇、丙酮等无毒的溶剂。

萃取获得的混合物，可以通过减压浓缩、加温蒸发等工艺，将溶剂气化，并回收使用，留下含有β-胡萝卜素的脂溶成分。成分中除了β-胡萝卜素，还含有藻体中其他脂溶性成分，如其他类胡萝卜素、叶绿素、脂肪酸等，需要进一步处理，如采用皂化和柱层析工艺，除去杂质，得到进一步纯化的产物。

微藻中的类胡萝卜素主要以游离和脂肪酸酯两种形式存在（Henriques et al.，2007）。采用有机溶剂提取出的类胡萝卜素往往还存在叶绿素、油脂等杂质。这些物质的存在会影响提取出的类胡萝卜素的纯度，对后续操作产生影响。对类胡萝卜素样品进行皂化处理（也有先进行皂化，而后进行提取的技术），然后再次用有机溶剂进行萃取，不仅可以将结合态的类胡萝卜素释放出来，提高游离态类胡萝卜素含量，而且能够有效去除叶绿素、油脂等杂质，从而使提取的类胡萝卜素样品纯度更高（孙丽萍等，1996）。

皂化试剂一般选用KOH的甲醇/乙醇溶液或水溶液，可以在室温下皂化，也可以对样品进行适当加热处理，缩短皂化时间；皂化结束后用正己烷或石油醚等极性偏小的有机溶剂进行萃取；最后萃取产物再经水洗去除KOH。但皂化会对类胡萝卜素产生破坏，降低类胡萝卜素的提取量，因此应严格控制皂化条件，尽可能避免皂化带来的损失（陈鹏等，2009）。

在工艺选择中，有先进行皂化，而后进行溶剂萃取的工艺，如石斌和石军的研究中，先利用氢氧化钠甲醇试剂对藻粉进行皂化，而后利用石油醚和乙醚进行提取，弃去水层并水洗后，将醚层减压浓缩，过氧化镁柱层析，洗脱后再次浓缩并二次过柱，最后洗脱，浓缩并真空干燥，获得多种胡萝卜素异构体的混合物，总的含量达到11%，其中的β-胡萝卜素含量超过90%（石斌，石军，1994）。在此过程中，因β-胡萝卜素容易被氧化，宜避光操作，并在溶剂中加抗氧化的保护剂，同时产品保存时宜采用低温或充氮保护、降低产品水分和避光等措施。

除了上述传统的提取技术，其他植物提取新技术也开始应用于盐藻β-胡萝卜素提取，如二氧化碳超临界流体萃取和亚临界流体萃取法。

二氧化碳超临界流体萃取（CO_2 supercritical fluid extraction）是当今最先进的一种萃取技术。二氧化碳气体存在一个临界温度和临界压力。通过低温时的不断加压，使二氧化碳发生液化，随着温度的逐渐升高，液体的体积随之增大。当施加条件高于临界温度和压力（也就是临界点）后，二氧化碳的形态介于液态与气态之间，这种流体称为超临界流体。超临界流体同时具备气体和液体的优点，既具有类似气体的较强穿透力又具有类似于液体的较大密度和溶解度，扩散系数大，使用超临界二氧化碳流体在较低温度下即可完成提取目的，提取结束后不会有溶剂残渣，这使得超临界流体可以作为极为优秀的溶剂来进行提取分离。

乙烷、庚烷、一氧化亚氮等也可作为超临界流体，由于二氧化碳的临界温度与室温相近，且无毒、无味、不燃烧、价廉易得，使得超临界二氧化碳流体成为使用最广泛的超临界流体。已有研究证明可以使用超临界二氧化碳流体萃取盐藻中的β-胡萝卜素。超临界系统的装置较为昂贵，但生产中采用超临界技术提取类胡萝卜素已经越来越普遍。

亚临界流体萃取法（Sub-critical fluid extraction）是利用亚临界流体作为萃取剂，通过分子扩散过程将萃取物料中的脂溶性成分转移到液态萃取剂中，再通过减压蒸发过程使萃取剂与目标产物分离的一种新型萃取技术。亚临界流体是一种处于超临界状态边缘的流体，压力超过临界点压力，温度低于临界值，是一种高压液体。与超临界流体相比，亚临界流体所需温度更低，接近常温，无须加热设备，在设备投资和能源消耗上更经济可行。并且相同压力的亚临界CO_2比超临界CO_2密度更高，溶解能力更强。目前，利用亚临界流体萃取法从微藻中提取类胡萝卜素的研究较少（陈俊杰，2020）。

已知存在于盐藻中的天然β-胡萝卜素为全"反式"和几种别的立体异构体（主要是9-顺式-β-胡萝卜素）的混合物，研究认为β-胡萝卜素立体异构体混合物更适宜于人体保健的需求。

袁生等（1996）在β-胡萝卜素提取生产时，利用丙酮作为溶剂，萃取液浓缩后，在室温条件下，即可获得胡萝卜素结晶，其中主要为全反式-β-胡萝卜素（70%），少量的9-顺式-β-胡萝卜素（8%），和痕量的α-胡萝卜素和其他类胡萝卜素。然后在低温下使结晶母液中的各种胡萝卜素油析出（含量约80%），各类天然胡萝卜素油主要由40%左右的9-顺式与40%左右的全-反式-β-胡萝卜素组成，另外也含有少量α-胡萝卜素及其他类胡萝卜素等。

（2）雨生红球藻虾青素提取与纯化：虾青素（Astaxanthin）为类胡萝卜素中的一种，为萜烯类不饱和化合物，属于脂溶性，色泽为粉红色，不溶于水，易溶于氯仿、丙酮、苯和二硫化碳等有机溶剂。

雨生红球藻由于只在厚壁孢子期积累虾青素，这给提取造成一定困难。因此在提取时，需先对藻细胞进行破壁处理。

藻细胞破壁的技术有多种，研究和生产中常见的破壁技术有以下几种：

①碾磨法：微藻细胞中加入研磨剂（小珠、液氮、石英砂、氧化铝），通过高速搅拌或研磨使藻细胞破碎，并可利用液氮对藻粉进行处理，使细胞壁脆化。此操作简单，缺点是常规研磨法破壁效果不理想，液氮研磨成本较高，不适合大规模生产。

②高速珠磨法：利用珠磨机，细胞悬浮液与极细的研磨剂在搅拌浆作用下充分混合，珠子之间以及珠子和细胞之间互相剪切、碰撞，促使细胞壁破碎，释出内含物，在珠波分离器的协助下，珠子被滞留在破碎室内，浆液流出，从而实现连续操作，破碎中生成的热量由夹套中的冷却液带走，此方法可用于规模化生产。

③反复冻融法：原理是低温使细胞内形成冰晶，剩余液体盐浓度增高而引起溶胀。特点是对热敏性物质没有损害，操作简便，不受外源性杂质污染，设备简单，能源消耗低，适合大规模生产；缺点是每次冻融需要消耗大量时间。

④超声破壁法：原理是超声波对细胞产生独特的机械振动和高速、强烈的空化效应。优点是破壁效率高、时间短、对环境无污染，但大规模生产应用受到一定限制（如噪声、能耗、产热等不利因素）。

⑤微波破壁法：微波辐射使细胞内部温度迅速上升，压力大于细胞壁所承受的能力，使细胞破裂。穿透力强，但加热效率高，不适于提取类胡萝卜素等热不稳定性成分。

⑥高压均质法：微藻细胞通过工作阀，高压下产生强烈的剪切、撞击、空穴作用，使微藻细胞超微细化。对微藻破壁效果好，操作过程中产生大量的热，对微藻类胡萝卜素有破坏作用，需要进行降温处理且耗能较大。

⑦脉冲电场破壁法：利用高压脉冲电穿孔机理，使细胞壁和细胞膜在瞬间发生破坏。省时、高效、低能耗；处理条件温和，不易破坏活性物质。目前该技术较少用于微藻破壁研究中，设备要求高，对该技术产生的负面影响还有待进一步研究。

⑧酸热法：藻细胞处于酸性条件下，加热一定时间，使细胞壁酸解破裂。适合大规模生产；破壁效果较好，但是会破坏微藻中的类胡萝卜素。

⑨碱法：用碱溶解微藻细胞壁可溶性成分，同时溶解部分脂类，使微藻细胞壁通透性变大，胞内物质流出。适合用于任何规模的操作，但过高的碱浓度会破坏微藻中的类胡萝卜素。

⑩化学渗透法：采用有机溶剂如二甲基亚砜等或无机溶液如氯化钙等处理微藻细胞，通过改变细胞膜通透性，达到使细胞破裂的效果。较为温和，但操作时间长，试剂毒性需考虑。

⑪生物酶解法：采用生物酶分解微藻细胞壁。较温和环境下处理微藻细胞，不产生大量的热量，减少类胡萝卜素降解，但是耗时较长，引入其他物质，增加产物分离与提纯难度。

⑫微生物发酵法：微生物发酵过程中产生破坏微藻细胞壁的生物酶，将两者共同培养，使微藻细胞降解。成本比生物酶解法低，但耗时较长。

还有将湿藻泥用浆磨方法处理，干藻粉利用机械挤压和超音速气流对撞进行破壁的方法，但破壁效率不一，涉及能耗、产热等不利因素。

在规模化生产中，常见的工艺为湿藻泥破壁，而后干燥，再进行提取。因虾青素超强的抗氧化性，生产操作中需要尽可能地采用缩短时间、隔绝氧气、减少高温处理等措施，高压均质和薄片干燥的方法最为适宜（如以色列Algatech公司即利用薄片干燥的方法）。

雨生红球藻虾青素的溶剂浸渍提取与盐藻β-胡萝卜素提取有较大的类似度，均为利用有机溶剂进行萃取，研究和生产中使用的溶剂有二氯甲烷、三氯甲烷、丙酮、乙酸乙酯及甲醇、无水乙醇及甲醇、植物油，不同的溶剂对虾青素的得率均有影响，也包括了对产物中其他组分（如叶绿素）含量的影响。如李婷等的研究发现乙酸乙酯提取物中叶绿素含量最低，但同时虾青素提取量也较低，利用三氯甲烷时虾青素和叶绿素的提取率都高，二氯甲烷提取则虾青素含量高，叶绿素含量低。考虑到溶剂的安全性等要求，在规模化生产中，最为常用的是乙醇或丙酮，一般在室温下、密封、暗处进行，低于40℃下真空浓缩，避免虾青素的降解。

微波、超声、超高压等辅助手段具有提高虾青素得率的效果。赵晓燕等（2014）研究显示变频微波辅助混合有机溶剂萃取可快速提高雨生红球藻中虾青素提取率。采用超声辅助的方法，虾青素的提取率优于一般的水浴回流法（齐计英等，2015）。

郭文晶等（2008）的研究发现，利用超高压技术，设定压力300 MPa，保压时间1 s，提取溶剂为体积比1∶1的乙酸乙酯和乙醇混合溶剂，提取2次，液固比分别为100 mL/g和50 mL/g，在此工艺条件下，雨生红球藻中虾青素转移率可达到98%。超高压法没有使雨生红球藻破壁，但却提高了虾青素转移率，缩短了提取时间。

有研究利用超临界CO_2萃取方法建立了从雨生红球藻中提取虾青素的工艺，利用超音速气流破壁法获得破壁雨生红球藻干粉（虾青素含量2.44%）。破壁时添加二氧化硅作为拮抗剂，以提高物料流动性；而后利用羟丙基甲基纤维素（HPMC）和70%乙醇/水溶液进行湿法制粒，利用无水乙醇和亚油酸乙酯作为夹带剂，在特定的粒度、压力、二氧化碳流速、温度等条件下，提取物中虾青素含量可达28.5%，提取率达到66%以上（吴健，2011）。

因虾青素超强的抗氧化性，传统的溶剂萃取法容易造成虾青素被氧化而影响产物活性，而利用超临界方法，低温可以避免虾青素的降解，又可以有效地提取虾青素，目前规模化雨生红球藻虾青素提取中，超临界方法已经占据主流。

皂化工艺在前文已有叙述，除了皂化工艺，还有其他几种纯化虾青素产物的方法（武一琛等，2014）。

HPLC和逆流色谱法用于精制，可以得到高纯度的虾青素（90%以上），但不适用于大批量生产。

规模化生产中，可采用的纯化方法为柱层析法，层析柱中的固定相有硅胶、聚酰胺等。硅胶能吸附像虾青素等有极性的组分，而不吸附脂肪、番茄红色素等非极性组分。非极性溶剂系统聚酰胺可适用于虾青素这类属于极性不太高的类萜化合物和酮式类胡萝卜素。以硅胶作为固定相的层析柱，流动相为极性与非极性的混合溶剂,如采用正己烷和丙酮作为流动相,先用正己烷冲洗出如β-胡萝卜素、脂肪和其他一些类胡萝卜素等,再利用不同比例的正己烷和丙酮混合溶剂将吸附强弱不同的组分洗脱下来。

继续利用重结晶的方法进一步提高柱层析得到的产物中虾青素纯度。如正己烷溶解浓缩液,重结晶得到的产品中虾青素含量不会很高。氯仿溶解浓缩液,由于虾青素在氯仿中溶解度非常大,故重结晶得到的产品纯度很高,但是回收率低;浓缩物用少量吡啶溶解,缓慢加水,结晶出虾青素,纯度几乎为100%,但是产品中残留的少量吡啶不易去除,使产品非常难闻(杨磊等,2010)。

(3)岩藻黄素提取与纯化:岩藻黄素也是一种脂溶性的类胡萝卜素,目前的规模化生产常以大型褐藻海带为原料进行提取,在微藻中,硅藻和金藻类的岩藻黄素的含量远高于各类大型褐藻,但由于食品安全认证等法规的限制,目前除了科研需求,利用微藻生产岩藻黄素尚未进入商业化阶段,从硅藻或金藻类中提取岩藻黄素的工艺尚处于研究阶段。

硅藻具有硅质外壳,脆性大,破壁难度很低;金藻无细胞壁,省却了细胞破壁的工艺。

岩藻黄素提取原理几乎与β-胡萝卜素和虾青素相同。有机溶剂萃取时常用的溶剂包括甲醇、乙醇、丙酮、乙醚、石油醚、二甲基亚砜等,单独使用,或是由多种有机溶剂按一定比例混合进行提取(陈文佳等,2011)。

超临界二氧化碳技术也同样可应用于微藻岩藻黄素提取。李振等的研究发现,硅藻金色奥杜藻中,色素的萃取率与压强、温度、夹带剂含量以及萃取时间呈正相关,夹带剂含量对萃取率影响最大,CO_2流速的影响最小;与有机溶剂法相比,超临界CO_2萃取岩藻黄素效率略低,但更利于岩藻黄素的选择性萃取及分离提纯(李振等,2012)。

初步纯化可利用皂化方法,使用氢氧化钾等碱溶液。进一步纯化可采用硅胶柱层析,常用的溶剂包括甲醇、乙醇、丙酮、氯仿、正己烷等,这些有机溶剂通过调节配比以及洗脱顺序,从而可达到分离纯化岩藻黄素的目的(李红艳等,2020)。高效液相色谱法可用于高纯度实验剂量产品的制备。

（4）多不饱和脂肪酸的提取：多不饱和脂肪酸的种类较多，常见的如我们所熟知的 EPA 和 DHA 等，以及花生四烯酸（AA）。以微藻为原料，实现规模化生产的 PUFA 仅见发酵培养裂壶藻（破囊壶菌 *Schizochytrium* sp.）、寇氏隐甲藻（*Crypthecodinium cohnii*）或吾肯氏壶藻（*Ulkenia amoeboida*）。从中提取 DHA，涉及破壁、提取、纯化/精制等几个步骤。

细胞破壁工艺以破囊壶菌为例，由于破囊壶菌的油脂主要存在于由细胞壁所包裹的破囊壶菌菌体细胞内（吴海龙等，2016），难分离出来，所以需要在油脂提取前对其进行破壁处理。常用的细胞破壁方法已在前文有所叙述。因为脂肪酸的稳定性相对类胡萝卜素要高，可采用的细胞破壁法较多，如超声破碎、微波等发热的工艺均可采用，并有提升得率的作用。如吴克刚等（2002）对超声波破碎破囊壶菌细胞进行了研究，结果表明，超声波可以有效破碎破囊壶菌细胞，使脂质得率提高 60%。

在完成细胞破壁处理后，需要将油脂提取出来。常见的方法或技术有溶剂提取法、直接酯化法、直接皂化法和超临界流体萃取法等。

溶剂提取法的原理是利用能溶解脂肪酸的有机溶剂，通过湿润、渗透、分子扩散和对流扩散等作用，将脂肪酸提取出来的方法。按操作形式可分为浸提法、搅拌热回流法和索氏提取法等。溶剂提取法的优点是出油率高、可在低温下进行、动力消耗小、易实现大规模和自动化生产，缺点是溶剂有易燃性和毒性，且油脂中会有溶剂残留。溶剂萃取法的关键是选出合适的溶剂。实验室常用的溶剂有氯仿、石油醚、丙酮、己烷、甲醇和乙醇，也可使用混合溶剂，如氯仿－甲醇－水（马建设等，2009；周冉等，2012）。

直接酯化法是指原料与酯化试剂（乙酰氯或三氟化硼的醇溶液）进行酯交换，该方法的优点是提取率高，缺点是酯化试剂毒性较大。Lee Chang 等（2014）用直接酯化法提取破囊壶菌中的 DHA，DHA 含量达到了 57.4%（干重）。

直接皂化法是指原料与醇碱溶液（KOH 与 CH_3OH 或 C_2H_5OH）反应后提取，该方法快速简便。Burja et al.（2007）用直接皂化法提取破囊壶菌中的油脂，油脂提取率达到了 69.7%。

超临界流体萃取法的技术特点前文已有描述，特点是提取完成后溶剂与产品自动分离，最常用的超临界二氧化碳萃取法能有效分离碳数差别较大的脂肪酸，但要把碳原子数相近的脂肪酸分开，必须结合其他分离技术。适当添加夹带剂能提高溶剂的萃取能力，降低操作压力和成本，但夹带剂的添加也会带来一些问题。Nilsson 等（1992）发现，若添加乙醇作为夹带剂，在增大脂肪酸溶解度的同时也会降低选择性。该技术不需要使用有机溶剂，萃取速度快，DHA 提取率高，不影响萃取物的有效成分，适合生产 DHA 产品，但成本较高。Tang 等（2011）采用超临界 CO_2 萃取法提取裂壶藻 *S. Limacinum* 中的 DHA，在 35 MPa、40℃、95% 乙醇为夹带剂的最佳条件下，油脂提取率达到干重的 33.9%，其中的 DHA 含量达到了 27.5%。

将微藻的油脂提取出后，需要对 DHA 进行纯化，进一步提高纯度。目前常用的纯化方法包括低温结晶法、银离子络合法、分子蒸馏法、尿素包合法、脂肪酶催化反应法和超临界 CO_2 精馏法等。

低温结晶法利用双键数不同的脂肪酸在有机溶剂中溶解度的差异进行分离纯化，而这种差异在低温下更显著。该法操作简单方便，但产率较低，需使用大量有机溶剂，且溶剂会有残留，故常作为预浓缩方法与其他方法配合使用（罗庆华等，2005）。

银离子络合法是按脂肪酸碳双键数目的差异分离各组分。研究表明（邱榕等，1998），当不饱和脂肪酸的碳数与其所含的双键数的比值小于等于 6 时，络合反应才可能进行，对于饱和、单不饱和脂肪酸，比值肯定大于 6。这种方法的优点是提纯度高，但由于硝酸银价格昂贵，且硝酸银的大量回收问题尚未解决，所以目前只停留在实验室阶段。

分子蒸馏法利用不同脂肪酸分子运动的平均自由程的差异，在极高的真空度下，使液体在远低于沸点的温度下进行分离。在一定的温度和压力条件下，饱和、单不饱和脂肪酸分子由于运动的平均自由程大，首先蒸出；不饱和脂肪酸的分子运动的平均自由程短，最后蒸出（葛毅强等，1998）。通过多级蒸馏，便可有效地分离不同组分，获得高纯度的 DHA（张相年等，1999）。分子蒸馏法是目前工业生产高纯度 EPA 和 DHA 最常用的方法之一，但提纯度只有 50%~60%（操丽丽等，2015）。此外，分子蒸馏法能耗高，且不能有效分离分子量相近的组分（傅红，裘爱泳，2002）。

尿素包合法主要是基于不饱和程度和碳链长度分离脂肪酸，通常在有机溶剂中进行，如甲醇或乙醇，不宜使用能与尿素相结合的溶剂，如丙酮。尿素包合法的缺点在于难以分开双键数相近的脂肪酸，而且得到的产物需要进一步纯化。尿素包合过程的主要影响因素包括：尿素与脂肪酸的质量比、结晶温度。尿素的质量分数越高，除去的饱和、低不饱和脂肪酸就越多，但会导致一部分不饱和脂肪酸的损失（陈徉等，2016）。温度越低，越易形成尿素结合物，但也会导致一些不饱和脂肪酸与尿素结合。Tang 等（2011）用尿素包合法富集裂壶藻中的 DHA，在 2∶1 尿脂比、-10℃结晶温度和 8 h 结晶时间的最佳条件下，DHA 纯度从 29.7% 提高到了 60.4%，富集率为 60.6%。

酶法的优点是催化效率高、用量少、反应条件温和、DHA 结构不易变化、能重复利用，缺点是不能直接得到产品，需要反应后将目标产物分离出来。脂肪酶催化反应法富集 DHA 的关键在于找到合适的脂肪酶。酶法主要包括：酶选择性水解法、酶选择性酯化法和酶选择性酯交换法。酶选择性水解法和酶选择性酯交换法得到的甘油酯中 EPA 和 DHA 的含量一般不超过 50%，并且 EPA 和 DHA 是混合在一起的，要获得高纯度的 DHA 产品，酶选择性酯化法是一条有效途径（Sen & Kahveci，2020）。

高效液相色谱法应用于小量制备高纯度 DHA。不同双键数和碳数的脂肪酸具有不同极性，从而导致其在固定相和流动相之间分配系数存在差异，高效液相色谱法（HPLC）利用分配系数的差异分离脂肪酸，可分为银离子高效液相色谱法（Ag-HPLC）和反相高效液相色谱法（RP-HPLC）。高效液相色谱法分离脂肪酸时常用的流动相为甲醇-水或乙腈-水。HPLC 法具有回收率高、灵敏度高、纯化过程条件温和等优点，是获得高纯度 DHA 最有效的方法。Yamamura 等（1997）使用工业高效液相色谱法（HPLC）从裂壶藻油脂中提取 DHA，流动相为甲醇/水（体积比 98∶2），得到了纯度超过 99% 的 DHA 乙酯。

超临界 CO_2 萃取精馏技术是分离富集多不饱和脂肪酸的一种新方法，它利用各组分因碳数不同而在 CO_2 中溶解度不同而进行分离。当温度和压力变化时，CO_2 的溶解能力会随之发生变化。选择使多不饱和脂肪酸具有高溶解度的温度和压力进行萃取，然后在精馏柱中改变温度和压力，形成较低压力和一定精馏梯度的环境，改变 CO_2 的溶解能力，从而使不同的组分得以分开，使多不饱和脂肪酸得到富集（刘程惠等，2010）。

依靠单一的方法较难获得高纯度 DHA 产品，实际应用中可以根据需要，将多种方法结合起来，通过建立合理的工艺路线，降低成本，制备出高纯度 DHA 产品。孙兆敏等（2014）以裂壶藻干粉为原料，将酶选择性酯交换法与分子蒸馏联用，得到了 DHA 含量高于 80% 的 DHA 乙酯产品。

2. 微藻水溶性产物

微藻中的水溶性产物因种而异，如螺旋藻中以藻蓝蛋白为标志性活性物质，小球藻以水溶性物质小球藻生长因子为标志性活性物质，紫球藻则以多糖而著名。

本章节仅叙述螺旋藻藻蓝蛋白、小球藻生长因子和紫球藻多糖等物质的提取工艺，简要介绍各类水溶性产物的提取工艺和技术思路。

（1）**螺旋藻藻蓝蛋白**：藻蓝蛋白的提取工艺包括细胞破碎（粗提）、初步分离纯化、纯化、干燥 4 个环节。

在细胞破碎阶段，首要考虑的是采用湿藻（鲜藻）还是干藻作为提取原料。目前产业化生产中的干燥粉均采用喷雾干燥获得。正常培养的螺旋藻湿藻的藻蓝蛋白含量可达 12%~15%，经培养条件控制、定向诱导后，含量可达 15%~25% 的水平。干燥后的藻粉中藻蓝蛋白含量由于高温破坏，一般在 3%~7%，最高为 10%~12%。因此，从目标产物的得率和单位成本考虑，显而易见，湿藻比干藻具有优势。为了便于湿藻提取，减少运输和储存的成本，藻蓝蛋白提取车间与螺旋藻养殖基地耦合应该是优先考虑的产业化生产策略。

藻蓝蛋白提取中破碎藻细胞的方法有很多选择，既包括重复冻融、超声破碎、渗透压刺激等物理方法，也包括酸碱处理、去污剂处理和酶解等方法。重复冻融和渗透压刺激是目前产业中用得比较多的方法，但存在处理时间长、藻蓝蛋白溶出效率低、能耗高的缺点，其中冻融尤为明显。渗透压刺激方法多采用磷酸缓冲液、氯化钠或多种无机盐的组合，通过渗透压变化促进细胞裂解，可以在常温下操作，但时间不能太长，否则会导致提取物微生物滋生和变质。酶解方法是破壁细胞最为理想的方法，螺旋藻为革兰阴性菌，理论上适宜用溶菌酶破壁，然而，从现有文献看，螺旋藻的高效酶解破壁技术还未建立起来。

螺旋藻破壁后的水提混合物通过分离、去除细胞残渣，即可获得藻蓝蛋白的粗提物，完成破壁粗提过程。如何高效、低成本、干净地去除细胞残渣也是影响藻蓝蛋白提取成本的重要因素。由于螺旋藻破碎细胞过程中产生了大量细微甚至超微的细胞碎片，加之提取中的物料体积比较大，常规的渣液分离方法难以达到完全去渣的效果。虽然在实验室内可通过长时间或反复的高速离心实现良好的渣液分离，但在工业生产中，往往要通过过滤、离心、离心过滤甚至絮凝等多种方式的组合，才能达到预期的效果。

螺旋藻藻蓝蛋白的食品级、活性级和分析级的标准分别是0.7、3.9和4.0。随着原料培养处理及破壁提取的方法等条件的不同，藻蓝蛋白的粗提取的纯度在0.2~0.9之间波动，因此，该食品级藻蓝蛋白的标准并不绝对可靠。对粗提物来说，即使达到0.7以上，也要经初步分离纯化，才能达到食品级的要求，这一标准只能作为粗略判断的参考。用于医药或分析诊断用的高纯度藻蓝蛋白的制备，粗提物先要初步分离纯化，部分去除杂蛋白、多糖及核酸等大分子水溶性及小分子水溶性物质，常采用的初步分离纯化方法包括硫酸铵盐析、透析、超滤、吸附等方法。硫酸铵盐析、透析方法为生产蛋白与酶制品的经典工艺，但由于药品用量大、需低温操作且操作周期长，加之大量硫酸铵溶液必须回收处理，要增加额外的工序和成本，已不是食用级藻蓝蛋白制备的最优方案，通过超滤或选择性吸附的初步分离策略将更为可行。藻蓝蛋白粗提取经过简易、合理的初步分离和纯化，纯度（$A_{620\,nm}/A_{280\,nm}$）达到1.5甚至2以上，可以满足食品级制品的要求，如天然色素和功能食品的开发。

为了获得高纯度的藻蓝蛋白制剂，满足分析级纯度要求（$A_{620\,nm}/A_{280\,nm}$ ≥ 4.0），经初步分离纯化的藻蓝蛋白提取物需要进一步纯化。传统的高纯度藻蓝蛋白的制备纯化工艺有离子交换层析、凝胶过滤层析（又称分子筛层析或分子排阻层析）、吸附层析及羟基磷灰石层析等不同的方法。硅藻土层析、DEAE-纤维素阴离子交换层析、Sephacryl S-200 凝胶层析和羟基磷灰石柱层析对藻蓝蛋白均能达到较好的纯化效果，得到纯度（$A_{620\,nm}/A_{280\,nm}$）4.0 以上纯品。采用 DEAE-Sepharose FastFlow 结合羟基磷灰石柱层析法的组合纯化方法，纯度（$A_{620\,nm}/A_{280\,nm}$）达到 7.25。层析纯化的主要问题是，一方面纯化过程必须与硫酸铵盐析相结合，透析处理时间长，高浓度硫酸铵易导致部分藻蓝蛋白变性，另一方面通常要结合采用两种以上的层析技术才能达到纯化要求，步骤复杂、产率低、不适合规模化生产。

藻蓝蛋白的双水相萃取纯化工艺是一种高效、低成本、易放大生产的纯化藻蓝蛋白的新方法（Rito-Palomares et al.，2001；付丽丽等，2016；Kuddus et al.，2013）。双水相体系由两种聚合物或者一种聚合物和无机盐的溶液体系形成，自然分层为互不相容的两相，目标产物粗提物加入双水相体系后，由于在两相间的分配系数不同而实现分离。常见的双相体系有聚乙二醇（PEG）/硫酸钠体系、PEG/酒石酸钾钠体系、PEG/硫酸铵体系、PEG/硫酸镁-氯化钾体系等，可对藻蓝蛋白进行良好的分离和纯化。双水相萃取纯化具有回收率高、节省操作时间、简化操作过程、降低能耗和成本及易于工艺放大等优点。但纯化程度有限，单次或单一体系处理纯化后难以达到试剂纯的要求，单批次双水相萃取工艺更适宜藻蓝蛋白粗提物的初步分离纯化或食品级产品的制备。尽管如此，通过多次萃取或与离子交换层析组合使用，可以达到试剂纯的要求，最高纯度可达 6.69。双水相萃取纯化工艺的最大问题是在双水相工艺中，PEG 易于结合藻蓝蛋白，难以将藻蓝蛋白从中分离，影响产品性能和应用（王巍杰，徐长波，2010；Soni et al.，2008）。

对于高纯度藻蓝蛋白的制备工艺，宜采取多种分离纯化技术相结合的方式，通过综合考虑纯化效果、回收率、成本、工艺放大难易以及安全性等商业化技术因素，确定最佳的产业化技术方案。相关策略已有广泛深入的研究报道（付丽丽等，2016；Kuddus et al.，2013）。

藻蓝蛋白制备工艺的最后环节为干燥。由于藻蓝蛋白具有色素和蛋白的双重特性，因此温度稳定性极差。冷冻干燥是藻蓝蛋白干燥的最佳方式，但成本极高，仅适宜高纯度、医用试剂级产品的生产，难以满足食用天然色素、营养食品、功能保健品和药用制品等大宗消费品的应用需求。目前，食用天然色素藻蓝蛋白的干燥工艺已基本解决，主要是添加可食用的小分子糖类、无机盐和有机酸等成分，提高干燥过程中的稳定性，可以有效耐受喷雾干燥过程180℃左右的高温而保持稳定。藻蓝蛋白天然食用色素产品中加入了30%~50%的稳定剂成分，由于食用量十分有限，是可以接受的。大量食用的营养保健品、口服药品，若考虑产品的纯度、含量、活性、味道以及安全性等诸多因素，干燥工艺特别是稳定剂配方，还有很大的优化空间。

（2）小球藻生长因子（CGF）：1957年，Fujimaki教授在加热后的小球藻细胞悬液中提取到一种水溶性生物活性物质，由于该物质能够显著促进细胞生长，因此被命名为"小球藻生长因子——CGF（chlorella growth factor）"（Bewicke，1984；郝宗娣等，2010）。小球藻CGF对高血糖、高血压以及重金属中毒患者的身体状况具有显著改善作用，在国内外被开发为保健食品，以饮料或胶囊等形式出现（庄秀园等，2015）。

小球藻CGF的主要功能成分至今不明确，为一种混合物，其中含有蛋白质、氨基酸、多糖、核苷酸、多肽、维生素和微量元素等多种物质（胡开辉，周山勇，2005）。该物质实际为小球藻胞内水溶性物质的综和，属于无标准混合物，因此目前该物质的提取方法也不尽相同。小球藻CGF一般采用热水进行提取。但不同团队所采用的提取条件差异极大。如提取温度，低的采用80℃，高的可达200℃；提取时间也从15 min到5 h不等。此外，提取原料的处理方式也存在差异。不少研究者直接用藻粉进行提取，也有专利和科研报道提到，事先将藻粉经过超声、碾磨、冻融、酶解或者高压等预处理，如藻粉经历了温水浸泡、果胶酶-纤维素酶破壁等预处理（韩士群，2004）。东莞市绿安奇生物工程有限公司在将浓缩藻液置于压力破壁器后，采用加压后骤然减压的方法，使藻细胞壁破裂（汤永强等，2007），Song 等（2012）则于 121 ℃高压萃取 15 min。

小球藻 CGF 的获得相对比较简单，以上工艺处理后的破碎细胞悬浮物通过离心或过滤，弃去固体，将水溶液进行旋蒸或减压浓缩获得浓缩液后，进行喷雾干燥或真空冷冻干燥，即可获得干粉。但是必须指出的是，该产品无特定标准，部分厂商依据产品中蛋白（氨基酸）或核酸含量对产品进行评价，也不属于规范的评价方法。目前国内已经开始小球藻 CGF 小量商业化生产，主要应用于食品开发。

（3）紫球藻多糖：紫球藻细胞外包围着一层黏质鞘（细胞分泌出来的水溶性黏多糖），即紫球藻胞外多糖。它是一种典型的磺酸化多糖，含量高达细胞干重的 50% 以上，磺酸基取代度约 7%（1%～9%），其中含有葡萄糖醛酸（9%）、木糖、半乳糖、葡萄糖，以及极少量的甲基化糖、甘露糖、阿拉伯糖、核糖，组成比例可能随培养条件、紫球藻种不同而有所差异。紫球藻胞外多糖分子量巨大（平均分子量 200 万～700 万），带有大量负电荷。此外，它还共价链接有 5% 的蛋白质，是典型蛋白多糖。胞外多糖对紫球藻细胞的生理学功能表现为提供机械支撑、生物识别、离子交换性能和细胞保护功能。

含有硫酸酯基团的紫球藻多糖有好的抗病毒活性，如单纯疱疹病毒和水痘病毒，但无细胞毒作用（Fabregas et al.，1999；Huheihel et al.，2002）。同时还有抗肿瘤、降血脂、降胆固醇作用，以及抗辐射、抗菌作用（Dvir et al.，2000；顾宁琰，刘宇峰，2002）。

多糖的结构组成复杂，在自然界存在的多糖很少有单一的成分，利用常规手段分离到的多糖基本上都是多糖的混合物，其中包括各种生物大分子的混合、不同性质多糖（中性多糖、酸性多糖、杂多糖）的混合以及不同分子大小、不同糖苷键构成的多糖的混合。

多糖一般难溶于冷水，在热水和碱液中可溶。不溶于丙酮、乙醇、正丁醇、乙醚、醋酸乙酯等有机溶剂；热不稳定，当温度大于 40 ℃时，分解加快；

pH 小于 5 时多糖开始降解，小于 3 时有 20% 的多糖降解，大于 7 时多糖氧化加快；多糖与硫酸蒽酮、硫酸苯酚反应呈阳性，常用于定量分析；可与部分有机、无机离子络合，如与十六烷基三甲基溴化铵（CTAB）、氢氧化钡等结合沉淀（叶勇，2001）。

多糖的分离纯化过程一般应包括提取、除杂和纯化等基本步骤，提取多糖的具体方法根据多糖结构和性质的不同而略有差别（Falch et al.，2000）。

3. 多糖提取方法

多糖是极性大分子化合物，大多采用不同温度的水、稀碱溶液以及酶法来提取。主要有以下几种方法：

（1）热水提取：温度控制在 50～100℃，搅拌 2～6 h，反复提取 2～4 次。

（2）稀酸提取：如 1% 醋酸、1% 盐酸，时间宜短，温度最好不高于 50℃。

（3）稀碱提取：0.1～1 mol/L 氢氧化钠、氢氧化钾，为防止多糖降解，常通入氮气或加入硼氢化钠或硼氢化钾。

（4）稀盐提取：用 0.1～1 mol/L 氯化钠水溶液可提取含有糖醛酸或硫酸基团的多糖（李敏，2007）。

（5）酶法提取：对于蛋白多糖，可利用加酶提取法提取多糖，如在提取液中加入果胶酶等单酶或双酶，或者用复合酶法，在水溶液中先加入中性蛋白酶、果胶酶和纤维素酶酶解后提取多糖。复合酶－热水浸提相结合的方法具有条件温和、杂质易除和提高得率等优点（肖锡湘，上官新晨，2006）。

（6）超声波辅助提取：最主要机理是超声产生的空化效应。另外，超声波的许多次级效应如热效应、溶化、扩散、击碎、化学效应、生物效应、凝聚效应等也能加速植物多糖在溶剂中的扩散释放，促进植物多糖与溶剂混合，有利于提取（张桂，赵国群，2005）。

（7）微波辅助提取：与传统水提法相比，微波提取克服了物料易凝聚、易焦化的缺陷。稀酸、稀碱提取液应迅速中和或迅速透析，浓缩与醇析而获得多糖沉淀。

不过，酸碱提取易破坏多糖的立体结构及活性，应尽量避免在酸碱性条件下提取。

4. 多糖纯化方法

采用前述常规提取方法提取的多糖，通常是多糖的混合物，表现在化学组成、聚合度、分子形状等分布不均一，需要进一步纯化。多糖的纯化就是指将粗多糖中的杂质去除而获得单一的多糖组分。一般是先脱除非多糖组分，再对多糖组分进行分级。脱除非多糖组分则一般是先脱除蛋白质后，再去除小分子杂质（李敏，2007）。

(1) 多糖与非糖物质的分离：多糖与非糖物质的分离指将多糖从低分子有机物、无机盐等成分分离，或是同蛋白质、酯类、木质素等其他高分子量物质中分离开来。通常包括除脂、除蛋白、脱色、醇沉等基本步骤。

除蛋白：一般选择那些使多糖不沉淀而使蛋白质沉淀的试剂来处理，常用的方法有 Sevag 法、三氟三氯乙烷法和 TCA 法。① Sevag 法：根据蛋白质在氯仿等有机溶剂中变性的特点，用氯仿-戊醇（正丁醇）作为蛋白沉淀试剂，事先利用蛋白酶降解蛋白效果更好；②三氟三氯乙烷法：将多糖溶液与三氟三氯乙烷混合，离心去蛋白，此法效率高，但三氟三氯乙烷易挥发，对工艺设备有要求；③三氯乙酸（TCA）法：利用 TAC 使蛋白变性絮凝或沉淀，但高浓度 TCA 会引起多糖的降解，反应时间不可太长。

脱脂：此步骤可以在提取之前进行。可选方法有：①用甲醇-氯仿、石油醚、丙酮等除去色素、脂肪酸等脂溶性成分后再进行提取；②用不溶于水的有机溶剂如氯仿对提取后的溶液进行萃取，以除去脂溶化物；③用碱性水解使脂类分解后再透析除去。

脱色：多糖中常含有一些色素（游离色素或结合色素），根据其不同性质取不同的方法。常用的脱色方法有：①离子交换法、氧化法、金属络合法、吸附法（纤维素、硅藻土、活性炭）；② H_2O_2 是一种氧化脱色剂，浓度不宜过高，且在低温下进行，否则引起多糖的降解；③对于同时含有游离蛋白质和色素的多糖，可通过生成金属络合物的方法，同时除去蛋白和色素，方法是加入费林试剂生成不溶性络合物，经分离后分解络合物；④离子交换树脂吸附脱色法也常用，如采用活性炭、硅藻土等脱色，还可以用大孔吸附树脂、DEAE—纤维素柱层析脱去色素，这个方法还可以使多糖混合组分初步分离。

醇沉：利用多糖不溶于高浓度的乙醇的性质，可用高浓度乙醇沉淀提纯多糖。

除低聚糖等小分子杂质：采用半透膜，通过逆向流水透析除去低聚糖等小分子杂质。

(2) 多糖组分的纯化：多糖组分可按分子大小和形状分级（如分级沉淀、超滤、分子筛层析等），也可按分子所带电荷性质分级（如电泳、离子交换层析等）。

分级沉淀：利用不同分子的分子大小和溶解度不同而分离，常用的有2种类型。①有机溶剂沉淀法，常用的沉淀剂有甲醇、乙醇和丙酮；②季铵盐、硫酸铅等法。另外，$Ba(OH)_2$、$Ca(OH)_2$ 等常用于酸性多糖的分级。

柱层析法：该法比较常用，可分两类：凝胶柱层析（Shi et al., 2007），如 Sephadex、Sepharose、Biogel 等，它们均是只具有分子筛作用；离子交换层析（宋燕，李云政，2001），这种分级不仅按电荷性质不同，同时也有分子筛的作用，如带负电荷的多糖可在阴离子型 DEAE-纤维素柱或 DEAE-Sephadex 柱上达到分级。这种离子交换树脂常用水、不同浓度和种类的缓冲溶液或酸碱液洗脱以分级。检测手段国内仍沿用经典的苯酚-硫酸法，国外用 LKB 柱层析系统，用比旋度、示差折光及紫外检测器，各组分的峰位自动记录，分离效果好且方便（谭周进，谢达平，2002）。还可以用亲和层析、高压液相层析对多糖组分进行分离纯化。选用不同规格的超滤膜和透析袋进行超滤和透析，以及一定条件下的超速离心操作，可按分子大小差异把多糖样品分级（何江川，韩永萍，2005）。此外，通过区带电泳按多糖的电荷性质不同进行分级，常用的有聚丙烯酰胺凝胶电泳、醋酸纤维素薄膜电泳（张惟杰，1997）。

以下为紫球藻多糖提取与纯化的两个实例：

夏海锋和姚善泾（2006）研究了一种紫球藻多糖小量提取方法。将取培养后的紫球藻藻液，直接沸水浴，过滤，旋转蒸发，浓缩至原来的一半左右，加入适量的无水乙醇醇沉，静置过夜。挑取絮状沉淀，用95%的乙醇洗涤，沉淀于原培养液体积的水中搅拌溶解，而后离心去除不溶物，再旋转蒸发浓缩，得均一清液。然后除蛋白，离心去沉淀，留下清液，加入酒精沉淀多糖，获得粗多糖；粗多糖再次溶于水，利用离子交换层析的方法进行纯化，将特定层析洗脱液利用乙醇沉淀多糖，洗涤后即得纯化的紫球藻多糖。

马翠华（2009）对紫球藻多糖提取进行了较为细致的研究。将新鲜藻液用超声波进行破碎，细胞破碎液用热水浴处理获得抽提液，经滤纸过滤后，将滤液真空浓缩，浓缩液脱蛋白，过滤去除沉淀，滤液用4倍体积95%乙醇静置24 h沉淀多糖，过滤获得滤饼，而后用与藻液同体积的水复溶，溶液经过透析，将透析液浓缩并冷冻干燥，获得粗多糖。其中料液比、提取时间、提取温度和提取液的pH对多糖提取率都有重要的影响。研究获得的紫球藻提取优化条件为料液比1∶4，提取温度84℃，提取时间2.1 h。提取液pH = 8，粗多糖提取率达到4.21 g/L。在脱蛋白工艺比较中，该研究发现TCA法除蛋白效率最高，重复两次即可使粗多糖中蛋白含量降至15%以内，多糖的得率也由于除蛋白操作次数的减少而增加，而且溶液中的色素随着蛋白沉淀而大量除去，有利于层析精制，是一种理想的紫球藻脱蛋白方法。紫球藻粗多糖经DE52纤维素离子交换柱及SepHacryl TM S-400凝胶过滤层析柱纯化得多糖精品PSP。经HPGPC、纸层析鉴定为均一组分，相对分子质量为261万。PSP为白色絮状固体，溶于水和DMSO，总糖含量为92.6%，硫酸基含量为11.4%。

5. 微藻"全藻利用"策略

微藻生物活性物质的工业制备与常规植物提取不同，比如物料性质，微藻为细微的粉末或浆状，可分散为单个细胞；目标产物含量通常大大高于含同类物质的其他原料；多数目标产物生物活性强，容易被氧化。这些特征给微藻产物制备带来的影响是双面性的，一方面可以节约物料粉碎的工艺，高含量的目

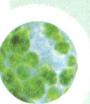

标产物可以大幅度提高提取的效率；另一方面，产物易被氧化或分解，要求提取过程中满足避氧、避光、低温等条件，而且要求提取的各个理化环节尽可能温和，因而提高了制备的难度。

现有的提取工艺，包括传统的水性和油性（脂溶性）可以通过改变具体的工艺参数或辅料，实现在微藻产物制备中的应用，同时超临界/亚临界、超声/微波辅助等新技术在微藻产物提取中的应用越来越普遍。

微藻与常规植物原料工业制备最大的区别在于，微藻全细胞可利用。现有的产业化微藻种类和许多潜在的产业化种类都可以细分出多种产物，除去水分、矿物质（包括微量元素），其余组分几乎均是高价物质。如螺旋藻含藻蓝蛋白及其他普通蛋白、藻油组分（色素及脂肪酸等）、多糖（可溶及胞壁多糖）；盐藻和雨生红球藻除了类胡萝卜素物质，还有蛋白和多糖；小球藻中营养组分齐全，叶绿素含量奇高。

但目前的提取产业中，工艺设定只针对某个标的产物，比如螺旋藻只提取藻蓝蛋白，雨生红球藻只提取虾青素，其他组分基本作为废料廉价处理甚至抛弃。这种现象背后存在的主要原因有两个：一个是提取生产的目标单一，不考虑其他成分的商业化开发，属于商业问题；另一个深层次的原因是技术问题，现有的提取技术或工艺设计，导致主要目标产物提取之后，剩余的藻渣或其他产物难以用于再次提取。例如，螺旋藻中粗蛋白含量达到60%或更高，藻蓝蛋白含量一般在10%左右，现有的几种藻蓝蛋白提取工艺，提取后剩余的藻渣中盐分高，给藻渣再次利用（如提取蛋白或者多糖）设置了很大的技术障碍。

定位微藻"全藻利用"的"分级提取-全组分开发"概念，是主要的发展方向，不局限单一技术环节，而通盘考虑整体工艺设置。例如，将小球藻水溶组分、脂肪酸及油溶类胡萝卜素、叶绿素、小球藻蛋白和小球藻多糖通过一个流水线工艺实现分离。又将螺旋藻藻蓝蛋白、藻油、普通蛋白及多糖实现分离，各部分提取的工艺及辅料不影响其他产物活性及提取。以此为出发点整合及改良现有技术，并对关键技术点进行攻关。

在具体工艺的研发方面，遵循的是工业设计的常规准则：安全第一、节约第二、效率第三。首先是安全性问题，包括生产安全、食品安全和环境安全等方面。减少或避免高温高压有毒有害的工艺环节，至少在设备的选择和设计上选择安全可控性较高的设备及配套工艺；应用或研发对环境无害的原辅料和工艺；应用对人无害的辅料；研发减少有害物质残留的工艺；应用或研发对目标产物无不利影响的原辅料和工艺；研发降低副产物的工艺（如类胡萝卜素在有机溶剂中的变构问题）；等等。其次要考虑的是成本问题，包括选择成本较低的原辅料，原辅料的可回收性，低能耗设备与低成本工艺研发，等等。最后考虑的是效率问题，即提高产物得率等具体的工艺研究。

目前实现产业化的微藻种类不过寥寥几种，相应的实现工业化制备的微藻产物也屈指可数。现有的品种如何挖潜，实现充分利用，是当前的主要任务。同时，微藻这一资源宝库中，无论是微藻种类还是产物种类都极为丰富，必要的技术储备也是先行之策。

6. 微藻进入健康产业的问题

首先，与陆地植物相比，微藻由于个体微小且培养环境对细胞形态的影响较大，分类特征不显著，基于传统形态分类的微藻种质容易产生混乱，最终导致新资源食品的认证和商业推广产生矛盾或混乱。相关问题涉及企业、藻类学专家和政府管理机构等多方面的沟通，而目前往往是脱节的，尤其在我国尤为严重，结果是导致市场产品的藻类种类名称混乱、安全性存疑、新产品进入市场难度极高，企业产品单一、技术水平低、重复严重。藻种的鉴定、定名规范、微藻产品安全性评价体系的模式、新产品获准后的保护和优惠政策等对微藻健康产业的发展至关重要。

其次，微藻种质资源的筛选评价体系问题。目前主要体现在筛选评价效率低，筛选评价理论存在不足，导致实验室评价与室外规模化培养的差距巨大，特别是生物质产率以及活性物质的含量与产量难以预测。

同时，微藻健康产品的加工技术也亟需创新发展。微藻细胞结构、活性物质理化特性与其他生物存在很大不同，必须建立适宜微藻产物高效制备、低成

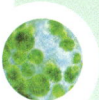

本、安全和稳定的微藻特色加工制备工艺。

经过30多年的快速发展，微藻健康产业技术及其产品应用已在全世界普及，虽然相对陆地植物的产业规模还相当微小，但现今发展速度、技术创新成果、人才队伍规模、涉及领域、应用范围、资源优势和发展潜力，或已预示微藻产业将有更大、更远甚至无法估量的发展空间。

在粮食、营养供给领域，由于培养成本高和消费习惯问题，微藻还无法形成对农业种植的有效替代，仅起到主粮和普通食物的"调味佐料"或者"添加剂"的效用。在医药保健领域，微藻制品正在加力发展，甚至已临近成为一些细分市场、细分领域的引领者或主导者，如天然蓝色素藻蓝、虾青素保健品和荧光免疫诊断试剂，因为这些制品或产物，微藻是最好的资源，相关领域的应用具有极高的附加值，陆地植物资源甚至包括其他水生植物资源都无法替代。

综上所述，可以据此粗略推演出我国微藻健康产业的未来20~30年的发展路线：

首先围绕微藻的资源特色和优势，加大微藻新资源、新产品和新用途的挖掘和开发，推动高附加值健康产业的发展，使微藻产业成为健康产业中相关细分市场的引领者和开拓者。

其次，进一步加大投入和技术创新，突破微藻培养加工中的成本、效率和质量问题"瓶颈"，通过产业链的延伸和集聚，培养国内乃至国际健康领域的领军企业和协同发展产业圈，使得高端微藻产品及其应用可以进入中低端、但规模成倍放大的市场。

最后，融合未来其他相关学科和相关产业的全新技术，融合微藻产业可延伸交汇的众多应用领域，进一步扩大微藻产能规模，大幅提高应用广度和深度，借助陆地资源与环境压力更趋近临界点的契机，借助未来人类组织模式、社会活动以及生活方式发生巨变的必然趋势，大幅提高产业总体规模，使得微藻健康产业的产能达到100万t级以上，甚至接近或达到大型海藻的产能。

根据现有微藻产业的发展经验和存在问题，实现微藻健康产业的长远发展目标需要重点采取以下技术策略。

（1）持之以恒地坚持藻种分离、筛选和选育，作为微藻产业发展的基石。挖掘开发类似螺旋藻、盐藻、小球藻适宜大规模养殖、富含高值化活性成分、适应能力强、易采收的新藻种，或者是类似雨生红球藻，虽然难以培养，但具有不可替代活性成分、市场需求空间大的新藻种。对可大规模培养的藻种进行选育，筛选进一步增强其优势特性、弥补其短板特性的品种，提高生产性能。

（2）大力发展绿色高效和低成本的养殖技术。开发新的培养模式、优化培养技术，大幅度提高生产效率；开发新型敌害生物和污染生物的防控技术，提高产品的食用安全性；开发低能耗、安全可靠的单细胞藻类采收新技术，降低能耗成本；发展水肥的长期循环利用技术，避免环境污染；提升养殖全过程实现自动化程度，降低人工成本。

（3）大力发展低成本、绿色友好的提取加工技术。结合微藻物料特性，开发或利用新技术、新装备、新工艺，重点突破细胞破壁萃取、残渣分离、产物纯化、稳定性保护、干燥等关键技术环节的短板问题。结合应用目标，耦合产品质量评价和生产关键工艺，定点定向优化提取制备工艺，提高技术的精准性。发展经济实用的废热、废气、废水、废渣循环利用或回收技术，特别是微藻残渣的全藻体加工或综合利用技术，实现绿色与增效节能的技术目标。

（4）加强微藻产物或产品的功效评估及其作用机制研究，摸清微藻特色活性物质的功效边界、功效强度及作用位点，为市场应用提供更多的选择空间，在此基础上，针对特殊人群精准开发个性化产品，实现功能性制品的精准投放、精准治疗。

（5）结合微藻的特色产物，开拓微藻的应用范围，加强微藻功能性产品在医药材料、免疫荧光诊断试剂、饲料抗生素替代、特殊营养食品和医用临床食品、极端环境营养保健品等应用领域的开发力度。

（6）结合现代生物学新知识、新技术，围绕微藻光合作用、细胞起源与演化、极端适应、碳流分配等重大或热点生命现象，不断探索微藻生命机制与内在本质，寻求新概念、新知识和新技术的突破，为撬动微藻产业的跨越发展提供更轻捷有效的知识杠杆。

总之，可以预期，微藻与人类健康息息相关，微藻健康制品附加值高，相关应用是微藻产业发展的重要推动力。涉及人类健康产业的微藻新物种资源、新产品和新技术的研发，以及相关技术和产品的规范化和商业化，是产业发展的永恒主题，也必将推动应用微藻学的发展与壮大。未来的微藻健康产业将成为整个健康产业的重要组成部分，或将进一步推动微藻对陆地农业、粮食资源实现一定比例的替代，协同促进微藻能源、减排技术的产业化进程。

参考文献

陈忠周，李艳梅，赵刚，等，2000. 共轭亚油酸的性质及合成［J］. 中国油脂，（05）：41-45.

杜佳溪，陈娇，韩伊杨，赵雨晴，魏志平，2020. 维生素 D 及其衍生物在银屑病发病机制和治疗中的作用［J］. 皮肤性病诊疗学杂志，27（01）：49-52+56.

杜宁，高天翔，缪锦来，等，2007. 4 种南极冰藻中抗紫外辐射活性化合物类菌胞素类氨基酸（MAAs）的初步研究［J］. 中国海洋药物，26（4）：5-10.

付婷婷，2015. 产多糖海洋微藻筛选、培养及其多糖提取与抗氧化性研究［D］. 南宁：广西大学.

郭金英，杜洁，李彤辉，等，2015. 发状念珠藻胞外多糖的抑菌与抗炎作用［J］. 食品科学，36（09）：190-193.

何一凡，2014. 皮肤营养物质－维生素［J］. 化工管理，（14）：4-6.

金青哲，2013. 功能性脂质［M］. 北京：中国轻工业出版社.

康凯，2006. 绿藻孔石莼中克生活性物质的分离与鉴定［D］. 青岛：中国海洋大学.

李冰心，李颖畅，励建荣，2012. 海藻多酚的提取及其生物活性研究进展［J］. 食品与发酵科技，48（05）：12-15+22.

李传茂，向琼彪，刘德海，等，2017. 海藻在功能性化妆品中的应用［J］. 广东化工，44（16）：157-159.

李九零，朱鹏，陈海敏，2015. 海藻中生物活性物质在药用化妆品中的研究进展［J］. 天然产物研究与开发，（27）：1979-1984.

林武杰，吴云辉，2013. 海洋微藻多不饱和脂肪酸研究进展［J］. 福建水产，35（1）：78-82.

刘龙军，魏东，梁晓芸，等，2006. 利用微藻生产特种天然类胡萝卜素的研究进展[J]. 海洋科学，30（9）：63-68.

刘蕊，朱希强，2013. 番茄红素的生理保健功能及应用研究进展[J]. 食品与药品，（5）：364-366.

刘晓娟，段舜山，李爱芬，2007. 利用微藻培养生产类胡萝卜素的研究进展[J]. 天然产物研究与开发，19（2）：333-337.

刘正文，钟萍，韩博平，2003. 铜绿微囊藻中的紫外保护物质类菌孢素氨基酸（MAAs）与水华形成机制探讨[J]. 湖泊科学，15：359-361.

牟春琳，郝晓华，刘鑫，等，2010. 类胡萝卜素细胞工厂——杜氏藻养殖研究进展[J]. 海洋科学进展，28（4）：554-562.

彭永健，吕红萍，张国英，等，2015. γ-亚麻酸的研究进展[C]. 中国食品添加剂和配料协会天然提取物专业委员会行业年会.

邱鹏程，王四旺，王剑波，等，2010. α-亚麻酸的资源研究及其应用前景[J]. 时珍国医国药，（3）：760-762.

任欣欣，姜昊，冷欣，等，2013. 蓝藻胞外多糖的生态学意义及其工业应用[J]. 生态学杂志，32（3）：762-771.

单小娥，张发宇，余金卫，等，2018. 高纯度别藻蓝蛋白提取纯化及光谱特征分析[J]. 生物化工，4（3）：37-39.

史晓丽，陈德富，陈喜文，2011. 利用微藻生产维生素E的研究现状与应用前景[J]. 生物学通报，46（6）：5-7.

宋晨萌，赵海峰，2020. 多酚类化合物防治阿尔茨海默病的机制[J]. 卫生研究，49（03）：523-526.

檀琮萍，秦松，2008. 类胡萝卜素代谢工程研究进展[J]. 食品与发酵工业，34（3）：120-125.

王飞飞，胡强，张成武，2017. 微藻中棕榈油酸的研究进展[J]. 天然产物研究与开发，29（7）：1240-1247.

王杰，张金荣，严小军，2017. 类菌孢素氨基酸的结构特征、分布、制备技术及生物活性研究进展[J]. 天然产物研究与开发，29（2）：337-348.

王耐勤，刘彤，赵雅丽，等，1990. β-胡萝卜素对皮肤光敏反应的对抗作用[J]. 中国药理学通报，（4）：260-263.

王兆梅，李琳，郭祀远，魏东，2004.生物活性多糖在化妆品中的应用[J].日用化学工业，(4)：245-248.

吴时敏，裘爱泳，吴谋成，2001.胎儿、婴幼儿的功能性多不饱和脂肪酸需求概况[J].中国乳品工业，29(3)：21-23.

向文洲，李涛，吴华莲，等，2014.海水螺旋藻产业发展战略研究[J].广西科学，21(6)：573-579.

肖素荣，李京东，2011.虾青素的特性及应用前景[J].中国食物与营养，17(5)：33-35.

徐远超，2019.紫球藻培养及合成藻红蛋白工艺研究[D].济南：齐鲁工业大学.

许颖颖，王晚晴，华威，等，2016.利用微藻提取类胡萝卜素方法研究进展[J].食品工业科技，37(3)：373-379.

杨朝霞，张丽，李朝阳，2005.花生四烯酸的营养保健功能[J].食品与药品，7(1)：69-71.

尹卓容，1996.γ—亚麻酸的生理功能，应用及资源开发[J].山东轻工业学院学报，10(3)：29-34.

臧帆，秦松，马丞博，李文军，林剑，2020.藻类特有的捕光色素蛋白——藻红蛋白的结构、功能及应用[J].科学通报，65(07)：565-576.

张春娥，张惠，刘楚怡，等，2010.亚油酸的研究进展[J].粮油加工，(5)：18-21.

张美如，许璞，朱建一，等，2006.藻胆蛋白的研究和应用[J].科学养鱼，(10)：76-77.

张英莲，2007.UV-B辐射对华南沿海常见赤潮藻类生长和类菌孢素氨基酸（MAAs）含量的影响[D].广州：华南师范大学.

赵大显，2004.微藻花生四烯酸的研究进展[J].水产科学，23(10)：42-44.

周孙林，2014.别藻蓝蛋白的生物合成及其稳定性研究[D].衡阳：南华大学.

朱圣庚，徐长法，2017.生物化学（上册）[M].北京：高等教育出版社，486-488.

左珊珊，林艳丽，张伟，2012.DHA与EPA的研究进展[J].中国生物制品学杂志，(11)：1558-1561.

左绍远，钱金栿，万顺康，等，2000.钝顶螺旋藻多糖降血糖调血脂实验研究.中国生化药物杂志，21(6)：289-291.

Agatonovic-Kustrin S, Morton D W, 2013. Cosmeceuticals derived from bioactive substances found in marine algae[J]. Oceanography, (1): 106-117.

Anding C, Brandt R D, Ourisson G, 1971. Sterol biosynthesis in *Euglena gracilis* Z. Sterol precursors in light-grown and dark-grown *Euglena gracilis Z.*［J］. European Journal of Biochemistry, 24(2): 259-63.

Ariede M B, Candido T M, Jacome A L M, et al., 2017. Cosmetic attributes of algae-A review［J］. Algal Research, 25: 483-487.

Ben-Amotz A, Mordhay A, 1990. The biotechnology of cultivating the halotolerant alga *Dunaliella*［J］. Trends in Biotechnology, 8: 121-126.

Cai Y, Luo Q, Sun M, et al., 2004. Antioxidant activity and phenolic compounds of 112 traditional Chinese medicinal plants associated with anticancer［J］. Life Sciences, 74(17): 2157-2184.

Chae S U, Im A-R, Hyun J W, Kang H K, Koh, Y S, 2019. Skin moisturizing composition containing phloroglucinol or salt thereof as effective ingredient［P］. WO2019088596.

Coba F D L, Aguilera J, Figueroa F L, et al., 2009. Antioxidant activity of mycosporine-likeamino acids isolated from three red macroalgae and one marine lichen［J］. Journal of Applied Phycology, 21: 161-169.

De Jesus Raposo M F, De Morais A M B, De Morais R M S C, 2015. Marine polysaccharides from algae with potential biomedical applications［J］. Marine Drugs, 13(5): 2967-3028.

Dunlap W C, Yamamoto Y, 1995. Small-molecule antioxidants in marine organisms: antioxidant activity of mycosporine-glycine［J］. Comparative Biochemistry and Physiology, 11: 105-114.

Edelmann M, Aalto S, Chamlagain B, et al., 2019. Riboflavin, niacin, folate and vitamin B12 in commercial microalgae powders［J］. Journal of Food Composition and Analysis, 82.

Fitton, J H, Dell'Acqua G, Gardiner V-A, Karpiniec S S, Stringer D N, Davis E, 2015. Topical benefits of two fucoidan-rich extracts from marine macroalgae［J］. Cosmetics, 2, 66-81.

Freile-Pelegrín Y, Robledo D, 2013. Bioactive phenolic compounds from algae［M］. Bioactive Compounds from Marine Foods: Plant and Animal Sources. John Wiley & Sons, Ltd.

Fuentes-Tristan S, Parra-Saldivar R, Iqbal H M N, et al., 2019. Bioinspired biomolecules: Mycosporine-like amino acids and scytonemin from *Lyngbya* sp. with UV-protection potentialities［J］. Journal of photochemistry and photobiology. B, Biology, 201: 111684.

Gateau H, Solymosi K, Marchand J, et al., 2016. Carotenoids of microalgae used in food industry and medicine［J］. Mini Reviews in Medicinal Chemistry, 16(999): 1140-1172.

Glazer A N, 1994. Phycobiliproteins-a family of valuable, widely used fluorophores［J］. Journal of Applied Phycology, 6(2): 105-112.

Goiris K, Muylaert K, Fraeye I, et al, 2012. Antioxidant potential of microalgae in relation to their phenolic and carotenoid content[J]. Journal of Applied Phycology, 24(6): 1477–1486.

Grossmann L, Hinrichs J, Weiss J, 2019. Cultivation and downstream processing of microalgae and cyanobacteria to generate protein-based technofunctional food ingredients [J]. Critical Reviews in Food Science & Nutrition, (45): 1–29.

Gudmundsdottir A B, Omarsdottir S, Brynjolfsdottir A, et al., 2015. Exopolysaccharides from *Cyanobacterium aponinum*, from the blue lagoon in Iceland increase IL-10 secretion by human dendritic cells and their ability to reduce the IL-17 + ROR γ t + /IL-10 + FoxP3$^+$, ratio in CD4$^+$, T cells[J]. Immunology Letters, 163(2): 157–162.

Jahan A, Ahmad I Z, Fatima N, et al., 2017. Algal bioactive compounds in the cosmeceutical industry: a review[J]. Phycologia, 56(4): 410–422.

Kamisaka Y, Kimura K, Uemura H, et al., 2015. Addition of methionine and low cultivation temperatures increase palmitoleic acid production by engineered *Saccharomyces cerevisiae* [J]. Applied Microbiology & Biotechnology, 99(1): 201–210.

Kang S-M, Heo S-J, Kim K-N, et al., 2012. Isolation and identification of new compound, 2,7″-phloroglucinol-6, 6′-bieckol from brown algae, *Ecklonia cava* and its antioxidant effect[J]. Journal of Functional Foods, 4(1): 158–166.

Kolouchová I, Sigler K, Schreiberová O, et al., 2015. New yeast-based approaches in production of palmitoleic acid[J]. Bioresource Technology, 192: 726–734.

Ljubic A, Jacobsen C, Holdt S L, et al., 2020. Microalgae *Nannochloropsis oceanica* as a future new natural source of vitamin D3[J]. Food Chemistry, 320: 126627.

Lordan S, Ross R P, Stanton C, 2011. Marine bioactives as functional food ingredients: potential to reduce the incidence of chronic diseases[J]. Marine Drugs, 9(6): 1056–1100.

Maoka T, 2011. Carotenoids in Marine Animals[J]. Marine Drugs, 9(2): 278–293.

Morone J, Alfeus A, Vasconcelos V, et al. 2019. Revealing the potential of cyanobacteria in cosmetics and cosmeceuticals- a new bioactive approach[J]. *Algal Research*, 41: 101 541.

Mourelle M L, Gómez C P, Legido J L, 2017. The potential use of marine microalgae and cyanobacteria in cosmetics and thalassotherapy[J]. Cosmetics, 4(46): 4040046.

Nakayama R, Tamura Y, Kikuzaki H, et al, 1999. Antioxidant effect of the constituents of susabinori (*Porphyra yezoensis*)[J].Journal Of The American Oil Chemists Society, 76:

649-653.

Niu J F, Wang G, Tseng C K, 2006. Method for large-scale isolation and purification of R-phycoerythrin from red alga *Polysiphonia urceolata* Grev [J]. Protein Expression and Purification, 49 (1): 23-31.

Pagels F, Guedes A C, Amaro H M, et al., 2019. Phycobiliproteins from cyanobacteria: Chemistry and biotechnological applications [J]. Biotechnology Advances.

Pandey K B, Rizvi S I, 2009. Plant polyphenols as dietary antioxidants in human health and disease [J]. Oxidative Medicine and Cellular Longevity, 2(5): 270-278.

Park Y K, Chung W S, Lee H, Jung S W, 2002. Whitening effect of cosmetics containing magnesium L-ascorbyl-2-phosphate (VC-PMG, vitamin C derivatives) assessed by colorimeter [J]. Annals of Dermatology, 14(2): 63-70.

Pereira J, Simes M, Silva J L, 2019. Microalgal assimilation of vitamin B_{12} toward the production of a superfood [J]. Journal of Food Biochemistry, 43(5749).

Raposo M F d J, De Morais R M S C, Bernardo de Morais A M M, 2013. Bioactivity and applications of sulphated polysaccharides from marine microalgae [J]. Marine Drugs, 11(1): 233-252.

Rastogi R P, Sinha R P, Incharoensakdi A, 2013. Partial characterization, UV-induction and photoprotective function of sunscreen pigment, scytonemin from *Rivularia* sp. HKAR-4 [J]. Chemosphere, 93(9): 1874-1878.

Rastogi R P, Sonani R R, Madamwar D, et al, 2016. Characterization and antioxidant functions of mycosporine-like amino acids in the cyanobacterium *Nostoc* sp. R76DM [J]. Algal Research, 16: 110-118.

Rastogi R P, Sonani R R, Madamwar D, 2015. Cyanobacterial sunscreen scytonemin: Role in photoprotection and biomedical research [J]. Applied Biochemistry and Biotechnology, 176(6): 1551-1563.

Rincón-Fontán M, Rodríguez-López L, Vecino X, et al, 2020. Potential application of a multifunctional biosurfactant extract obtained from corn as stabilizing agent of vitamin C in cosmetic formulations [J]. Sustainable Chemistry and Pharmacy, 16: 100248.

Sato N, Furuta T, Takeda T, et al, 2018. Antioxidant activity of proteins extracted from red alga dulse harvested in Japan [J]. Journal of Food Biochemistry, 43(2): e12709.

Scalbert A, Johnson I T, Saltmarsh M, 2005. Polyphenols: antioxidants and beyond[J]. The American Journal of Clinical Nutrition, 81(S1), 215S–217S.

Schmid D, Schürch C, Zülli F, 2006. Mycosporine-like amino acids from red algae protect against premature skin-aging[J]. Euro Cosmetics, 9: 1–4.

Shinde S, Kale A, Kulaga T, et al., 2015. Omega 7 rich compositions and methods of isolating omega 7 fatty acids[P].United States Patent 9200236.

Shiratori K, Ohgami K, Ilieva I, et al., 2005. Effects of fucoxanthin on lipopolysaccharide-induced inflammation in vitro and in vivo[J]. Experimental Eye Research, 81(4): 422–428.

Smaoui S, Hilima H B, 2013. Application of l-ascorbic acid and its derivatives (sodium ascorbyl phosphate and magnesium ascorbyl phosphate) in topical cosmetic formulations[J]. Journal of Chemical Society of Pakistan, 35(4): 1096–1102.

Spolaore P, Joannis-Cassan C, Duran E, et al., 2006. Commercial applications of microalgae[J]. Journal of Bioscience and Bioengineering, 101(2): 87–96.

Stutz, Schürch C, Schmid D, et al., 2010. Use of an extract from snow algae in cosmetic or dermatological formulations[P]. US Patent 8206721.

Tarento T D C, Mcclure D D, Vasiljevski E, et al., 2018. Microalgae as a source of vitamin K1[J]. Algal Research, 36: 77–87.

Wang H B, Wu S J, Liu D, 2014. Preparation of polysaccharides from cyanobacteria *Nostoc commune* and their antioxidant activities. Carbohydrate Polymers, 99: 553–555.

Wu B, Tseng C K, Xiang W, 1993. Large-scale Cultivation of *Spirulina* in seawater based culture medium[J]. Botanica Marina, 36: 99–102.

Wu L C, Lin Y Y, Yang S Y, et al., 2011. Antimelanogenic effect of c-phycocyanin through modulation of tyrosinase expression by upregulation of ERK and downregulation of p38 MAPK signaling pathways[J]. Journal of Biomedical Science, 18(1): 74.

Xia S, Gao B, Li A, et al., 2014. Preliminary characterization, antioxidant properties and production of chrysolaminarin from marine diatom *Odontella aurita*[J]. Marine Drugs, 12(9): 4883–4897.

Zolotareva E K, Mokrosnop V M, Stepanov S S, 2019. Polyphenol compounds of macroscopic and microscopic Algae[J]. International Journal on Algae, 21(1): 5–24.

第三节　微藻在化妆品工业中的应用

微藻是一类形体微小、通常在显微镜下才能辨别其形态的藻类总称。在自然界中，微藻是起源最早、分布最广、种类和数量最多的生物质资源。与大型藻类相比，它们具有细胞结构简单，生长周期短，繁殖速度快，光合效率高，环境适应性强，活性物质种类丰富的特性，被认为是生产化妆品的理想原料（Grossmann et al.，2019）。

独特多样的水生环境造就了微藻独特的生命成分和生物活性。例如，蛋白质、多糖、类胡萝卜素、维生素、氨基酸等微藻生物活性物质，都可作为化妆与护肤品中的功能因子。来源于藻类的产物与传统陆地植物成分或人工生化护肤品成分相比具有更天然、更安全、更有利于保护肌肤的优势。藻类提取物因其良好的生物相容性，确凿的润湿保湿功效以及显著的抗衰老、抗炎症、抗皱、祛痘、抗辐射以及抗氧化等生物活性而受到国内外化妆品行业的高度重视，并获得了国际权威机构的认证（Agatonovic-Kustrin et al.，2019）。

一、藻类功能性化妆品概述

目前，国际上化妆品的市场规模已达到 4 500 亿美元以上，绿色环保化妆品引领国际化妆品的发展趋势。藻类功效成分及其终端产品护肤品具有强劲的发展动力和广阔的成长空间，已形成了至少 400 亿美元的国际市场，并以年均 10% 以上速度快速增长。由于相关产品往往是站在行业的金字塔尖，众多的奢侈品牌开始采用藻类生物活性产物作为主要功效成分，并以藻类功能性化妆品作为市场发展的核心战略，成为带动化妆品市场持续发展的重要引擎（Mourelle et al.，2017）。

据美国 Allied Market Research 公司预计，至 2022 年全球美容市场年增幅为 4.3%，将达到 4 300 亿美元。就中国市场而言，本土品牌发展迅猛，市场增长率远高于日韩和欧美品牌，发展势头良好。根据英敏特全球新产品数据库（GNPD）公布的数据显示，2011—2015 年身体护理新产品中含有藻类成分的产品仅占 2% 左右，最常见的是褐藻和红藻提取物。虽然藻类提取物在化妆品，特别是辅助原料或添加剂领域应用前景良好，备受研发人员关注，但商业化的产品不多，丰富的藻类资源值得开发，基础研究成果转化率有待提高（Ariede et al.，2017）。

目前，大型海藻的种质资源已被充分挖掘，大型海藻主要固着生长在沿海近岸或海岛滩涂，主要包括绿藻门、褐藻门和红藻门的大型藻类，藻体大（肉眼可见），易于采集并获得样品，主要化学成分、化妆品功能已得到广泛研究并应用。许多不同的藻类或不同的海藻成分具有一定的同质性，如泡叶藻、掌状海带等海藻均是以褐藻酸（胶）为主要功能成分，褐藻胶、卡拉胶、绿藻（石莼）多糖等均有良好的保湿作用。此外，常见的大型海藻的养殖技术和加工技术也基本成熟，从近岸分布的大型海藻中获得具有知识产权保护的新型化妆品成分越来越困难。此外，由于过度开采和海洋环境的破坏，大型海藻的自然资源剧减，人工养殖和资源恢复面临诸多问题（李九零等，2015）。

据估计，地球上存活的微藻至少有 20 万种，广泛分布在大洋、近岸海域、荒漠等各种生境中。微藻化学多样性也十分丰富，含有蛋白质、多糖、类胡萝卜素、不饱和脂肪酸、甾醇、多酚、藻胆素等多种生物活性物质或天然产物。然而，实现大规模商业开发的微藻只有螺旋藻、雨生红球藻、小球藻、杜氏藻等，种类还不到十种，挖掘创新空间巨大，无疑是研发新型海藻化妆品的理想宝库。

正是在上述背景下，近年来，微藻的功能性化妆品研究得到了国际上的高度关注，形成了微藻化妆品开发热潮。Solazyme 公司从单细胞绿藻中发现了绿藻多糖酸这一新型化妆品成分，研究表明这种物质具有保护人体皮肤、紧肤锁体的功能。该公司已开始生产 Algenist 护肤品牌的抗衰老产品。这些产品目前在化妆品巨头 Sephora 的门店里出售，并很快风靡欧美国家，而且已大批量进入中国市场。国际日用消费品巨头联合利华则投资 Solazyme，开发微藻油护肤品等日用化工产品。为了取得市场上的竞争优势，开发高端、新型海洋微藻化妆品已成为国际上化妆品行业的时尚。除了 Sephora 和联合利华，雅诗兰黛、花王、REN、雅芳等其他多家国际顶尖化妆品公司或品牌，相继推出了以海洋微藻为主要成分和产品概念的产品，其中雅诗兰黛开发出了系列微藻化妆品，并专门推出海蓝之谜名牌，主打海洋微藻概念。我国一批本土企业也相继跟进这一潮流（Stutz et al.，2010）。

迄今，已有数十种微藻和（或）微藻活性成分加入化妆品配方中。据调查，已使用的微藻原料包括螺旋藻、小球藻、盐生杜氏藻、雨生红球藻、小球藻、三角褐指藻、席藻、紫球藻、假鱼腥藻、裸藻、中肋骨条藻、微拟球藻等种属的藻类，所涉及的成分主要包括 β-胡萝卜素、虾青素、藻蓝蛋白、多糖、类菌胞素氨基酸（MAAs）、伪枝藻素、岩藻黄素、水解蛋白、多肽等，加入的方式有水提取物、分离纯化产物、发酵及酶解产物、油脂、干藻粉等剂型。微藻及其活性物质已在面霜、眼霜、浴油、沐浴露、活性热泥、塑体霜和面膜等各种类型护肤美容及洗浴产品中实现终端应用。这些化妆品所针对的功能十分广泛，包括抗氧化、抗辐射、防晒、除皱、祛斑、塑体、抗衰老、促进胶原蛋白的形成、修复光滑皮肤、修复血管缺陷、抑制黑眼圈和色素斑形成（李传茂等，2017）。

预计微藻功能性化妆品将在未来 5~10 年内快速发展，市场前景十分广阔，并可望推动微藻健康产业及微藻应用研究进一步发展壮大。

二、可作为化妆品原料的微藻活性物质

1. 类胡萝卜素

类胡萝卜素（Carotenoids）是自然界中最常见的一类色素，可在藻类、绿色植物、细菌、真菌中合成。类胡萝卜素已发现有 750 余种，其中绝大多数

为 C_{40} 结构，是由 8 个类异戊二烯基本单位组成的萜类化合物。从商业角度看，β-胡萝卜素、虾青素、角黄素、玉米黄素、叶黄素等都是富有商业价值的类胡萝卜素（Gateau et al.，2016）。此外，岩藻黄素是一种特殊的类胡萝卜素，具有现实的实用价值及广阔的应用前景。研究表明，类胡萝卜素具有显著的抗氧化和抗炎作用，有助于皮肤光防护并抑制紫外线辐射诱导/介导的不利过程（Maoka，2011）。虾青素、β-胡萝卜素以及类胡萝卜素已经明确写进国际化妆品原料标准中文名称目录（2010年版）。

（1）β-胡萝卜素：β-胡萝卜素（β-carotene）是人类和动物合成维生素A至关重要的前体物质，也是一种抗氧化剂。皮肤光敏化实验发现，小鼠经光照后，仅使用光敏剂（HpD）10 mg/kg，耳根指数以及皮指数升高，经β-胡萝卜素与光敏剂（HpD）10 mg/kg处理后的小鼠，耳根指数以及皮指数都明显降低（王耐勤等，1990）。这表明高剂量的β-胡萝卜素能够减少人们对太阳的敏感度，尤其对那些由于暴晒太阳而引起的皮肤病有效。β-胡萝卜素的球状体作为"屏障"通过吸收过量的光（主要吸收蓝光），从而保护细胞免受高光照的伤害（Ben-Amotz et al.，1990）。利用β-胡萝卜素对蓝光辐射的吸收特性，从而达到改善色素沉着、调节生理节律、延缓皮肤衰老等对皮肤进行防护，因而在化妆品领域有巨大的应用潜力。β-胡萝卜素已经明确写进国际化妆品原料标准中文名称目录（2010年版）。安娜柏林、科颜氏、伊芙兰、伊索、帕玛氏、宠爱之名、RMK等品牌推出了含有β-胡萝卜素成分的眼霜、洁颜乳、面霜、唇膏粉底液和面膜等。

目前，应用于生产β-胡萝卜素的杜氏藻是 *Dunaliella salina* 和 *D. bardawil*，这两株藻均可积累较高含量的β-胡萝卜素，*D. salina* 的β-胡萝卜素含量占干重的 0.3%。*D. bardawil* 高达 8%。高光照、高盐、高pH、低温、营养限制等胁迫条件提高了β-胡萝卜素的合成，杜氏藻的β-胡萝卜素提高到干重的 12%。

（2）虾青素：虾青素（Astaxanthin）是微藻合成的一种重要非维生素A源的类胡萝卜素，呈紫红色，可作为天然色素，同时虾青素还具有极强的生物抗氧化性。有研究表明，其抗氧化性比β-胡萝卜素强 1.7 倍，比维生素E强 80

倍以上，被誉为超级维生素 E、超级抗氧化剂。虾青素可防止生物膜上不饱和脂肪酸被氧化损伤，能中和生物体内因特殊物质、能量的代谢所产生的超氧阴离子、羟基自由基和单线态氧，并清除细胞内活性氧，因而具有增强生物体免疫功能、抗击肿瘤发生、防止肌肤衰老等多种作用（刘晓娟等，2007）。同时，虾青素可以大量吸收紫外线（尤其是 UVA），能清除皮肤中 UV 诱导产生的活性氧，促进 UV 灼伤的修复，可保护真皮层，缓解 UV 对弹力蛋白和胶原蛋白的破坏，维持皮肤的正常代谢。此外，虾青素也具有减少皮肤细胞黑色素生成，抑制色素过度沉着、减少雀斑产生的功效。

微藻虾青素具有很高的安全性，体外研究未发现有任何诱变作用，人体服用雨生红球藻藻粉也无致病效应以及毒副作用，是作为化妆品原料的极佳选择。

虾青素作为新型化妆品原料，已写进国际化妆品原料标准中文名称目录（2010 年版），以其优良的特性广泛应用于膏霜、乳剂、唇用香脂等各类化妆品中，特别是在高级化妆品领域。包括雅诗兰黛、欧莱雅的 DermaE，高丝（KOSE）、芳凯（FancL）、JUJU、FUJI、DHC 以及曼秀雷敦在内一线化妆品品牌均以天然虾青素作为其超强抗氧化剂的成分，推出了虾青素系列的保湿霜、抗皱眼霜、面膜、口红等。日本已有利用虾青素的抗光敏作用生产化妆品的专利（肖素荣等，2011）。

目前已知的虾青素最主要的天然来源是雨生红球藻。

（3）叶黄素：叶黄素（Lutein）是光合作用和细胞反应中心复合体不可或缺的重要的结构成分。作为一种重要的天然抗氧化剂，叶黄素有很强的抗氧化活性，其抗氧化作用与类胡萝卜素相当。叶黄素的共轭多烯链由 9 个共轭双键组成，对可见光具有吸收作用，最大吸收波长为 445 nm，正处于蓝光波段，因此叶黄素对蓝光有过滤作用，能够削弱蓝光的强度，减少光子激发自由基的产生，避免阳光灼伤，是理想的防晒剂。叶黄素以其优良的特性广泛应用于化妆品领域，美白、祛斑、延缓细胞衰老、防止皮肤癌的产生。

依美姬丝、美美艾、娜诗丽、谜尚新妍、宝拉珍选等品牌推出了含有叶黄素成分的眼霜、眼贴膜、防晒霜、卸妆洁面啫喱油和眼霜等。

研究发现，微藻中绿藻纲是叶黄素的主要来源，尤其是小球藻、栅藻和绿藻，利用微藻生产叶黄素产量比目前从万寿菊中提取叶黄素的产量高出许多倍，可以大大节约成本，具有很好的发展前景。

（4）玉米黄素：玉米黄素（Zeaxanthine）是叶黄素类脂溶性色素成分，为β-胡萝卜素的二羟基衍生物。玉米黄素的分子结构中存在11个共轭双键，构成了一个大的共轭体系，这些共轭双键的存在使得玉米黄素能阻断自由基链式传递，从而具有很强的抗氧化活性。在生物体中，玉米黄素虽然不能转化为维生素A，不具有维生素A活性，但却是人体可利用的重要的强抗氧化剂，玉米黄素通过降低化学活性物质如自由基单线态氧和光化学敏感剂的反应活性来起到抗氧化作用。同时玉米黄素的分子结构中尾端基团上带有羟基，增强了其抗氧化能力，保护生物系统免受一些因过量氧化的过程或反应所产生的潜在的有害作用。玉米黄素天然来源丰富，并具独特的抗氧化机制和吸收蓝光，保护细胞免受高光照的伤害，在化妆品领域具有广阔的应用前景。

目前，国内外研究较多的是利用微绿球藻 *Nannochloropsis gaditana* 生产玉米黄素。微绿球藻能生产大量的高值天然产物，如玉米黄素、EPA等，是一种重要的海产经济微藻（刘龙军等，2006）。

（5）岩藻黄素：岩藻黄素（Fucoxanthin）是类胡萝卜素中叶黄素类的一种天然色素。岩藻黄素具有一定的抗炎和抗氧化活性，能抑制UVB照射下动物体内酪氨酸酶活性和黑色素生成，在转录水平上负调节黑色素生成相关代谢途径（Shiratori et al.，2005）。岩藻黄质对UV-B引起的人体纤维细胞损伤具有保护作用。岩藻黄素能够激活UCP1蛋白，从而促进脂肪分解，有效消除脂肪堆积。同时它也可以刺激肝脏生成降低胆固醇水平的DHA。岩藻黄素作为药物、护肤美容产品以及保健品在市场上得到广泛应用。

岩藻黄素颜色呈淡黄至褐色，为褐藻、硅藻、金藻及黄绿藻所含有的色素。广泛存在于各种藻类、水生贝壳类等动植物中。目前市场上的岩藻黄素来自大型海藻，然而受到大型海藻含量低、提取工艺复杂，以及产物不稳定的制约，以致生产成本高。岩藻黄素含量高的微藻，尤其是硅藻很可能成为生产岩藻黄素的资源。

（6）番茄红素：番茄红素（Lycopene）的化学式为$C_{40}H_{56}$，能够清除自由基，具有延缓衰老的作用。番茄红素能够增强细胞间隙连接，通过控制细胞增长和分化来抑制肿瘤细胞的增长，具有很好的抗癌效果（刘龙军等，2006）。

番茄红素还有降低皮肤受辐射或紫外线（UV）伤害等功能。当 UV 照射皮肤时，皮肤中的番茄红素与 UV 产生的自由基结合，保护皮肤组织免受破坏，与未照射 UV 的皮肤相比，番茄红素减少 31%～46%，其他成分含量几乎不变。有研究表明，通过平时摄入富含番茄红素的食物可对抗 UV，避免 UV 照射产生红斑。番茄红素还可淬灭表皮细胞中的自由基，对老年色斑有明显的褪色作用。GNPD 数据显示，含番茄红素的护肤新产品有 81 种，彩妆 51 种。典型的产品如番茄红素保湿乳液等，有美白和抗衰老效果。国产产品有番茄红素美白精华涂抹剂，具有抗氧化、抗过敏、美白的功效（刘蕊等，2013）。

目前，市场上应用的番茄红素多来源于高等植物。在小球藻、盐生杜氏藻中均发现番茄红素。

藻类被广泛地用于生产类胡萝卜素，尤其是微藻。这被认为是藻类生物技术最成功的应用之一（许颖颖等，2016）。富含类胡萝卜素的微藻主要有栅藻、小球藻、杜氏藻、衣藻和红球藻等，大多来自绿藻门，而微藻岩藻黄素主要来自硅藻，尤其是三角褐指藻。其中雨生红球藻和盐生杜氏藻已分别用于虾青素和 β- 胡萝卜素的商业化生产。据报道，雨生红球藻细胞中虾青素为 0.2～4 g/100g 干基。杜氏藻 β- 胡萝卜素的含量更高，为 3～5 g/100g 干基。各种微藻均含有叶黄素、β- 胡萝卜素等类胡萝卜素，含量因种而异，如杜氏盐藻和鲍氏杜氏藻的 β- 胡萝卜素含量分别为干重的 14% 和 8%（牟春琳等，2010）。微藻生产岩藻黄素有效突破大型海藻中岩藻黄素含量较低、提取纯化工艺复杂、成本高的"瓶颈"。据报道，三角褐指藻岩藻黄素含量最高达到 2.4.2%，这一硅藻已经被用于岩藻黄素的商业化生产。

随着藻类基因组、蛋白组、代谢组学研究的发展和基因工程手段的进步，藻类的类胡萝卜素代谢工程亦在研究中（檀琮萍等，2008）。这些新技术领域的发展将进一步推动藻源类胡萝卜素在化妆品中的应用。

2. 微藻脂肪酸

脂类是脂肪和类脂的总称，是一类不溶于水而溶于有机溶剂并能为机体利用的有机物。脂类物质是膏霜类化妆品的基本原料，具有护肤、保湿、柔滑等功效，在传统化妆品行业中常用于合成脂肪酸甘油酯。随着人们环保、安全意识的增加，天然脂类原料更受消费者欢迎。其中多不饱和脂肪酸（PUFA）由于在营养、保健和医学上的重要作用，是天然脂类中备受关注的成分之一（林武杰等，2013）。根据从甲基端开始的第 1 个双键位置的差异，PUFA 可分为 ω-3 和 ω-6 多不饱和脂肪酸家族，其中二十碳五烯酸（EPA）和二十二碳六烯酸（DHA）有助于维持人体的健康状态，如改善细胞膜的结构和功能，维持皮肤天然屏障功能和内环境的稳定，具有保湿、减少皮肤水分损失功能，可抗氧化、抗炎，防护环境有害物质，缓解某些皮肤病变。因此，这些生理性脂类物质可作为保湿剂、皮肤防护剂和消炎成分应用于化妆品（特别是药妆制品）中，也可以作为渗透促进剂促进皮肤细胞对化妆品中其他活性物质的吸收。藻类（特别是海洋微藻）是生态系统中食物链的最初生产者之一，种类多，繁殖快，含有丰富的多不饱和脂肪酸。

（1）**棕榈油酸**：棕榈油酸（Palmitoleic acid）是一种 ω-7 单不饱和脂肪酸，由十六个碳原子组成，含一个 ω-7 双键，是一类功能丰富的化合物（Shinde et al.，2015）。棕榈油酸丰富的生理活性使其在食品营养、医药保健、药妆行业具有重要价值。大量研究表明，棕榈油酸具有抗炎活性，对机体维持体内糖脂代谢平衡起着重要作用，对肥胖、糖尿病、血脂障碍、体内炎症和动脉粥样硬化等慢性疾病具有一定的治疗作用。以流行病学调查结果为例，发现经常摄入含有大量的反式棕榈油酸的乳制品，可以显著降低全身的炎症水平，降低患糖尿病的风险（王飞飞等，2017）。同时它还具有良好的抗低温和抗氧化特性，可作为制备生物柴油和 1-辛烯的优质原料（Kamisaka et al.，2015）。棕榈油酸的抗菌活性使其在化妆品行业发挥重要作用，作为皮脂中抑菌的组分之一，能有效抑制金黄色葡萄球菌（*S.aureus*）和痤疮丙酸杆菌（*Propionibacterium acnes*），还能减轻紫外光线对皮肤的损伤，增加皮肤脂质屏障中 TAG 的浓度，从而提高角质层的保护性。棕榈油酸钙盐能改善皮肤的光滑度，因此棕榈油酸常作为化妆品、护肤品中的表面活性剂、乳化剂、清洁剂、增泡剂的间接原料之一（王飞飞等，2017）。此外，棕榈油酸还可以作为祛疤产品的有效成分，促进细胞再生，用于皮肤烧伤、擦伤及术后创口的恢复（王飞飞等，2017）。

　　棕榈油酸广泛存在于植物油、动物脂肪、鱼油和微生物中，然而油料作物中棕榈油酸含量较低，含量较高的野生植物又存在资源少的问题（Kolouchová et al，2015）。作为一种重要的功能性化合物，面对市场需求的日渐增加，棕榈油酸目前的普遍来源却难以满足市场日益增长的需求，因此，开发棕榈油酸的新来源将具有重要的意义。微藻细胞中存在一系列脂肪酸去饱和酶和延长酶，含有多种对人体健康有利的不饱和脂肪酸，棕榈油酸便是其中之一，如眼点藻、黄丝藻等微藻中富含棕榈油酸，甚至达到细胞总脂肪酸含量的 55% 以上（王飞飞等，2017）。相比于棕榈油酸的其他动植物来源，微藻不仅棕榈油酸含量较高，同时种类繁多，资源丰富，生长周期短，生物量大，易规模化培养，环境耐受力更强。因此，将微藻作为新型棕榈油酸资源更能满足当今市场的需求。来源广泛，含量丰富的微藻棕榈油酸资源，已成为近年来微藻生物技术研究的热点领域之一，有望成为棕榈油酸来源的一条新型途径。化妆品、护肤品等日用化工将是微藻棕榈油酸的重要应用领域之一。

　　（2）亚油酸：亚油酸（Linoleic acid）属于 ω-6 系列多不饱和脂肪酸，是人和动物营养中必需的脂肪酸，广泛存在于富油脂微藻中（张春娥等，2010）。近年来，对亚油酸的应用也越来越多，亚油酸的钠盐或钾盐是肥皂的成分之一，并可用作乳化剂等表面活性剂；在医药上具有降低血脂、软化血管、降低血压、促进微循环的作用，可预防或减少心脑血管疾病的发病率，防止老年肥胖，也可用于治疗血脂过高和动脉硬化等症；铝盐可用于制造油漆、涂料等（陈忠周等，2000）。研究发现，亚油酸缺少会引起皮肤脂质合成障碍，皮脂腺开口处表皮分化异常，易致痤疮、粉刺，补充亚油酸可防治这类皮肤疾病。亚油酸主要用作化妆品的营养性助剂。

（3）亚麻酸：亚麻酸（Linolenic acid，LA）是含有三个双键的必需多不饱和脂肪酸，多以甘油酯的形式存在于绿色植物中，以α、γ两种晶型存在，其中α-亚麻酸（α-Linolenic acid，ALA）最为常见（金青哲，2013）。二者化学结构不同，在体内的代谢和生理功能也存在差异。

ALA为双键位于第9、12、15位的十八碳三烯酸，属于ω-3系列多不饱和脂肪酸，能通过碳链的延长及进一步脱饱和，形成衍生物二十碳五烯酸（Eicosapentaenoic acid，EPA）和二十二碳六烯酸（Docosahexaenoic acid，DHA）（邱鹏程等，2010）。大量研究表明，ALA是人体必需脂肪酸之一，其生理功能主要是代谢产物EPA和DHA的功效，包括能降解血液中的血栓，降低血压，同时还能预防心脑血管疾病，抑制过敏反应，抗炎抗衰老，促进脑组织发育，增强智力，保护视力等重要作用（Spolaore et al.，2006）。ALA（ω-3）燃烧过多的脂肪，降低血黏度，增加毛细血管的弹性，使毛细血管的血液通透率大为提高，补充足量ALA（ω-3）的人，皮肤将会变得十分健康。

人类所需的ALA多来源于植物和鱼类等食物中的油脂成分，但鱼类在生长发育过程中则通过摄食水体中的藻类和其他水生植物来满足对ALA等ω-3系列多不饱和脂肪酸的需求。因此，对于ALA的来源，除了陆生植物，本身自带ALA或富含衍生物DHA、EPA的海洋微藻也是我们可以获取的重要来源。

γ-亚麻酸（γ-Linolenic acid，GLA）为顺-6，9，12-十八碳三烯酸，属于ω-6系列多不饱和脂肪酸（尹卓容，1996）。研究表明，GLA较之亚油酸能更快转换成二高-γ-亚麻酸及花生四烯酸，作为体内ω-6系列脂肪酸代谢的中间产物参与机体内系列代谢和生理合成过程，具有广泛的生理药学活性被应用于食品营养、医药保健、化妆品等行业（尹卓容，1996）。GLA还能作为美白、保湿、抗衰老的化妆品中的有效成分，抑制酪氨酸酶，从而抑制黑色素生成，达到美白、延缓老化的目的。同时GLA促进体内血液流通和细胞新陈代谢，多作为天然油脂化合物被添加入化妆油、润肤乳、面霜等护肤品以及多种护发用品，如洗发水中加入GLA与烟酸衍生物能协同加强渗透（彭永健等，2015）。

GLA 首次在月见草中被发现，同时这也是目前 GLA 的主要来源，除月见草种子以外，其他植物种子如黑加仑种子、玻璃苣种子也含有大量 GLA，但原料来源有限，难以成为商品化资源。然而来源广泛、易规模化培养、GLA 含量也不低于陆生植物的微藻可以很好地避免这一问题，如杜氏藻、蓝丝藻、螺旋藻、小球藻等，其中 GLA 含量占到总脂肪酸的 10% 以上，有的甚至达到 32%（金青哲，2013）。随着这一资源的开展利用，也为 GLA 的商业化功能开发提供了更多的可行性。

（4）花生四烯酸：花生四烯酸（Arochidonic acid，AA）为顺 -5，8，11，14- 二十碳四烯酸，是一种 ω-6 多不饱和脂肪酸。近年来，AA 的应用也愈发广泛，如医药保健、化妆品、营养食品、动物饲料等。在化妆品行业，AA 能促进毛发再生，为毛囊提供营养，多被用于护肤护发产品中，如日本资生堂曾推出添加 AA 成分的护肤产品，锁住肌肤水分，补水保湿，延缓皮肤老化以及治疗慢性湿疹等（赵大显，2004）。

AA 分布广泛，除动物界，海洋藻类也是一大来源，如紫球藻（*Porphyridium*）、缺刻缘绿藻（*Parietochloris incisa*）等。AA 在人体内广泛分布，占脑和神经组织中多不饱和脂肪酸含量的 40%～50%，神经末梢更高达 70%，并发挥着重要的生理作用（吴时敏等，2001；杨朝霞等，2005）。

（5）二十碳五烯酸和二十二碳六烯酸：二十碳五烯酸（Eicosapentaenoic acid，EPA）和二十二碳六烯酸（Docosahexaenoic acid，DHA）是人体常用的两种 ω-3 系列多不饱和脂肪酸。EPA 和 DHA 普遍存在于各种鱼油中，脂肪含量高的深海鱼体中以及海洋微藻中含量高（左珊珊等，2012）。EPA 和 DHA 在体内的前体是 α- 亚麻酸，因此生理功能也与之相似，也同样被应用于医药保健、营养食品、动物饲料等行业。

目前，市场上富含 EPA 和 DHA 的产品多来源于海洋鱼油，但由于鱼体自身并不能合成大量多不饱和脂肪酸，只是通过摄取食物中的 EPA 和 DHA 来富集含量，这就导致商品原材料的来源受到限制，再加上生产成本日益增加，严重阻碍了多不饱和脂肪酸产品化市场的发展，因此需要寻找新来源。海洋鱼类最初以摄食海洋藻类来富集 DHA 和 EPA，因此藻类才是多不饱和脂肪酸真正的最初来源。研究表明，金藻、甲藻、隐藻、硅藻等多种微藻自身均能合成 DHA 和 EPA，且含量远高于鱼油（左珊珊等，2012）。相比鱼油，对藻细胞中多不饱和脂肪酸的提纯，更加方便易得，同时通过微藻养殖商业化生产得到的多不饱和脂肪酸不含胆固醇，可降低高血压，降低心脏病的患病概率，食用更安全，可与婴儿奶粉配方结合，是作为膳食补充剂和食品添加剂的最优选择（Lordan et al，2011）。

目前，富含多不饱和脂肪酸的微藻主要集中在蓝藻门、原绿藻门、裸藻门、隐藻门、硅藻纲、甲藻门、红藻门、绿藻门、金藻纲、黄藻纲、真眼点藻纲、普林藻纲、脂藻纲。例如，红藻类 EPA 含量高达总脂肪酸的 50%，甲藻 *Amphidnium cartery* 的 DHA 和 EPA 可分别占总脂肪酸的 24% 和 20%。国内已有一些生产厂家开始利用微藻进行大规模 PUFA 的生产。藻源 PUFA 作为化妆品原料将是一个极富前景的应用领域。

3. 多糖

多糖（polysaccharide，PS）又称多聚糖，是藻类机体中一类重要活性物质。这些碳水化合物中的大多数是高度支化的杂聚物，在其主链和侧链上具有不同的取代基。分子内的单糖组成、分布以及单糖之间的糖苷键具有多样性，化学结构复杂多变。藻类是 PS 的重要来源，其中以硫酸盐（SPS）为主，具有抗氧化、抗炎、抗肿瘤、抗病毒、抗菌等多种生物活性。这些生物活性与潜在人体健康益处相关，可开发成为药物、保健品、化妆品等，并已有不少产品面市（De Jesus Raposo et al.，2015）。传统化妆品的海藻多糖主要来源于大型藻，如石莼、浒苔等绿藻，马尾藻、岩藻等褐藻，以及江蓠、石花菜、麒麟菜等红藻。近年来，发现来源于微藻的硫酸多糖 SPS 亦具有抗氧化、保湿、抗衰老、抗辐射等良好的护肤活性，如螺旋藻、紫球藻（*Porphyridium*）、蔷薇藻（*Rhodella reticulate*）等（Raposo et al.，2013）。

（1）微藻多糖的结构：微藻多糖一般为酸性杂多糖，多同时存在酸性糖

（葡萄糖醛酸或半乳糖醛酸）和有机（如乙酰基）和/或无机（磷酸盐和硫酸盐）取代基。根据杂多糖的单糖组成、糖苷键连接方式、修饰基团、相对分子质量等，大多数微藻多糖是由葡萄糖组成的同聚物，或由葡萄糖、木糖、半乳糖、阿拉伯糖、核糖、鼠李糖、果糖、岩藻糖等单糖按不同比例组成的杂聚物，如紫球藻（*Porphyridium cruentum*）、球等鞭金藻（*Isochrysis galbana*）、三角褐指藻（*Phaeodactylum tricornutum*）、蛋白核小球藻（*Chlorella pyrenoidosa*）等。一些微藻多糖还存在糖醛酸、半乳糖醛酸和乙酰氨基等，如钝顶螺旋藻（*Spirulina platensis*）、蔷薇藻（*Rhodella reticulata*）、栅藻（*Scenedesmus* sp.）、杜氏盐藻（*Duanaliella salina*）等。微藻多糖中的单糖通常通过α或β糖苷键连接，多带有分支。例如，紫球藻（*Porphyridium* sp.）胞外多糖是由单糖通过β-1，3、β-1，4糖苷键形成的主链和β-1，2糖苷键形成的支链连接成的。钝顶螺旋藻（*Spirulina platensis*）多糖一般为由阿拉伯糖、鼠李唐、葡萄糖、木糖、岩藻糖、葡萄糖醛酸组成，以α-1，3、-1，4、-1，6（-1，2）连接的分子量为11 000~65 000的酸性杂多糖。微藻多糖的相对分子质量一般较大，多大于1万。例如，蓝螺藻属（*Cyanospira capsulate*）的席藻（*Phormidium* sp.）和螺旋鱼腥藻（*Anabaena spiroides*）胞外多糖分子量达200万，显著高于目前已在食品工业中广泛应用的黄原胶（分子量约为100万）（任欣欣等，2013）。

（2）微藻多糖在化妆品上应用的生物活性：微藻多糖具有较为显著的抗氧化和自由基清除活性。念珠藻（*Nostoc commune*）水溶性多糖在质量浓度为10 mg/mL时显示很高的羟基自由基清除活性（92.71%）和还原能力（对铁氰化钾的还原能力为0.445），其胞外多糖也显示出显著的羟基和超氧阴离子自由基清除活性。蔷薇藻（*Rhodella reticulata*）胞外粗多糖和脱蛋白后的胞外粗多糖均具有自由基清除和抗氧化活性。与标准抗氧化剂（α-生育酚）相比，蔷薇藻胞外粗多糖样品的超氧阴离子自由基清除能力显著提高，表明蔷薇藻的细胞外多糖是一种有效的天然抗氧化剂。海洋硅藻金色奥杜藻（*Odontella aurita*）所含金藻昆布糖具有较强的羟自由基清除活性，且清除能力具有浓度依赖性（Wang et al., 2014；Xia et al., 2014）。

微藻多糖分子中的羧基、羟基和其他极性基团可与水分子形成氢键而结合大量水分；多糖分子链同时相互交织形成网状结构，可以起到很强的保水作用。另外，微藻多糖具有良好的成膜性能，可以在皮肤表面形成一层均匀的薄膜，减少皮肤表面的水分蒸发，使得水分从基底组织弥散到角质层，诱导角质层进一步水化，保存皮肤自身水分，起到良好的润肤作用（王兆梅等，2004）。据报道，念珠藻（*Nostoc commune*）胞外多糖显示出良好的吸湿和保湿活性（Morone et al.，2019）。微藻多糖的保湿性能使其在功能性护肤品领域得以广泛应用。

粉刺是因为皮肤新陈代谢旺盛，油脂分泌增多且未能及时清除死亡的表皮，致使皮肤分泌出的皮脂残留物堵塞毛孔后引起细菌感染而形成的。微藻多糖的抗粉刺作用主要由其抑菌作用引起。黏球藻（*Gloeocapsa* sp.）的胞外多糖在低质量浓度（0.125～1 000 mg/mL）即可抑制白色念珠菌的生长。鱼腥藻（*Anabaena* sp.）的胞外多糖对大肠杆菌和金黄色葡萄球菌显示出很强的抗菌活性。海水小球藻多糖提取物对中华根霉与稻瘟病菌具有极强的抗菌效果。自养小球藻（*Chlorella autotrophica*）胞内硫酸多糖对大肠杆菌抗生菌检定株（*Escherichia coli*）、溶壁微球菌（*Micrococcus Lysodeikticus fleming*）、解藻朊酸弧菌（*Vibrioalginolyticus*）具有抑菌作用，杀伤指数最高可达70%（刘四光，2007）。郭金英等（2015）发现发状念珠藻胞外多糖具有抑菌、抗炎效果。Gudmundsdottir 等（2015）发现 *Cyanobacterium aponinum* 分泌的胞外多糖（RPS）可促进人树突状细胞（DC）分泌白细胞介素 –10（IL–10），这些 DC 可以诱导 CD4+T 细胞的分化，下调 Th17 表型（降低 IL–17+RORγt+ 因子的分泌），增加调节性 T 细胞表型（促进其 IL–10+FoxP3+ 因子的分泌），进而起到免疫调节和抗炎作用，对银屑病患者有潜在的益处。正因为具有优良的皮肤调理作用，*C. aponinum* 已被列入国际化妆品辅料清单。

（3）产多糖微藻：产多糖微藻主要分布在绿藻门、红藻门、金藻门、硅藻门、真眼点藻纲和蓝藻门等。常见的绿藻门中产多糖的微藻主要包括小球藻、杜氏盐藻、栅藻、莱茵衣藻、俄克拉何马绿藻、布朗葡萄藻、扁藻。常见的红藻门中产多糖的微藻主要包括紫球藻和蔷薇藻。其中，紫球藻多糖研究最广泛，紫球藻的胞外硫酸多糖产量高、结构独特，具有防辐射、抗氧化、抗皱等功效，在化妆品领域已被开发应用。常见的产多糖金藻包括等鞭金藻、颗石藻、棕囊藻、叉鞭金藻、巴夫藻。产多糖的硅藻主要包括三角褐指藻、海连藻、奥杜藻、细柱藻、角毛藻、菱形藻、中肋骨条藻、克里格辐节藻等。真眼点藻纲的微拟球藻，包括海洋微拟球藻（*N. oceanica*）、微拟球藻（*N. gaditana*）、眼点拟微绿球藻（*N. oculata*）等。产多糖蓝藻主要为钝顶螺旋藻（*Spirulina platensis*）、蓝杆藻（*Cyanothece* sp.）、念珠藻（*Nostoc commune*）、鱼腥藻（*Anabaena* sp.）等（付婷婷，2015）。

含多糖蓝藻多分布于西沙群岛和南海北部，螺旋藻、水华藻类和念珠藻是较为典型的种属类别，这些藻类均已在实验室内展开培养，并进行了产多糖（尤其是胞外多糖）的诱导培养研究。其中，螺旋藻多糖已引起研究人员的广泛重视，其抗病毒、抗肿瘤、抗衰老、抗氧化、免疫调节、抗辐射、降血糖、调血脂等药理活性显示出在化妆品领域巨大的应用潜力。

4. 甾醇

作为脂类中一类重要化合物，甾醇（sterol）又称固醇，是一类以环戊烷多氢菲为基本结构，并含有羟基的类固醇，故又被称为固醇类化合物。

植物甾醇有抗氧化性，可以维持细胞的柔软和湿润，而且对皮肤有温和的渗透性，能保持皮肤水分，可以促进皮肤新陈代谢、延缓老化、消除色斑、抑制皮肤炎症，可防日晒红斑、皮肤老化。此外，植物甾醇有表面活性剂性能，能护理皮肤、头发，促进对角蛋白和成纤维细胞的增生，以及胶原蛋白的合成。欧缇丽、卡姿兰、水密码、婷美小屋、Fancl等品牌推出了含有植物甾醇成分的柔肤水、护手霜、面膜、保湿乳和凝露等。

单细胞绿藻中的甾醇比红藻或褐藻中的甾醇含量高。在绿藻中，研究最多的是小球藻。小球藻中含有 $\triangle^5$-甾醇、$\triangle^7$-甾醇或 $\triangle^{5,7}$-甾醇，但这些甾醇并未同时出现在同一藻株中。在斜生栅藻（*S. obliquus*）中含有 $\triangle^7$-麦角甾醇、菠菜甾醇和 $\triangle^7$-菠菜甾醇。盐生杜氏藻具有高产甾醇特性，具有一定的商业开发价值。除少数外,绿藻中的其他微藻种类中甾醇含量及种类与绿球藻相似(康凯,2006)。

在裸藻中,研究比较透彻的只有纤细裸藻(*Euglena gracilis*)(Anding et al.,1971),这种微藻含有少量的麦角甾醇。可从光照和黑暗条件下生长的细小裸藻中分离甾醇、甾醇酯和水溶性甾醇。在光照条件下分离的游离甾醇大多是$\triangle^7$-甾醇,在黑暗条件下主要是$\triangle^5$和$\triangle^7$-甾醇的混合物,在两种不同培养条件下,只有$\triangle^5$-甾醇以酯化和水溶形式存在。在细小裸藻中也发现了少量的$\triangle^{5,7}$-甾醇,细小裸藻是已报道的少数几种藻类中的一种同时含有$\triangle^5$-、$\triangle^7$-和$\triangle^{5,7}$-甾醇的裸藻。

5. 藻胆蛋白

藻胆蛋白(phycobiliprotein)是蓝藻(*Cyanophyceae*)、红藻(*Rhodophyceae*)、隐藻(*Cryptophyceae*)和某些甲藻(*Pyrrophyceae*)所特有的捕光色素蛋白,由脱辅基蛋白(apoprotein)和四吡咯结构的色基—藻胆素(phycocyanobilin)共价结合组成。藻胆蛋白包括藻红蛋白(Phycocrythrin,PE)、藻蓝蛋白(Phycocyanin,PC)、别藻蓝蛋白(Allophycocyanin,A-PC)以及藻红蓝蛋白(Phycoerythrocyanin,PEC)。几乎所有的蓝藻和红藻都含有藻蓝蛋白,藻红蛋白存在于红藻和部分蓝藻中。近年来,单细胞的红藻或丝状蓝藻等微藻作为藻胆蛋白的种质资源得到了广泛重视。

藻胆蛋白是天然产物,已被FDA列为安全性产品,可避免化学合成物对人体所造成的毒副作用,色泽鲜艳,具广泛生物活性,可用作食品和化妆品的添加剂,如藻蓝蛋白、别藻蓝蛋白特有的蓝色可以和藻红蛋白的红色以不同的比例混合,达到其他染料所不能达到的着色效果,可作为天然着色剂被应用。目前,研究较多且用于商业化的藻胆蛋白主要是螺旋藻中的藻蓝蛋白和紫球藻的藻红蛋白。

(1)藻蓝蛋白:藻蓝蛋白(Phycocyanin)普遍存在于蓝藻和红藻中,作为一种捕光色素蛋白能高效地捕获光能,多作为天然色素被应用。此外,藻蓝蛋白作为一种新型多功能的天然产物，具有抗氧化、抗炎、抗肿瘤等作用，无毒无公害，目前已作为天然色素在化妆品、食品、染料、医疗保健等行业被广泛应用，同时又被制成荧光探针作为光敏剂应用于医学领域（张美如等，2006）。

在食品行业，藻蓝蛋白是一种新型的天然色素，具有良好的食用安全性。经人体口服安全性评估实验验证，藻蓝蛋白的食用量可达到公认为安全级别（GRAS）标准，累计估算日摄入量（CEDI）上限达到 1.14 g/d（FDA 21 CFR 73.530，Jensen et al.，2016）。藻蓝蛋白是目前唯一满足食品着色需求的色彩鲜亮的蓝色素，如果能有效地控制生产成本，藻蓝蛋白作为天然的蓝色素在食品领域具有不可替代的地位。

在化妆品行业，藻蓝蛋白作为天然色素被添加入化妆品，如口红、眼线、指甲油和眼影等（Jahan et al.，2017）中进行着色。此外，藻蓝蛋白具有丰富的药妆活性，具有抗氧化、抗炎祛斑、保湿抗过敏、抗衰老、抗皱和防辐射等功效，在开发新型高效天然植物成分的药妆产品方面具有极高的市场潜力（Mourelle et al.，2017）。目前，市场上已有多家化妆品企业将藻蓝蛋白作为功能性化合物添加入化妆品中。其中，C-藻蓝蛋白可以通过阻断酪氨酸酶的活性发挥作用，酪氨酸酶负责形成黑色素的两个关键生物合成步骤，因此能有效抑制B16F10黑素瘤细胞黑色素的形成（Wu et al.，2011）。藻蓝蛋白作为化妆品中的有效成分，可有效克服自由基所带来的危害，消除炎症、祛斑，并为皮肤表面和深层提供氨基酸营养及护理。多年前，日本油墨公司就从螺旋藻粉中提取藻蓝蛋白用作食用色素，也用于化妆品生产，商品名为"Linablue A"。

作为藻蓝蛋白主要来源之一的螺旋藻（*Spirulina* sp.），藻蓝蛋白含量高，产品市场价值大，研发成熟、经济的提纯技术是获得高纯度藻蓝蛋白的关键。我国是国际上最大的螺旋藻生产国，并在国际上率先建立了海水螺旋藻产业技术（Wu et al.，1993；向文洲等，2014）。随着天然色素藻蓝（海、淡水）制备技术日趋成熟，我国有望成为国际上最大的藻蓝（海、淡水）天然色素供应国。

（2）藻红蛋白：藻红蛋白（PE）存在于红藻、部分蓝藻中，可作为光合作用的辅助色素，是一种共轭色蛋白，由 α、β 和 γ 三种亚基组成，其中 γ 亚基起连接和稳定的作用，使藻红蛋白能以（αβ）6γ 的形式存在，分子量范围多在 4.4 万（单体）到 26 万（六聚体）（徐远超，2019）。藻红蛋白中脱辅基蛋白与四吡咯结构的色基——藻红胆素和藻胆尿素等共价结合，能强效吸收水中的蓝、绿光，从而在深水弱光环境中捕获并传递光能（臧帆等，2020）。

正由于藻红蛋白高效的捕光能力，使其拥有强有力的光学活性，能作为新型荧光标记试剂被广泛应用。在免疫荧光检测中，藻红蛋白拥有强而稳定的光敏度，在被适当波长的光激发后，能产生自由基从而杀伤肿瘤细胞等生物大分子，因此将藻红蛋白作为光敏剂参与肿瘤的光动力治疗成为有效治疗肿瘤的新手段（臧帆等，2020）。除此之外，藻红蛋白还具有丰富的生物活性，如抗炎活性，能提高机体的免疫保护，减少受损细胞、刺激物和侵入性病原体等的有害刺激，在一定程度上对阿尔茨海默病、肝肾毒、糖尿病等疾病具有一定缓解作用；抗氧化活性，藻红蛋白天然无公害，能作为天然着色剂被添加入食品中，抑制或延迟脂肪氧化引起的产品变色、异味等问题，从而保持食品的风味（Sato et al., 2018；Pagels et al., 2019）。同时，藻红蛋白的生物活性也逐渐被应用于化妆品行业，如作为天然色素加入到彩妆类化妆品中，制成口红、眼影、腮红、染发剂等，产品色彩自然艳丽，能达到其他化学染料所达不到的着色效果，且对皮肤刺激作用小。也有一些药妆企业针对其抗氧化抗炎活性，将其作为化妆品中的有效成分，如面膜、面霜类护肤品，能有效减少机体受 ROS 的侵害，起到抗皱、抗衰老的功效。

随着藻红蛋白的功能被逐步研究开发，将其应用于市场也逐渐广泛起来，然而藻红蛋白的应用却与其纯度密切相关（臧帆等，2020）。目前，制备藻红蛋白所使用的原料主要来源于海洋红藻，如珊瑚藻（*Corallina elongata Ellis & Solander*）、海生红胞囊藻（*Rhodosorus marinus*）、紫球藻（*Porphyridium cruentum*）。以紫球藻为例，紫球藻中藻红蛋白占藻胆蛋白的 70% 以上，含量丰富（Glazer，1994）。但紫球藻个体微小，生长密度一直不高，难分离难收获，导致培养成本高昂，目前市场上高纯度的藻红蛋白价格十分高昂。因此，即使藻红蛋白来源丰富，如何低成本大规模制备高纯度藻红蛋白仍是限制产业发展的关键因素（徐远超，2019）。在藻红蛋白的传统提取工艺中，通常先进行藻体破碎提取蛋白质，后经初级回收再进一步纯化。在破碎藻体后，多采取硫酸铵沉淀和柱色谱相结合纯化藻红蛋白。利用层析柱纯化藻红蛋白，由于极性或者分子量不同的原理，去除性质相近的藻蓝蛋白和别藻蓝蛋白等蛋白。然而，色谱柱分离法有生产成本高昂，且易被多糖等杂质堵塞耗时长等问题（Niu et al.，2006）。随着研究技术的进一步发展，越来越多高效低成本纯化藻红蛋白的方法被提出，如组合膜色谱法，借鉴藻蓝蛋白的纯化方法，省去了价格高昂的柱层析分离和超滤步骤即可得到分析级藻红蛋白，这为藻红蛋白的分离纯化提供了新途径；利用基因工程和代谢工程的技术合成能高效生产藻红蛋白的基因工程菌，为工业上规模化生产藻红蛋白提供可行之路（臧帆等，2020）。相信随着对藻红蛋白活性功能研究的深入，以及工业上规模化生产技术的成熟，藻红蛋白的功能性产品将越来越多地应用于各个行业，推动科技与经济的发展。

（3）别藻蓝蛋白：别藻蓝蛋白（APC），又叫异藻蓝蛋白，是蓝色晶体状的水溶性蛋白，物理性质稳定，无毒无公害，绿色无污染（周孙林，2014）。别藻蓝蛋白作为天然的功能性化合物，多存在于蓝藻和红藻中，资源丰富，位于藻胆体核心部位，起能量传递的作用（单小娥，2018）。近年来的研究表明，藻胆蛋白应用广泛，具有很高的开发利用价值。作为藻胆蛋白的一种，别藻蓝蛋白是一种可用于食品、化妆品、染料等工业的天然色素，尤其在化妆品行业，常作为功能性化合物被添加入护肤、护发的产品中，如洗面奶、乳霜、洗发水、烫发剂、染发剂、沐浴液等产品中。

目前，研究较多且用于商业化的藻胆蛋白主要是螺旋藻中的藻蓝蛋白和紫球藻的藻红蛋白。

6. 类菌胞素氨基酸

类菌胞素氨基酸（mycosporine-like amino acids，MAAs）是一类在蓝藻、大型海藻、真菌、浮游植物等生物中广泛分布的含氮小分子化合物，是天然高效的紫外线吸收物质。它们的结构骨架为环己烯酮，在此基础上与多种类型氨基酸通过缩合作用而形成的水溶性活性物质（刘政等，2003）。受共轭双键的数目、位置以及侧链上活性取代基团的影响，大多数MAAs对波长在310～362 nm的紫外光具有强的吸收能力。因此，MAAs对UVA和UBV具有较强吸收能力。目前，从自然界中提取、分离并鉴定类菌胞素氨基酸类成分共29种。

(1) 微藻中MAAs的生物活性：MAAs具有抗氧化活性。MAAs在微藻中起着内源性抗氧化活性作用。实验证实MAAs mycosporine-glycine在一个有亲水性稳定自由基2, 2'-偶氮双（2-脒基丙烷）二盐酸盐（AAPH）的反应中被消耗，而MAAs如shinorine、porphyra-334、palythine asterina-330和palythinol在Palythoa tuberculosa提取物中始终保持在初始水平。推测mycosporine-glycine对氧化有较大的敏感性，作为一种抗氧化剂，通过给予电子以稳定自由基过程中的一种还原剂，抗氧化活性与较低的氧化还原电位有关（Dunlap et al., 1995）。Coba等研究了三种红藻中的MAAs mycosporine-glycine、asterina-330和porphyra-334清除阳离子自由$ABTS^+$的效果，发现mycosporine-glycine清除$ABTS^+$能力最强，asterina-330次之。推测MAAs抗氧化活性与这些化合物的相对酸性，即在实验条件下的解离程度有关（Coba et al., 2009）。Nakayama等推测，usujirene的强抗氧化活性可能与环己烯酮环在C4、C6的氢或者与其残基的亚甲基（C9）的氢相关，该残基由顺式不饱和链上串联在碳环双键与C1位置双键键合的氮的共轭作用保持稳定，对shinorine清除自由基的研究也得出同样的结论（Nakayama et al., 1999）。念珠藻（*Nostoc* sp.）中MAAs的抗氧化能力随着MAAs浓度的增加，对DPPH的抑制率逐渐增大（Rastogi et al., 2016）。

海藻及其共生体中的MAAs浓度与它们在自然界接受的总辐射强度呈正相关，表明它们具有紫外线防护功能。目前，很多研究发现，在多种海藻中存在MAAs，它在海藻中主要起着紫外防护和生长调控的作用。许多微藻在紫外辐射条件下，藻体内会合成不同种类和含量的MAAs，充分说明了紫外辐射可以诱导某些藻类中MAAs的合成。微藻中MAAs的产生、合成、积累的过程依赖一种非常灵活并且特殊的机制，推测此过程与机体自身的基因表达及环境胁迫有关，并证明 MAAs 对紫外线诱导的成人纤维细胞死亡有保护效果。mycosporine-glycine 的功效在于 λ_{max} = 310 nm 处的功能，接近目前研究的 302 nm 的紫外源峰值输出，吸收紫外线效率最高，具有最强的活性，因此，MAAs 可作为抗氧化剂清除单线态氧及含水稳定自由基。在蓝藻细胞中，MAAs 能阻挡到胞质的 3/10 的光子量，MAAs 含量高的蓝藻细胞较含量低或者不含 MAAs 的细胞对 UV 辐射的抗性高约 25%（王杰等，2017）。

MAAs 分子具有高的摩尔消光系数（ε = 28 100 ~ 50 000 $m^{-1}cm^{-1}$），在生物体内作为滤光物质的天然屏障，不仅能有效吸收紫外辐射，而且能将吸收的能量散发并不传递给敏感生物分子，不会形成活性氧分子。部分 MAAs 已经应用于防晒霜中。对 MAAs 在防晒霜（脂质体面霜，命名为 Helioguard 365）中稳定性的研究发现，在不同温度（4℃、室温、37℃）下，一个月和三个月后观察 MAAs 的含量变化。研究发现，一个月后，4℃、室温、37℃条件下，MAAs 含量没有降低。三个月后，4℃、室温条件下，MAAs 含量几乎没有变化；37℃条件下，MAAs 含量降低了 20%。同时，该研究证明 Helioguard 365 中的 MAAs 可以提高细胞存活率，保护细胞免受紫外线引起的 DNA 损伤。含 MAAs 的 Helioguard 365 提高 HaCaT 细胞的存活率，减少受 UV 辐射引起 DNA 损伤细胞的数量（Schmid et al.，2006）。众多研究表明，MAAs 的紫外防护功能并不将所吸收的能量传递给其他生物分子或产生活性氧分子，而是将其高效散发，这预示着 MAAs 的使用不会对机体带来副作用。

MAAs 活性独特，在紫外线防护方面展现出罕见的活性优势，并可起到抗氧化、防晒、抗衰老的功效，因此，MAAs 可作为防晒类化妆品的活性添加剂，在化妆品领域的成功应用将带来巨大的经济价值。

（2）微藻中 MAAS 的分布：红藻纲是 MAAs 含量最高和密集度最大的藻纲，其中主要的 MAAs 种类是 asterina-330、porphyra-334 和 shinorine。蓝藻纲中的许多藻类含有 MAAs，如圈藻属、念珠藻属、颤藻属等。蓝藻中 MAAs 的种类主要有 asterina-330、mycosporine-glycine、porphyra-334 和 shinorine（王杰等，2017）。绿藻纲中的主要 MAAs 是 shinorine 和 porphyra-334。MAAs 普遍

存在于甲藻纲中，主要为 palythine、shinorine、porphyra-334 和 asterina-330。张英莲通过对我国华南沿海赤潮藻进行研究，发现塔玛亚历山大藻中的 MAAs 主要包括 palythine、shinorine、porphyra-334（张英莲等，2011）。在硅藻纲中，许多藻类也含有 MAAs，与甲藻纲所包含的 MAAs 种类相似，主要为 shinorine 和 porphyra-334。在研究我国南极冰藻抗紫外辐射过程中，在 3 种硅藻中首次得到 4 种 MAAs（杜宁等，2007）。褐藻不含或含少量的 MAAs，而且主要是 shinorine 和 porphyra-334。金藻纲和定鞭藻纲中少数发现有 MAAs，主要为 shinorine、porphyra-334。在我国华南沿海地区常见球形棕囊藻中发现主要 MAAs 为 shinorine（张英莲等，2011）。

研究发现藻类细胞中 MAAs 含量与环境中紫外线强度呈正相关。MAAs 主要分布于细胞质中，少量分布在细胞壁外。在蓝藻中，MAAs 含量甚至可达干重的 10%。近年来，针对 MAAs 的来源、分布、提取与纯化方法、分析检测方法、生物活性及其在化妆品领域应用等一直是研究热点，一方面，因为水生生物资源丰富，为 MAAs 的研究提供了充沛的原料来源；另一方面，MAAs 活性独特，在紫外线防护方面展现出罕见的活性优势。目前提取自脐形紫菜（*Porphyra umbilicalis*）的 MAAs 已进入商业化应用阶段。尽管 MAAs 是一类具有高附加值的活性物质，但因其水溶性强，提取分离获得高纯度 MAAs 较为困难，使得 MAAs 的广泛应用受到了限制。

7. 维生素

维生素是一类人体正常生命活动所必需的小分子有机物，常作为酶的辅助因子。其中维生素 A、C 和 E 由于具有抗衰老、抗氧化的特性被广泛用于化妆品和护肤产品中。

（1）维生素 E：维生素 E，又称生育酚，系苯骈二氢吡喃的衍生物。天然存在的维生素 E 有 8 种，它们由一个具有抗氧化活性的极性铬醇环和一个中间含有两个甲基、末端含有两个以上甲基的疏水脂肪族侧链（C-12）组成，其中以 α- 生育酚活性最高，分布最广。维生素 E 对皮肤无刺激性，具有抗氧化、抗衰老和抗肿瘤作用，可抑制 UVB 诱导的脂质过氧化，并具有改善肤质、抗炎的作用（史晓丽等，2011）。有研究表明，当维生素 E 作为赋形剂与防晒剂结合使用时，维生素 E 可以作为一种保护剂，减少因日晒而出现的衰老现象。当 α- 维生素 E 暴露在辐射下时，它会转化为吸收紫外线的二聚体和三聚体，作用方式与防晒剂类似（Jahan et al.，2017）。维生素 E 的衍生物——维生素 E 阿魏酸酯还可抑制黑色素生成，是皮肤美白剂的有力候选物。

维生素 E 广泛分布于光合植物中，但高等植物维生素 E 总含量不高，且高活性形式 α- 维生素 E 比例低。相比而言，微藻生长快，培养条件简单，总维生素 E 含量高，α- 维生素 E 比例大，更具有商业开发价值。迄今为止发现螺旋藻、集胞藻、杜氏藻、衣藻、裸藻等微藻均可合成维生素 E。其中裸藻中维生素 E 含量最高，为 1.12～7.35 mg/g（干重），α- 维生素 E 比例可达 97%。细小裸藻提取物已经进入国际化妆品原料标准中文名称目录。杜氏藻（*Dunaliella tertiolecta*）合成维生素 E 含量为 200～500 μg/g（干重），四肩突四鞭藻（*Tetraselmis suecica*）合成 α- 维生素 E 含量为 190～1080 μg/g（干重），紫球藻（*Porphyridium cruentum*）合成 α- 维生素 E 含量为 55.2 μg/g（干重），合成 γ- 维生素 E 含量达 51.3 μg/g（干重）（Lordan et al.，2011）。未来微藻可作为维生素 E 的重要来源。

（2）维生素 D：维生素 D（vitamin D），又名抗佝偻病维生素，属于类固醇衍生物。最重要的成员是由麦角固醇产生的麦角钙化醇（ergocalciferol，即维生素 D_2）以及由 7- 脱氢胆固醇产生的胆钙化醇（cholecalciferol，即维生素 D_3）。维生素 D 的活性形式为 1，25- 二羟维生素 D_3，主要生理功能是促进小肠黏膜细胞对钙、磷的吸收，促进钙盐的更新和新骨的生成与钙化，同时还可预防佝偻病和软骨病（朱圣庚等，2017）。在皮肤保健方面，随着年龄增长，骨骼萎缩，补充维生素 D 可以强壮面部骨骼如齿龈骨，对延缓面部皱纹产生积极作用（何一凡等，2014）。以上大多是维生素 D 在体内的生理功能，在维生素 D 及其衍生物外用方面，早在 20 世纪 30 年代，许多化妆品公司已经在护肤霜中添加维生素 D，但目前维生素 D 对皮肤保养方面的作用尚未被完全验证。但在药用方面,较为突出的是用作银屑病的治疗,银屑病是一种常见的免疫介导的慢性炎症性皮肤病,且发病基质尚未明确,病理特征是角质形成细胞(keratinocyte,KC)的过度增殖分化,有报道称外用维生素 D 衍生物对表皮角质形成细胞抗增殖作用最为显著,有利于细胞的正常角化,能改善皮肤损伤,并且还有抑制皮肤炎症的作用(杜佳溪等,2020)。

目前,鱼类是获取天然维生素 D 的重要来源,也有以微藻作为获取天然维生素 D 直接来源的相关报道。Ljubic 等将微拟球藻(*Nannochloropsis oceanica*)暴露在人工短波紫外线(UVB)条件下培养,发现维生素 D_3 产量达到 $(1±0.3)$ μg/g(干重),且维生素 D_3 产量会随着人工 UVB 剂量的增加而显著增加,故该种藻类有望作为天然维生素 D_3 的新来源(Ljubic et al.,2020)。

(3)维生素 C:维生素 C,又称抗坏血酸(ascorbic acid),广泛分布于植物界和动物界中,但人体缺少合成维生素 C 的酶,必须从食物中获得。维生素是一种含有 6 个碳原子的酸性多羟基化合物,分子中 C_2 和 C_3 位上相邻的两个烯醇式羟基易解离而释放氢离子,所以具有有机酸的性质,还是一种强还原剂。维生素 C 的主要生理功能是参与体内的羟化反应,如促进胶原蛋白的合成;参与氧化还原反应,如保护其他维生素免遭氧化;促进铁吸收;参与谷胱甘肽的氧化还原反应,发挥解毒作用;改善变态反应,刺激免疫系统。在维生素 C 外用方面,Park 等在化妆品中单独添加 3% 的维生素 C 稳定衍生物 L- 抗坏血酸 -2- 磷酸镁(VC-PMG)对黑色素的生成有抑制作用,对皮肤具有美白效果(Park et al.,2002)。Smaoui Slim 在外用护肤霜中添加 2% 抗坏血酸及其衍生物抗坏血酸磷酸酯钠和抗坏血酸磷酸酯镁,发现其混合制剂对多种腐败微生物的增殖具有抑制作用(Smaoui Slim,2013)。此外已经有多个化妆品品牌在产品中添加 10%~30% 维生素 C 或其衍生物作为主要成分(Rincón-Fontán,2020)。

在产生天然维生素 C 的植物原料中,微藻有可能以容易大规模培养、成本低的特性成为天然维生素 C 提取的备选原料。有研究发现,假微型海链藻(*Thalassiosira pseudonana*)合成的维生素 C 含量达 1 100 μg/g(干重),牟氏角毛藻（*Chaetoceros muelleri*）合成的维生素 C 含量达 16 000 μg/g（干重）（Lordan et al., 2011）。

（4）维生素 A：维生素 A，又名视黄醇，包括维生素 A_1 和维生素 A_2，是一个具有脂环的不饱和一元醇，类异戊二烯分子。在体内，视黄醇可以氧化成视黄醛，在视黄醛中最重要的是 9- 顺视黄醛和 11- 顺视黄醛，11- 顺视黄醛与视蛋白结合形成对视觉功能至关重要的视紫红质。维生素 A 的一种衍生物——维甲酸（vitamin A acid），又名维生素 A 酸。有报道称，口服维甲酸可用于皮肤病的治疗，外用维甲酸可以改善因日晒而老化的皮肤，减少黑斑、黑眼圈和皱纹，增强皮肤弹性。此外，与维生素 A 结构相似的一种化合物——β- 胡萝卜素（又称为维生素 A 原，属于类胡萝卜素）也因为其突出的抗氧化能力在功能性食品和化妆品领域被广泛应用。

（5）维生素 K：维生素 K 具有促凝血功能，天然的维生素 K 有 K_1 和 K_2 两种，维生素 K_1 在绿色植物和动物肝脏中较为丰富，维生素 K_2 是人体肠道细菌的代谢产物，一般情况下人体不会缺乏维生素 K。有报道发现圆筒鱼腥蓝细菌（*cyanobacterium Anabaena cylindrica*）中维生素 K_1 含量为 200 μg/g（干重），是菠菜、芹菜等常见富含维生素 K 植物的 6 倍（Tarento et al., 2018）。

（6）维生素 B12：维生素 B_{12}，又名钴胺素，主要参与 DNA 的合成，对红细胞的成熟很重要。维生素 B_{12} 在肉类和肝中含量丰富，一般情况下人体不会缺少维生素 B_{12}，但是对于严格素食主义者（即只食用植物食品，不吃肉、禽、蛋、海鲜类，也不吃任何来自动物的食品的人）来说，将微藻作为维生素 B_{12} 的膳食补充剂是有效避免维生素 B_{12} 缺乏的一种方式（Pereira et al., 2019）。有研究测得小球藻中活性维生素 B_{12} 含量高达 2.1 μg/g（Edelmann et al., 2019）。

维生素 B_{12} 亮颜雪肌美肤霜。

8. 多酚

多酚是指分子结构中有若干个酚羟基的一大类化合物。天然多酚的结构多样，简单的酚类可分为卤代酚和不含卤的单酚类化合物，如酚酸和其他简单的多酚化合物；除此之外，还有更复杂的间苯三酚，其中包括由间苯三酚（1，3，5-三羟基苯）单元组成的聚合结构。根据多酚的化学结构，可分为苯酚羧酸（羟基苯甲酸、羟基肉桂酸）、类黄酮（黄酮、黄酮醇、花青素）、异黄酮、香豆素、二苯乙烯、木脂素，酚类聚合物（Zolotareva et al., 2019）。多酚类化合物是饮食中最丰富的抗氧化剂，其总膳食摄入量远高于其他植物所提供的通过膳食补充的抗氧化剂。多酚类物质由于抗氧化特性而表现出广泛的生物学效应，对心血管疾病、癌症、糖尿病、感染、衰老、哮喘等慢性疾病的发生具有重要的抑制作用（Scalbert et al., 2005；Pandey et al., 2009）。有报道称，酚类化合物在预防神经退行性疾病如阿尔茨海默病中也发挥重要作用（宋晨萌等，2020）。

化妆品工业中最重要的一类成分是间苯三胺。间苯三胺是一类以间苯三酚（1，3，5-三羟基苯）聚合物为基础的极其复杂的酚类化合物。在海洋微藻中，根据间苯多酚的聚合方式，大致可分为多羟基联苯、多羟基苯醚（以醚键连接的多聚物）、混合多羟基联苯多苯醚、多（间、邻）羟基苯醚（分子末端的酚羟基少为间位，多为邻位）（李冰心等，2012）。有报道称，间苯三胺对黑素生成有抑制作用，并对UVB辐射引起的光氧化应激有保护作用（Jahan et al., 2017），也有将间苯三酚作为活性成分用于化妆品中作为滋润皮肤的成分（Chae et al., 2019）

海洋藻类中也含有较高浓度的酚类化合物，这有助于它们的抗氧化性能，减少自身体内有害健康的氧化反应（Freile-Pelegrín et al., 2013）。在微藻具有抗氧化功能的化合物中，与类胡萝卜素相比，对微藻中酚含量的测定研究较少。对抗氧化性的衡量一般参考TEAC（Trolox等效抗氧化能力试验）、FRAP（铁还原能力试验）、AIOLA（AAPH诱导的亚油酸氧化能力实验）三个指标，对于TEAC值，一般认为大于10 μmol trolox eq/g（干重）的样品的抗氧化能力较高。有研究报道，使用乙醇/水提取微藻多酚，TEAC值平均达到25 μmol trolox eq/g（干重），其中，四爿藻属（*Tetraselmis* sp.）测得TEAC值为69 μmol trolox eq/g（干重），多酚含量为3.74 mg GAE/g（干重）；富油新绿藻（*Neochloris oleoabundans*）测得 TEAC 值为 64 μmol trolox eq/g（干重），多酚含量为 3.73 mg GAE/g（干重）；测得等鞭金藻（*Isochrysis* sp.）多酚含量为 4.75 mg GAE/g（干重）（Goiris K et al., 2012）。相比较而言，有文献报道了使用 TECA 法对常见的 100 多种药用植物的抗氧化性的研究，测得药用植物的 TEAC 值平均为 9 μmol trolox eq/g（干重）（Cai Y et al., 2004）。所以，微藻在多酚类化合物开发领域也是较为有优势的。藻类的多酚主要分为蓝藻多酚、红藻多酚、绿藻多酚、硅藻多酚、金藻多酚、褐藻多酚。藻类中存在的酚类化合物主要有间苯二胺、溴酚、萜类化合物和酚类色素。在已有的研究文献中，对褐藻多酚的研究比较丰富和深入。有研究报道，在褐藻（*Ecklonia cava*）中分离出一种命名为 2,7"-间苯三酚-6,6'-双鹅掌菜酚（2,7"-phloroglucinol-6,6'-bieckol）的多酚类化合物，发现其抗氧化性强于抗坏血酸，可作为一种新型的天然抗氧化剂（Kang et al., 2012）。有临床试验表明，富含多酚类物质的海藻提取物在提亮皮肤和抗氧化方面表现出独特的功效（Fitton et al., 2015）。

9. 伪枝藻素

伪枝藻素（scytonemin）是部分蓝藻合成的黄棕色到深红色或红褐色的脂溶性疏水性色素小分子，存在于蓝藻的多糖鞘中。伪枝藻素由一种吲哚和酚类亚基组成，即苯丙酸衍生物和色氨酸缩合而成的二聚化合物，质谱法测得伪枝藻素分子质量为 544。在 386 nm 处有最大吸收峰（Fuentes-Tristan et al., 2019），紫外吸收范围在 325～425 nm。

伪枝藻素能够吸收太阳光谱的短波紫外线辐射，并通过无害的热去激发途径耗散吸收的能量，据报道，伪枝藻素可以阻止高达 90% 的紫外线辐射进入细胞，尽可能避免紫外线对细胞造成损伤和胸腺嘧啶二聚体的形成。Rastogi 等曾报道伪枝藻素具有减少因紫外线辐射而形成的胸腺嘧啶二聚体的作用，具有光保护能力（Rastogi R P et al., 2013）。伪枝藻素潜在的紫外线吸收和自由基清除能力，以及无毒性质和较强稳定性，可用于化妆品的 UV 防晒添加剂和抗氧化剂。商业防晒霜通常包含两种类型的化合物，其一是阻止长波紫外线A（UV-A）光，因为这种光线可能导致癌症发生，另外就是阻止短波紫外线B（UV-B）光，该紫外线容易导致晒伤。荒漠藻类是陆生藻类的一个特定类群，能够在条件恶劣的环境（如强紫外辐射、干旱、营养贫瘠和较大的温度变化）下生长、繁殖，长期进化适应强紫外辐射、干旱的荒漠环境。在代谢过程中，能够分泌多种紫外保护剂如伪枝藻素。伪枝藻素一般从伪枝藻、念珠藻、单歧藻等荒漠藻干藻粉中提取。此外，拟甲色球藻、杜氏藻也能够合成具有紫外吸收作用的伪枝藻素和类菌胞素氨基酸，也是制备防晒化妆品的良好原料（Fuentes-Tristan S et al.，2019）。

10. 其他物质

酪氨酸酶（TYR）可催化酪氨酸羟化成多巴，后者进一步生成黑色素。作为皮肤黑色素生物合成关键酶，酪氨酸酶抑制剂的使用是最常见的皮肤美白方法。除了酚类和类胡萝卜素类化合物，萜类化合物同样具有黑色素减退效应。近年来，天然藻类酪氨酸酶抑制剂的开发颇受人们关注。螺旋藻多酚类物质、念珠藻的甲醇提取物具有良好的抑制酪氨酸酶活性，具有良好的开发前景。此外，藻类杂萜类化合物还具有抗氧化、抗衰老、抗炎等多种活性。

虽然现有化妆品中使用的美白化合物多从陆地生物中提取，但大量的藻类皮肤美白化合物将为化妆品市场提供新的机会。

三、结论和未来展望

由于微藻活性物质自带天然绿色光环，具有结构新颖、生物活性多样的特点，利用海洋生物技术开发的微藻资源在化妆品行业具有巨大潜力，这已经引起了相关领域的关注。本章介绍了微藻活性物质种类、微藻产物在化妆品中所发挥的生物活性以及在化妆品中的应用情况。可以预见，从微藻中开发活性物质将有助于化妆品新品种的开发，以应对化妆品行业的未来挑战（表4-2~4-4）。

四、附表

表4-2 微藻和蓝藻的活性物质以及在化妆品上的潜在用途（参考 Mourelle 等，2017）

活性物质名称	藻种	活性以及潜在用途	参考文献
多糖	Chlorella	保湿增稠剂 Moisturizing and thickener agent	Jain et al., 2005
胞外多糖甲醇提取物	Arthrospira platensis	thickener agent	De Jesus Raposo et al. 2015
胞外多糖	Odontella aurita	Antioxidant	Xia et al., 2014
金藻昆布多糖	Porphyridium and Rhodella reticulata	Antioxidant	De Jesus Raposo et al., 2015
硫酸酯多糖	Chlorella	Antioxidant	Spolaore et al., 2006
β-1,3 葡聚糖	Skeletonema	Free-radical collector	Koller et al., 2014
	Porphyridium	Immune system booster	Bin et al., 2013
	Nostoc flegelliforme	Anti-inflammatory	Hamed, 2016
			Hamed, 2016
β-胡萝卜素	Dunaliella salina	Antioxidant	Hamed, 2016
虾青素	Haematococcus pluvialis	Antioxidant	Koller et al., 2014
		Sunscreen protection	Hamed, 2016

（续表）

活性物质名称	藻种	活性以及潜在用途	参考文献
藻蓝素	*Spirulina*	Antioxidant	
藻红素	*Porphyridium*	Pigment for eye-liner and lipsticks	Tang and Suter, 2011
β-玉米黄黄质	*Dunaliella salina*	Anti-inflammatory	Hosikian et al., 2010
叶绿素	*Chlorella* sp.	Promote Hialuronan synthesis	Koller et al., 2014
角黄素	*Nannochloropsis salina*	To mask odors in dentifrices and deodorants	
	Nannochloropsis oculata		
	Nannochloropsis gaditana	Tanning cosmetics and cosmeceutics	Bermejo et al., 2003
藻蓝蛋白	*Porphyridium cruentum*		Arad and Yaron, 1992
	Spirulina platensis		
番茄红素	*Anabaena vaginicola*	Eye-shadows	Singh et al., 2012
		Antioxidant	Hashtroudi et al., 2013
●伪枝藻素	*Marine cyanobacteria*	Anti-ageing	Takamatsu et al., 2003
生育酚（α-Tocopherol）	*Dunaliella tertiolecta*	Sunscreen	Hashtroudi et al., 1999
生物嘌呤葡萄糖	*Tetraselmis suecica*	Sunscreen	Matsunaga et al., 1993

（续表）

活性物质名称	藻种	活性以及潜在用途	参考文献
四氢嘧啶	Marine planktonic cyanobacterium	Antioxidant	Kim et al., 2008
	Halomonas elongata	Sunscreen	Shivanand and Mugeraya, 2011
	Halomonas boliviensis	Immune protection	
	Brevibacterium epidermis	UV protection	
植物激素	Chromohalobacter israelensis	Stress protection	Lu and Xu, 2015
	Chromohalobacter salexigens	Moisturizing agent	Michelet et al., 2012
类菌孢素氨基酸	Broad spectrum of microalgal lineages	Anti-ageing	Llewellyn and Airs, 2010
小球藻提取物	Nannochloropsis oceanica		Singh, 2017
	Cyanobacteria	Sunscreen	
微藻提取物	Chlorella vulgaris	Collagen repair (anti-ageing)	Koller et al., 2014
	Phaeodactylum tricornutum		Morelli et al., 2004
	Scenedesmus vacuolatus	Antioxidant	Sabatini et al., 2009
	and Chlorella kessleri	Antioxidant	

第四章 微藻在食品医药与化妆品产业中的应用

表4-3 已上市海藻化妆品（部分参考李传茂等，2017）

化妆品公司名称	化妆品商品名	化妆品公司名称	化妆品商品名
艾丽美（英国）	胃胶原修复眼部精华素	丹姿水密码（中国）	海藻盈润系列
莱珀妮（瑞士）	鱼子精华琼贵紧致眼精		海洋源萃系列
雅诗兰黛（美国）	海蓝之谜面精	珀莱雅（中国）	深海致臻塑颜系列
海灵（德国）	海藻萃取保湿精华	赫拉（澳大利亚）	海藻保湿系
花王（日本）	男士海藻精华洗发水	欧贝诗	海巨藻水光系列
雅芳（美国）	海藻补水面膜	尼奥杰	海藻益生菌平衡面膜
悦诗风吟（韩国）	海藻震动精华		

表4-4 已使用的化妆品微藻原料名称目录（Mourelle M et al., 2017）

编号	原料中文名称	原料英文/拉丁文名称
01542	钝顶节螺旋藻（SPIRULINA PLATENSIS）粉	SPIRULINA PLATENSIS POWDER
01543	钝顶节螺旋藻（SPIRULINA PLATENSIS）提取物	SPIRULINA PLATENSIS EXTRACT
02364	浮水小球藻（CHLORELLA EMERSONII）提取物	CHLORELLA EMERSONII EXTRACT

（续表）

编号	原料中文名称	原料英文/拉丁文名称
03177	极大螺旋藻（SPIRULINA MAXIMA）提取物	SPIRULINA MAXIMA EXTRACT
03178	极微小球藻（CHLORELLA MINUTISSIMA）提取物	CHLORELLA MINUTISSIMA EXTRACT
04476	螺旋藻提取物	
04477	裸藻/油酸发酵产物	EUGLENA/OLEIC ACID FERMENT
05771	三角褐指藻（PHAEODACTYLUM TRICORNUTUM）提取物	PHAEODACTYLUM TRICORNUTUM EXTRACT
06916	细小裸藻（EUGLENA GRACILIS）多糖	EUGLENA GRACILIS POLYSACCHARIDE
06917	细小裸藻（EUGLENA GRACILIS）提取物	EUGLENA GRACILIS EXTRACT
07134	小球藻（CHLORELLA VULGARIS）	CHLORELLA VULGARIS
07135	小球藻（CHLORELLA VULGARIS）粉	CHLORELLA VULGARIS POWDER
07136	小球藻（CHLORELLA VULGARIS）提取物	CHLORELLA VULGARIS EXTRACT
07137	小球藻发酵产物	CHLORELLA FERMENT
07377	盐生杜氏藻（DUNALIELLA SALINA）提取物	DUNALIELLA SALINA EXTRACT
07445	洋假鱼腥藻（PSEUDANABAENA GALEATA）提取物	PSEUDANABAENA GALEATA EXTRACT
08210	雨生红球藻（HAEMATOCOCCUS PLUVIALIS）提取物	HAEMATOCOCCUS PLUVIALIS EXTRACT
08211	雨生红球藻（HAEMATOCOCCUS PLUVIALIS）油	HAEMATOCOCCUS PLUVIALIS OIL
08626	中肋骨条藻（SKELETONEMA COSTATUM）提取物	SKELETONEMA COSTATUM EXTRACT
08677	紫球藻（PORPHYRIDIUM CRUENTUM）提取物	PORPHYRIDIUM CRUENTUM EXTRACT

第五章 微藻废水处理及其收获技术

利用微藻进行污水处理的历史已久,早在20世纪50年代,Oswald等(1957)就提出利用微藻处理污水的设想。此后,以藻-菌共生体系和高效藻类塘为代表的悬浮生长藻类系统在分散式污水处理中得到了广泛的工程应用。但这类系统因占地面积大、处理效果不稳定等局限性,一直未能成为污水处理的主流工艺。近年来,在市政污水处理厂深度净化需要以及渴望从微藻中获得高值产品的驱动下,微藻污水处理在世界范围内重获新生。本章主要介绍微藻废水处理与资源化工程技术,重点介绍处理废水后的微藻采收过程及其机理。

第一节 微藻废水处理概述

微藻是一类单细胞微生物,种类多样,生长繁殖迅速,对环境的耐受性较好,易于培养,能够在多种生态系统中生长。在生长期间,微藻能在细胞内积累大量脂质、蛋白质、色素等高价值化合物,是生物燃料、食品、饲料和药品等有效成分最具潜力的原料之一。在生长过程中微藻需要大量吸收氮(N)、磷(P)等营养元素,可直接降低二/三级出水中N、P等污染物的含量。通过固定二氧化碳(CO_2)、产生氧气(O_2)、提高pH等间接作用,微藻还能创造出有效去除水中残留有机物和病原微生物的环境条件。沼液中富含碳源、氮源等,正好为微藻的生长提供养料。此外,微藻也具有吸附重金属等有害物质的能力。因此，微藻具有成为污水深度净化技术的良好潜力。在污水二/三级处理中，去除营养元素的常见藻种包括：①绿藻门的小球藻（*Chlorella*）、葡萄藻（*Botryococcus*）、栅藻（*Scenedesmus*）和微绿球藻（*Nannochloris*）等，其中尤以小球藻（*Chlorella*）和栅藻（*Scenedesmus*）的研究报道为多；②蓝藻门的节旋藻属（*Arthrospira* sp.）、颤藻属（*Oscillatoria* sp.）和席藻属（*Phormidium*）；③硅藻门的三角褐指藻（*P. tricornutum*）等。微藻净化沼液系统能够同时降低沼液中的营养成分和有机物，随着能源危机和环境问题的日益加剧，以微藻为原料进行高附加值及生物燃料的生产也受到了广泛关注。

第二节　微藻污水处理与资源化工程技术

大多数藻类营养要求简单，由于生长速度快，代谢迅速，吸附作用强而净化效率高。在光照条件下，为了自身生长的需要，微藻会消耗水中的N和P，同时利用碳源，通过细胞中叶绿素的光合作用合成自身所需的细胞物质，完成细胞增殖并且在这个过程中释放出氧。

以畜禽养殖废水为例，畜禽养殖废水中最重要也是最难去除的污染物质是NH_4-N，藻类可以用大量的有机氮化合物和无机氮化合物作为氮源来合成氨基酸。藻类对NH_4-N的去除主要有两方面的机理：一是利用氨氮中的氮源来合成氨基酸，二是光合作用消耗水中二氧化碳并产氧气使pH升高，从而使氨氮变成氨气释放到空气中。藻类氨氮的去除代表总氮的降低，与藻类相比，异养微生物除氨氮，在污泥龄较短的条件下，相对的同化吸收较少，大部分氨氮只是被转化为硝基氮和亚硝基氮，虽然得以去除水中的氨氮，但总氮去除效果仍然较差。此外，水体中溶解的各形态磷可以不同程度地促进藻类的生长。藻类对磷酸盐的去除主要有两个方面：一是在有氧的条件下，直接被藻细胞吸收，通过水平磷酸化、氧化磷酸化和光合磷酸化途径转化成ATP、磷脂等有机物；二是藻类生长导致 pH 的增加，碱性环境使溶解性磷酸盐和水中的钙离子形成羟基磷酸钙沉淀后再被藻类吸附。因此，藻类细胞可以用来去除污水中富集的氮、磷等营养物质，并以有机物的形式将其储存在藻细胞中。

藻类也可以吸收重金属。藻类有细胞壁分层，外层主要是由纤维素、果胶质、藻酸鞍岩藻多糖和聚半乳糖硫酸酯等多层微纤丝组成的多孔结构，内层的主要成分是纤维素。细胞结构和生理上的特征为其免受重金属毒害提供屏蔽，同时为处理畜禽废水中的重金属提供了条件。目前，对藻类吸收可溶性金属的动力学研究认为，藻细胞对金属的吸收过程主要是两个类型的机理：一种是被动吸收，又叫生物吸附，满足吸附解吸的动态平衡，是富集的主要途径，不需任何代谢过程和能量提供，速度快，不受光、温度或者代谢抑制物的影响，主要以金属离子代替细胞壁上的一价和二价离子或者与细胞壁上官能团结合，细胞壁结构及离子种类决定了富集的效率与选择性。同时，死亡藻体细胞壁上的功能基团活性并未丧失，因此也具吸附能力。另一种是主动吸收，速度较慢，不可逆。在藻类生长代谢过程中，金属离子会累积在细胞表面，然后与质膜上的某些酶如膜转移酶、水解酶等结合，从而被细胞主动运输至细胞内积累。这两种机制在藻类处理废水中可同时起作用，它们的相对重要性是依据藻种类、培养条件、金属的化学性质等因素共同决定的。具体来说，生物吸附受藻种及其培养时间、与金属离子的接触时间、离子浓度、竞争离子、培养基等条件的影响。

一、沼液废水的预处理

沼液不仅营养丰富，而且含有较多的悬浮颗粒，具有较高的浊度，营养成分和理化性质差别也很大。在开放环境中，沼液很容易滋生细菌、杂藻以及捕食者如轮虫等，使得在以微藻处理沼液的过程中，微藻细胞很容易受到虫害的影响。因此，沼液的预处理对于整个微藻养殖过程是至关重要的。

沼液的预处理主要从降低浊度、调整营养结构以及虫害预防 3 个方面入手。

沼液中含有相对较高的悬浮颗粒（30~40 kg/m），导致浊度的升高及光照利用受限，光照的限制使藻细胞的生物量累积不高，进而影响污水处理的效率。一般来讲，微藻净化沼液系统都建有初沉池和曝气池，能对沼液中的颗粒性物质进行初步沉降，而后通过添加絮凝剂、过滤等方法进一步降低沼液的浊度。高婷等（2012）在利用微绿球藻去除沼液中的氮磷时，将沼液沉降，再用100目筛过滤。霍书豪等（2012）在探究7株微藻对沼液处理效果的试验中，将沼液10 000 r/min离心后，用0.45 μm孔径的混合纤维滤膜过滤处理。王钦琪等（2011）在探究小球藻减排沼液的试验中，沼液经沉降池去除较大的固体颗粒，然后经板框压滤机过滤去除较小颗粒，从而降低沼液的浊度。刘玉环等（2015）利用有机悬浮物气浮分离装置降低沼液等有机污水中的悬浮颗粒。

沼液一般含有较低的C/N，微藻在跑道池中培养，生长受到抑制，本质上是碳源的抑制，这又会使微藻生长利用无机碳源，引起水体中碳酸盐平衡的变化，促进氢氧根离子富集而引起pH升高。pH的升高同时会抑制微藻和水体中好氧细菌的生长。通过外加二氧化碳和用富含碳源的物质与养殖废水共同发酵，都可以有效提高沼液中的碳含量，提高C/N，避免因碳源限制引起的藻类生长抑制。污水中的N/P同样对于氮磷的高效去除有很大影响，Aslan和Kapdan（2008）认为，适宜的N/P可能会加强小球藻在高浓度N/P污水中对营养物质的去除。对微藻来说，适宜的N/P可能随藻种的不同而不同。因此，筛选适合不同沼液N/P的藻种与建立各种典型沼液和藻种相匹配的数据库是十分重要的。

微藻规模化处理沼液的过程主要是在开放养殖系统中进行的，来自寄生虫和捕食者的污染是所有微藻规模化养殖过程中面临的共性问题。因此，在规模化养殖过程中如何避免寄生虫与食藻害虫的污染和繁殖是学者和生产者面临的普遍难题。许多学者在实验室阶段的研究中，一般会采用高温灭菌的方法来避免微藻养殖过程中杂菌及食藻害虫的污染，然而这个方法不适用于规模化养殖过程。因此，开发一种经济、操作性强的方法来对沼液进行处理，以避免养殖过程中虫害的暴发十分必要。Letcher等（2013）对栅藻在开放池养殖过程中的真核寄生虫的生命周期和特性进行分析，认为通过隔绝空气中的悬浮颗粒避免感染和控制寄生虫的吞噬作用获取营养可作为避免寄生虫污染的可能途径。巫小丹等（2014）比较了不同预处理方法对猪沼液害虫的杀灭和对后期微藻养殖的影响，结果表明用 40 mg/L 的漂白粉可基本杀灭沼液中的食藻害虫，且放置 4 天后可进行微藻的培养。刘林林等（2014）利用高压灭菌和次氯酸钠进行预处理，结果表明，应用 200 mg/L 有效氯消毒组的狭形小桩藻生长和净化沼液效果比应用高压灭菌组的效果好。因此，高浓度而复杂的沼液废水在利用微藻处理前进行预处理是必要的。

二、微藻藻种的选育和驯化

在沼液的净化处理过程中，微藻的筛选和驯化是整个处理系统的前提和基础。适用于规模化净化沼液的微藻需满足生长迅速、耐污性强、耐高氨氮及有机物、对捕食者及异养微生物有一定抗性且具有一定高附加值产品开发前景。藻种的选育主要从以下两个方面入手：①对自然环境中的微藻资源进行收集、筛选和分离，对筛选出的藻种的理化特性进行研究，如培养温度，光照，pH 等，及 N、P 等微量元素对微藻生长和生物质组成的影响和作用机理；②对微藻藻种进行遗传改造。

小球藻和栅藻因对水质和生长环境的要求较低被广泛研究。刘林林等（2014）调查了 15 种淡水微藻在养猪废水中的生长情况和营养物质的去除效果，结果表明不同的多棘栅藻和斜生栅藻对氨氮、硝态氮及总氮的去除效果各不相同，所有微藻均能达到 91% 以上的总磷去除率。Godos 等（2010）评估了两种绿藻，一种蓝藻，一株裸藻和两种混合藻株在与活性污泥细菌共生系统中对 4 倍和 8 倍稀释率的养猪污水的生物降解能力，小球藻和绿裸藻能够在 4 倍和 8 倍稀释的污水中生长，斜生栅藻和从粪尿稳定塘分离出的藻株仅能在 8 倍稀释的污水中生长，钝顶螺旋藻和从高效藻类污水处理塘分离出的藻种在这两种稀释率的污水中不能生长。进一步研究表明，小球藻能够耐受较高的氨氮，有效降解污水。王钦琪（2011）等通过在沼液中添加 BG11 培养基逐步驯化小球藻，最终使小球藻能够在沼液培养基中生长，总氮和总磷的去除率分别能够达到 90% 和 97% 以上。阮榕生等（2013）用沼液对小球藻进行驯化得到耐受高浓度沼液的藻株，用其处理沼液10天后氨氮和总磷的去除率分别达到了94.76%和80.03%，处理结果低于国际养猪业水污染物日最高排放标准。这些报道都表明，从污水处理厂或者自然水体中分离出的藻种能够很好地适应实际生产的条件并且生长状态良好。

三、微藻的培养

按微藻的生长方式不同，微藻培养系统可大致归类为液体悬浮培养和贴壁培养两大类。悬浮培养系统可进一步分为开放式和封闭式两类：①开放式系统主要指各类塘系统，典型的如高效藻类塘和跑道式藻类塘等；②封闭式系统主要指各类光生物反应器，分为管式（垂直、水平、螺旋）、圆柱式、薄板式和袋式等。传统的液体悬浮培养处理沼液存在着占地面积大、处理效率不高、条件不易控制、采收成本较高等问题。此外，微藻的生长易受营养物质、光照、pH、温度和接种浓度等条件直接影响。Arbib等（2013）应用530 L的跑道池和380 L的管道光生物反应器进行污水的净化实验，结果表明，总氮的去除率分别达65.12%±2.87%和89.68%±3.12%，总磷的去除率分别达58.78%±1.17%和86.71%±0.61%，在同等条件下，光照和温度分别是限制这两种生物反应器的主要因素。

贴壁培养是一种依据光稀释与固定化的原理，将藻细胞与培养基分离，并固定在一定的生物膜材料上，极少量的培养基液体通过附着多孔材料的背面或内部滴入，使藻细胞处于半湿润状态，并在一定光照强度与营养盐浓度下进行生长的培养方式，包括光生物膜（平板）反应器和藻细胞固定化。利用贴壁方式培养微藻处理沼液废水，因反应装置的特殊性，培养结束后可省去藻细胞离心的高能耗过程，降低成本。在众多微藻中，栅藻、小球藻等在培养过程中可积累较多油脂，且对污水耐受能力强，是较为理想的净化污水的藻种资源。程鹏飞等（2017）应用贴壁方式考查产油藻类栅藻和小球藻对处理养猪沼液废水的效果。

研究结果表明,与正常培养基相比,栅藻、小球藻的生物产率和油脂积累率相差不大,两者均能较好净化废水中主要污染指标氨氮(NH$_3$-N)、总磷(TP)及化学需氧量(COD),栅藻的去除率分别是96.59%、74.52%和72.47%,小球藻的去除率分别是94.90%、73.55%和71.40%。考虑到污水处理的实际情况(水量大,建造、运行成本等),开放培养系统仍将是微藻污水处理的主流反应器构型。

四、微藻的分离与采收

微藻的分离、采收在整个微藻废水处理与资源化利用过程中至关重要,所占经济成本占总份额的30%以上。微藻细胞一般小于30 μm,带负电荷,密度接近水,这些特性使得藻细胞在水中往往处于稳定的悬浮状态,很难像活性污泥那样通过重力沉淀而实现自然分离。藻细胞会随处理水大量流失,不仅二次污染处理水,而且导致反应器内生物量难以大量维持(一般仅为0.2~0.6 g/L)。低培养密度导致去除效率低下,使得处理效果稳定性较差。对此,往往需降低处理负荷,同时采用较长的水力停留时间(HRT),但这会导致占地面积加大。目前普遍应用的藻类塘系统HRT一般为2~6 d,当量人口占地一般>10 m^2。显然,占地面积要比二/三级污水处理主体单元还要庞大许多,这在用地紧张的城市中是很难被接受的。从能源生产角度看,满足工业利用要求的藻细胞原料的最佳生物量应为300~400 g/L(干质量)。因此,常规培养下的藻液需浓缩至千分之一以上后方能在工业上加以利用。这一高能耗的分离、浓缩过程是微藻能源生产中的主要能耗成本(占微藻生物质生产总成本的20%~50%)。过高的生产成本使得利用藻类生产生物柴油与化石燃料相比仍处于劣势。可见,藻细胞分离、采收困难是限制微藻技术大规模工业化应用的重要"瓶颈"。

微藻分离、采收常用的方法包括离心法、过滤法(包括膜滤)、气浮法、直接重力沉降法和絮凝法等。①离心法是快速、可靠的分离采收方法。但极高的能耗和投资运行成本,在目前技术条件下并不具备大规模工程应用的潜力。

②过滤法仅在分离丝状藻时能耗和成本较低；对于非丝状藻极易形成膜污染，能耗和运行成本很高，不能满足高效、低成本采收的要求。③气浮法仅适用于采收单细胞藻类，在污水混合培养的条件下不能普遍适用；此外，由于要产生大量的微小气泡，投资和运行成本/能耗亦很高，甚至可能高过离心法。④直接重力沉降法是成本最为低廉的分离、采收方法，但耗时长，分离效果和可靠性最差。⑤絮凝法是分离水中粗分散和胶体物质应用最为广泛的方法，在20世纪80年代就已经用于微藻的分离采收。悬浮藻液经絮凝后能实现高效重力沉淀分离；分离的藻细胞能直接被截留在反应器内，达到维持高生物量和保障出水水质的目的。从单纯的藻细胞采收角度来说，絮凝法是处理大量稀藻液时最为经济、可行的方法。虽然藻细胞经絮凝沉淀后还不能直接达到工业应用的要求，但已能显著降低后续浓缩过程的能耗和成本。因此，絮凝法已被视为实现微藻大规模分离采收的最佳方法。

1. 微藻悬浮液聚集稳定性的理论框架

扩展DLVO（XDLVO）理论是胶体化学中描述胶体稳定性的经典理论之一，已成功应用于描述活性污泥系统微生物细胞间的黏附聚集（絮凝）过程。最近研究证实，该理论同样适用于描述微藻悬浮液中藻细胞的聚集过程。在XDLVO理论中，胶粒间的相互作用主要考虑以下3种非共价键的相互作用力：①范德华力（Lifshitz-van der Waals interaction），它是色散力、极性力和诱导偶极力之和；②静电力（Electrostatic interaction），源自胶粒表面所带电荷的静电相互作用；③Lewis酸-碱水合作用力（Lewis acid-base interaction），源自极性组分间的电子转移。胶粒间的总表面位能 $[G^{TOT}(d)]$ 为以上作用力的位能之和：

$$G^{TOT}(d) = G^{LW}(d) + G^{EL}(d) + G^{AB}(d) \tag{1}$$

式中，$G^{LW}(d)$ 为范德华作用力位能，$G^{EL}(d)$ 为静电作用力位能，$G^{AB}(d)$ 为Lewis酸-碱水合作用力位能。(d) 表示作用力的大小和性质为胶粒间距的函数。理论上，$G^{TOT}(d)>0$ 则胶粒间相互排斥，处于聚集稳定状态；$G^{TOT}(d)$

<0则胶粒相互聚集。典型的总位能曲线一般包含两个低位穴能（胶粒间距由远及近分别为第二低位穴能 Em_2 和第一低位穴能 Em_1），两者之间存在一斥力能峰（Eb）。当胶粒相互靠近，到达第二低位穴能点（Em_2）时，胶粒间处于一种可逆的黏附状态；外界条件稍有变化，则黏附的胶粒又将相互分离，是一种不牢固的黏结状态。只有胶粒的动能足够大，足以克服斥力能峰到达第一低位穴能（Em_1）时才能形成牢固的黏结状态，即发生絮凝。

2. 微藻细胞表面特性与聚集稳定性

在藻细胞表面覆盖着一层复杂的胞外聚合物（EPS），主要成分为碳水化合物（EPSC）、蛋白质（EPSP）和包括腐殖质（Humus-like Substances）、核酸（Nucleic Acids）、糖醛酸（Uronic Acids）等在内的其他成分。这些成分导致藻细胞表面富集了大量羧基（—COOH）和氨基（—NH_2）等功能团。这些功能团随体系 pH 不同能接收或失去质子（H^+），由此形成表面电荷及电势。例如，当体系处于低 pH 条件时，羧基和氨基都将接收 H^+（质子化，protonation），形成正的表面电荷；相反，羧基将失去 H^+（去质子化，deprotonation），形成负的表面电荷；在特定 pH 条件下，可以形成羧基失 H^+ 而氨基得 H^+ 的情况，表面净电荷为零，即等电点。对于微藻，等电点一般在 pH = 3 时实现。实际微藻培养系统的 pH 一般在 7 以上。所以，藻细胞一般带负电，即式（1）中的静电作用力项表现为斥力。

胶粒表面电势无法直接测量，只能测量出胶粒的 Zeta 电位后通过计算间接得出。Zeta 电位是胶粒双电层结构中滑动面与水溶液之间的电位差，是表征分散体系稳定性的重要指标。Zeta 电位绝对值越高，胶粒之间的排斥力越大，体系越稳定。实际培养条件下藻类的 Zeta 电位一般在 $-35 \sim -15$ mV。因此，藻细胞间的静电斥力一般较大，是藻细胞在水溶液中保持聚集稳定性的主要原因。

3. 亲 / 疏水性

决定总表面位能 [式（1）] 的 3 种基本作用力中，范德华力一般表现为引力，其大小取决于胶粒间距、单位体积内的粒子数量和粒子的极化率等。静电力和Lewis酸-碱水合作用力的性质和大小则取决于藻细胞的表面电势和亲/疏水性等表面特性。

藻细胞的表面亲/疏水性决定了式（1）中Lewis酸-碱水合作用力的性质和大小，具体有如下规律：疏水性藻细胞间的Lewis酸-碱水合作用力表现为引力；亲水性藻细胞间的Lewis酸-碱水合作用力表现为斥力；亲水和疏水藻细胞间的Lewis酸-碱水合作用力性质则取决于藻细胞的相对亲/疏水程度，可为引力或斥力；亲/疏水程度越高，Lewis酸-碱水合作用力的值越大。以上规律可通俗地理解为疏水细胞在水溶液中将受到水分子的"排斥"作用，因而细胞间有相互团聚（吸引）的趋势；亲水细胞则各自受到水分子的"吸引"，因而细胞间有分散在水溶液中的趋势（相互排斥）。藻细胞间的静电斥力一般大于范德华引力，因此在没有外加絮凝剂消除静电斥力的情况下，Lewis酸-碱水合作用力（表面亲/疏性）的性质和大小对微藻悬浮液的聚集稳定性就具有决定性的影响。例如，亲水性藻细胞间的Lewis酸-碱水合作用力为斥力，因此该类藻细胞悬浮液总是能保持聚集稳定性；只有Lewis酸-碱水合作用力为引力时（疏水藻细胞之间及特定亲水-疏水藻细胞组合），微藻悬浮液才有可能发生絮凝。细胞亲/疏水性取决于表面功能团：表面富含长链烃类的微藻种属（如葡萄藻属）表现为疏水性，因为长链烃类主要包含甲基和亚甲基等疏水基团，羟基和羧基等亲水基团只占很小一部分；表面富含糖醛酸、中性糖和葡糖胺等成分的微藻种属（如小球藻）则表现为亲水性，因为这些成分能形成大量羟基、羧基和氨基等亲水基团。

4. 絮凝机理

根据上述XDLVO理论，微藻絮凝的基本原理就是要通过降低/消除静电斥力（Zeta电位），使Lewis酸-碱水合作用力表现为引力等措施消除/降低藻细胞之间表面能的排斥能峰，使藻细胞能相互靠近到达第一低位穴能，从而紧密地黏结在一起形成絮体。根据是否需要添加絮凝剂可分为外加絮凝剂法和自发性絮凝法两大类。其中，外加絮凝剂法根据所使用的絮凝剂种类又可分为无机絮凝剂法、有机高分子絮凝剂法和生物絮凝剂法。外加无机絮凝剂的主要作用机理就是中和藻细胞表面的电负性，降低/消除静电斥力。有机高分子絮凝剂则主要通过吸附架桥原理起作用：链状高分子物质（少数情况也可能是无机絮凝剂形成的大胶粒）在静电引力、范德华力和氢键力的作用下，一端吸附了某一胶粒后，另一端又吸附了另一胶粒，从而把不同的胶粒连接起来而形成絮体（图5-1）。自发性絮凝按照发生机理可进一步分为高pH诱导的自发性絮凝和EPS引起的自发性絮凝。生物絮凝剂和EPS诱导的自絮凝则可能是通过Lewis酸-碱水合作用力中的疏水引力及吸附架桥原理的综合作用实现絮凝。最后，投加絮凝剂形成的沉淀物和絮体等还可通过网捕和卷扫等物理作用进一步促进藻细胞的絮凝沉降。

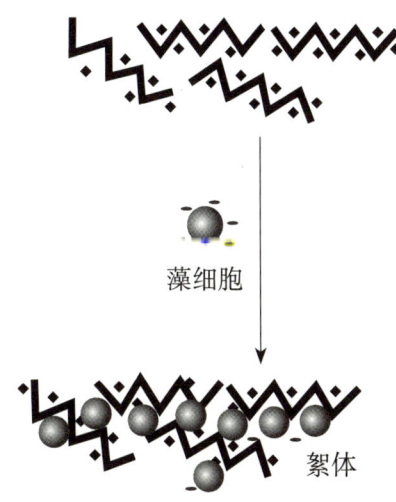

图5-1　吸附架桥作用示意图

五、絮凝方法

1. 无机絮凝剂

（1）种类和作用机理：以铁盐和铝盐为代表的多价金属盐类和聚合金属盐

类是传统污水处理中应用最为广泛的絮凝剂，也是微藻絮凝中应用最早的外加絮凝剂。典型絮凝剂包括硫酸铝、硫酸亚铁、氯化铁、聚合氯化铝、聚合硫酸铝、聚合硫酸铝铁、聚合氯化铝铁、聚合硫酸氯化铝铁等。

金属盐类絮凝剂主要是通过电性中和作用破坏藻细胞的聚集稳定性。Al^{3+}、Fe^{3+}等游离阳离子及其各种带正电荷的水解产物能中和藻细胞表面所带的负电荷，从而促进藻细胞碰撞聚集形成絮体，发生絮凝沉淀。此外，铝盐、铁盐等金属盐还能形成$[Al(OH)_3]_n$、$[Fe(OH)_3]_n$等聚合体，以吸附架桥形式作用于藻细胞。在特定pH下，这些金属盐类还可形成大量$Al(OH)_3$及$Fe(OH)_3$等沉淀物，以网捕卷扫作用促进微藻的絮凝沉降。聚合金属盐类絮凝微藻的主要机理则是吸附架桥作用，同时也有电性中和及网捕卷扫作用。

（2）絮凝效果和影响因素：表5-1总结了几种典型无机絮凝剂在微藻分离采收中的絮凝条件及效果。各研究采用了不同的计量基准（如生物量以细胞个数/mL或mg/L计）及不同的藻种和絮凝条件，无法直接进行横向比较，但仍可以总结出以下要点：

①铝盐、铁盐等多价金属絮凝剂在合适的条件下都可有效絮凝（>80%）常见的微藻种属；对于典型的稀藻液（浓度小于0.5 g/L），药剂投加量一般要达几百mg/L藻液。

②铝盐比铁盐的絮凝效率更高；金属氯化物比金属硫酸盐的絮凝效率更高；这反映在达到类似絮凝效果，铝盐和金属氯化物的投加量更小且所需絮凝时间更短。

③聚合金属盐类比非聚合金属盐类的混凝效率高，且在更广的pH范围内有效。

表 5-1 无机絮凝剂在微藻分离采收中的絮凝条件与效果

絮凝剂	藻液	絮凝条件	絮凝效果：去除率（投加量），絮凝时间	参考文献
硫酸铝 硫酸铁 聚合氯化铝 聚合硫酸铁	项圈藻（Anabaena），藻液浓度 2×10^5/mL	2 min 快速搅拌（300 r/min），25 min 慢速搅拌（35 r/min），2 h 沉淀，pH7.5；投加量[1]：硫酸铝（0.175，0.25，0.375），硫酸铁（0.175，0.21，0.25），聚合氯化铝（0.175，0.26，0.375），聚合硫酸铁（0.175，0.21，0.25）	硫酸铝：74%（0.175），94%（0.25），95%（0.375）；硫酸铁：70%（0.175），75%（0.21），76%（0.25）；聚合氯化铝：67%（0.175），69%（0.26），73%（0.375）；聚合硫酸铁：94%（0.175），95%（0.21），96%（0.25）；	Jiang et al., 1993
硫酸铝 硫酸铁 氯化铝 氯化铁	微小小球藻（Chlorella minutissima），藻液浓度 220×10^6/mL	投药量[2]：0.25，0.50，0.7，1	硫酸铝：80%（0.75），2 h；硫酸铁：80%（0.75），4 h；氯化铝：80%（0.5），1 h；氯化铁：80%（0.5），3 h；	Papazi et al., 2010
硫酸铝 硫酸铁 三氯化铁 氢氧化钙	小球藻（Chlorella），藻液浓度 0.35 g/L	投加量[2]：硫酸铝（0.8），硫酸铁（0.5），三氯化铁（0.3），氢氧化钙（0.8）	硫酸铝：89.7%（0.8），90 min；硫酸铁：89.6%（0.5），90 min；三氯化铁 92.3%（0.3），30 min；氢氧化钙 91.7%（0.8），90 min；	薛蓉等，2012
硫酸铝 氯化铁 氢氧化钙	栅藻（Scenedesmus sp.），藻液浓度 0.54 g/L	1 min 快速搅拌（800 r/min），1 min 慢速搅拌（250 r/min），沉淀时间（2, 5, 10, 30, 60,120 min）；投加量[2]：硫酸铝（0.02,0.03, 0.05, 0.1, 0.3），氯化铁（0.06, 0.08, 0.1, 0.15, 0.2），氢氧化钙（0.2,0.3,0.4, 0.5, 0.6）	硫酸铝：>95%（0.3），10 min；75%（0.1），30 min；~60%（0.02, 0.03, 0.05），120 min；氯化铁：>95%（0.15, 2），2 min；~70%（0.06, 0.08, 0.1），120 min；氢氧化钙：90%（0.3, 0.4），120 min；~80%（0.5），120 min ~60%（0.6），120 min	Chen et al., 2013

影响无机絮凝剂絮凝效率的因素主要有絮凝剂的种类、pH、藻液浓度和投加量等。絮凝剂种类对絮凝效果的影响在上文已有论述。一般而言，絮凝剂所带的电荷密度越高，絮凝效果越好。这正是铝盐、铁盐的絮凝效果要远远好于钙、镁和铵离子的原因所在。此外，絮凝剂的水溶性也对絮凝效果有显著影响，如氯离子的水溶性好于硫酸根，所以金属氯化物的絮凝效果要好于金属硫酸盐。水溶性效应还可以解释摩尔质量对絮凝效果的影响，如尽管Fe^{3+}和Al^{3+}一样带+3价电荷，但铁离子的摩尔质量大于铝离子，摩尔质量越大，水溶性越差，所以铁盐的絮凝效率要低于铝盐。铝盐的絮凝效果对pH高度敏感，最佳pH为4~5，这是因为在此pH条件下铝的水解产物以带正电的多核羟基配合物形式存在且最稳定；中性条件下，铝的水解产物以$Al(OH)_3$沉淀为主；pH>8.5时，水解产物将以带负电的$[Al(OH)_4]^-$为主，无法形成有效絮凝。一定范围内絮凝效果与絮凝剂的投加量成正比，但过量投加会使胶粒吸附过多的反离子，重新带电而再次稳定。因此，絮凝剂使用存在一个最佳投加量，这是絮凝分离中早已得到深入分析的典型现象。但最佳投加量随藻液浓度的变化规律文献中还存在不统一之处：一般而言所需絮凝剂的投加量随藻液浓度的升高而线性增加，这符合电性中和的絮凝机理。最新研究表明，微藻代谢产生的有机物（Algogenic Organic Matter，AOM）对絮凝过程有显著的抑制作用，它的存在将成倍地增加絮凝剂投加量，这将显著增加絮凝成本并对藻细胞的后续加工利用造成负面影响。

2. 有机高分子絮凝剂法

（1）种类与作用机理：有机高分子絮凝剂在微藻分离采收中亦很早便得到了应用。目前商业化的有机高分子絮凝剂主要是人工合成的，以聚丙烯酰胺（Polyacrylamide）为代表。近年来，天然高分子有机絮凝剂，如壳聚糖（Chitosan）、阳离子淀粉（Cationic Starch）和纤维素等得到了越来越多的关注。有机高分子絮凝剂的作用机理主要为吸附架桥作用。因藻细胞带负电的表面特性，高效的高分子絮凝剂必须为阳离子型的。阴离子及非离子型的聚合高分子单独使用时不能使微藻发生有效絮凝。除架桥作用外，阳离子型高分子絮凝剂还可能局部逆转藻细胞表面的电负性，使某些部位带负电而另一部位带正电，从而使不同的藻细胞能直接通过静电引力结合在一起，形成所谓的静电互补聚集（Electrostatic Patch Aggregation）。几种代表性的有机高分子絮凝剂：①聚丙烯酰胺，分子量在 4 003～2 000 万之间，具有阳性基团（—$CONH_2$）。该基团既是亲水基团，又是吸附基团，所以能对微藻产生吸附电中和及架桥作用。除桥连作用外，聚丙烯酰胺还有包络作用。发生桥连和包络的高分子能形成三维网状结构，通过卷扫网捕作用使微藻沉降分离。②壳聚糖，是少数阳离子型的天然高聚物，结构单元是 2-氨基-2 脱氧葡萄糖，通过 β-1-4 糖苷键连接起来（图 5-2）。在酸性条件下，壳聚糖分子链上所带的大量氨基以带正电荷的胺离子形式存在，能中和藻细胞的电负性，同时借助高分子链的吸附架桥作用使藻体絮凝沉降。当溶液呈现碱性时，壳聚糖表面所带胺基非离子化或呈弱负电性，从而降低了絮凝效率。③阳离子淀粉，是在淀粉骨架中引入季铵基团，这样就使得淀粉呈正电性。又因淀粉分子固有的聚合结构，使阳离子淀粉具有电性中和及吸附架桥的双重作用。阳离子淀粉和壳聚糖一样，也具有无毒、无污染、可生物降解的特点。与壳聚糖比较而言，阳离子淀粉原料价格更低，更容易获得。最为显著的是季胺基团不受 pH 的影响，从而可在很大的 pH 范围内适用。

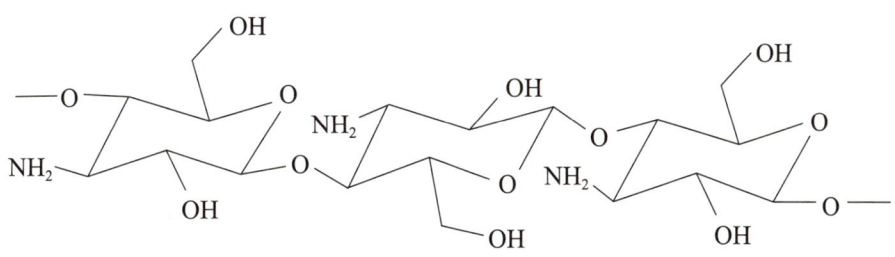

图 5-2　壳聚糖的一般结构

（2）絮凝效果与影响因素：表 5-2 列出了几种典型有机高分子絮凝剂在微藻分离采收中的絮凝条件与效果。聚丙烯酰胺虽然是污水处理中应用最成熟的高分子絮凝剂，但其对微藻的絮凝效率却并不理想；在相对较高的投加量

（20~80 mg/L 藻液）下也仅能实现 50% 左右的絮凝效果。这可能是因为其电荷密度较低所致。因此，对聚丙烯酰胺进行改性是一个重要的研究方向，即通过在聚丙烯酰胺上引入胺类分子，生成季胺型阳离子以进一步提高絮凝效率和适用范围。此外，从结构上对聚丙烯酰胺进行改进，增强高分子链的展开程度也是强化絮凝效果的方向之一。

表 5-2　有机高分子絮凝剂在微藻分离采收中的絮凝条件及效果

凝剂	藻液	絮凝条件	絮凝效果	参考文献
聚丙烯酰胺	栅藻，藻液浓度 0.54 g/L	投加量：20~80 mg/L；絮凝时间 120 min	各投加量的絮凝效果基本一致，约 50%	Chen et al.，2013
壳聚糖	微囊藻，藻液浓度 5×10^5 ~ 2×10^6/mL	投加量：0.1~1 mg/L；pH 4~9；1 min 快速搅拌（300 r/min），10 min 中速搅拌（100 r/min），10 min 慢速搅拌（50 r/min），沉淀 30 min	投加量 > 0.5 mg/L 时絮凝效果 > 90%；适宜 pH 5~7，最佳为 6，大于 8 时基本无絮凝效果	翟玥等，2009
壳聚糖	小球藻，藻液浓度 5×10^9/mL	投加量：5~10 mg/L；搅拌 60 min（100 r/min），沉淀 60 min	低投加量时絮凝效果随投加量线性上升，最佳投加量为 10 mg/L（99% 去除），继续加大投加量絮凝效果下降	Kothari et al.，2016
阳离子淀粉（玉米淀粉）	斜生栅藻，藻液浓度 0.2~0.25 g/L	投加量/微藻生物量：0~0.18；pH 7；2 min 快速搅拌（200 r/min），10 min 慢速搅拌（25 r/min），沉淀 1 h	在投加量/微藻生物量之比为 0.005 3 时就达到了 90% 的絮凝效果（藻液浓度 0.25 g/L 对应投加量 1.3 mg/L）	Anthony et al.，2013

壳聚糖和阳离子淀粉对淡水藻类都有非常高的絮凝效率：一般在 10~30 mg/L 藻液的投加量下就可以达到 80% 以上的絮凝效果；对于个别藻种甚至在 1 mg/L 左右的投加量下就能达到 90% 以上的絮凝效果。这比达到同样絮凝效果的无机絮凝剂投加量（见表 5-1）要低一个数量级以上。原因主要是高分子絮凝剂具有显著的吸附架桥作用，因此可以在藻细胞负电性远未被

中和的情况下（Zeta 电位 << 0）就实现高效絮凝。

影响高分子絮凝剂絮凝效果的主要因素有：摩尔质量、电荷密度、投加量、藻细胞浓度、离子强度/盐度、pH 和搅拌强度等。与无机絮凝剂相比，阳离子型高聚物的一个特点是，高的离子强度/盐度对絮凝效果有显著的抑制作用。这是因为在高离子强度/盐度情况下，阳离子型高聚物有团聚在一起的趋势，架桥作用将显著减弱。这使其在采收海洋微藻时受到限制。壳聚糖一般在酸性条件下絮凝效果才显著，这往往超出了微藻培养体系的正常 pH 范围，从而限制了其应用。阳离子淀粉基本不受 pH 影响，在 pH 5~10 的范围内都能维持 +15 mV 左右的 Zeta 电位，具有普遍的适用性。低速搅拌对形成大的絮体有利，过强的搅拌将破坏已形成的絮体。

3. 生物絮凝剂法

生物絮凝剂（Bioflocculant）是近几年微藻絮凝的研究热点之一。生物絮凝剂一般是指微生物代谢活动中产生的具有絮凝效果的胞外聚合物。细菌、真菌和放线菌都是能产生生物絮凝剂的常见微生物。生物絮凝剂在微藻采收中的具体应用方式主要包括以下几种：①投加絮凝微生物的混合培养液（微生物细胞+培养液）；②菌-藻混合培养（需在微藻培养系统添加有机碳源）；③絮凝微生物的胞外抽取液（离心后的上清液）作为絮凝剂；④分离纯化后的胞外提取物作为絮凝剂；⑤直接投加絮凝微生物细胞作为絮凝剂。

表 5-3 总结了各种生物絮凝剂在微藻絮凝分离中的应用情况。表 5-3 显示，生物絮凝剂的絮凝效率亦很高，一般在投加量为 10~30 mg/L 藻液时便可达到 80% 以上的絮凝效果，作用明显好于无机絮凝剂。但在絮凝效果的影响因素上却存在不少相互矛盾之处。一些研究显示絮凝效果会随 pH 升高明显加强，但也有研究显示絮凝效果基本不受 pH 影响；多数研究表明，多价阳离子能显著促进絮凝甚至是形成絮凝的必要条件，但在少数研究中对絮凝效果基本没影响。这些矛盾可能是各种生物絮凝剂在种类、组成及絮凝机理上的不同而导致的。

表 5-3 各种生物絮凝剂在微藻分离采收中的应用

来源	应用方式	藻液	絮凝条件	絮凝效果及影响因素	参考文献
芽孢杆菌	直接投加培养液（原液）	小球藻，藻液浓度 0.062 g/L	投加量 20 mL/L，阳离子 6.8 mmol/L（CaCl$_2$、MgCl$_2$、FeCl$_3$、CaCl$_3$、KCl、NaCl）；pH5~11	77%~86%；絮凝效果随 pH 升高而增强；多价阳离子的絮凝效果显著好于单价阳离子，CaCl$_2$ 最佳	Oh et al., 2001
施氏假单胞菌和蜡样芽孢杆菌	菌-藻混合培养	颗石藻，藻液浓度 0.5 g/L	0.1 mL 菌液 + 100 mL 藻液；外加碳源：乙酸、葡萄糖、甘油（0.1 g/L）；絮凝（共同培养）时间：6、24 h	6 h：45%~53%；24 h：99%~94%；外加碳源种类对絮凝效果没显著影响	Lee et al., 2010
多粘类芽孢杆菌	投加抽取液（原培养液稀释 10 倍并离心后的上清液）	栅藻，藻液浓度 2.35 g/L	投加量 1%（v/v）+ 阳离子（单独或组合）：CaCl$_2$、MgSO$_4$、FeCl$_3$、Al$_2$(SO$_4$)$_3$	阳离子单独投加：0.5 mmol/L FeCl$_3$（35%）>10 mmol/L CaCl$_2$（18%）；阳离子组合投加>65%，最佳 95%（10 mmol/L CaCl$_2$+0.26 mmol/L FeCl$_3$）	Kim et al., 2011

（续表）

来源	应用方式	藻液	絮凝条件	絮凝效果及影响因素	参考文献
枯草芽孢杆菌	投加分离纯化后的胞外提取物（γ-聚谷氨酸）	原始小球藻，藻液浓度1.2 g/L	投加量 10～30 mg/L；pH 6.5～8.5	投加量 10～20 mg/L：絮凝效果随投加量增加而增强，20 mg/L 时达90%；继续增大投加量絮凝效果下降；pH无显著影响	Zheng et al., 2012
芽孢杆菌	投加微生物细胞（100倍浓缩）	微拟球藻，藻液浓度 1×10^7/mL	微生物细胞/藻细胞：1:125～25/1；pH 6～10；二价阳离子（Ca^{2+}/Mg^{2+}）0.125～16 mmol/L	微生物细胞/藻细胞：<1时絮凝效果最大达73%，继续增大投加量絮凝效果下降；pH<9时解絮，二价阳离子的存在具有关键作用，以 Ca^{2+} 更为显著	Powell et al., 2013
Solibacillus silvestris（培养于不同碳源）	投加抽提液（6 000 r·min⁻¹离心后的上清液）	微拟球藻，藻液浓度未知	絮凝剂量/藻液量：3:1；pH 6.7～10.7；阳离子（KCl，$CaCl_2$，$FeCl_3$）0.01～0.1 mmol/L	Ph<8，絮凝效果<20%；pH>8，75.4%～88.2%；阳离子无影响；碳源种类有显著影响	Wan et al., 2013

在絮凝机理上,绝大部分文献中只考虑了静电作用力,把生物絮凝归结于吸附架桥作用,具体又可细分为以下两种机制:①长链 EPS 在不同部位吸附多个带负电的藻细胞形成架桥作用(Bridging);②短链 EPS 在局部逆转藻细胞的电负性,从而形成所谓的静电互补效应(Patching)(图 5-3)。这一理论的基础是将生物絮凝剂(EPS)默认为阳离子型高聚物。但如前文所述,EPS 在中性及碱性条件下本身是带负电的。那么,生物絮凝剂是如何实现阳离子化的呢?一个相对成熟的理论为二价阳离子架桥理论[Divalent Cation Bridging(DCB)Theory],可结合图 5-4 说明如下:EPS 本身具有多个带负电的活性部位,这使其能强烈吸附环境中的二价阳离子。被吸附的二价阳离子所带正电荷只被 EPS 中和了一半,所以能另外吸附一个带负电的藻细胞。由此,多个藻细胞通过二价阳离子的架桥作用连接在 EPS 上,形成大的絮体。这一理论能很好地解释为什么多价阳离子对生物絮凝具有显著的强化作用甚至是絮凝形成的必要条件,也能解释絮凝效果随 pH 升高而增强的现象:pH 升高,EPS 电负性增强,

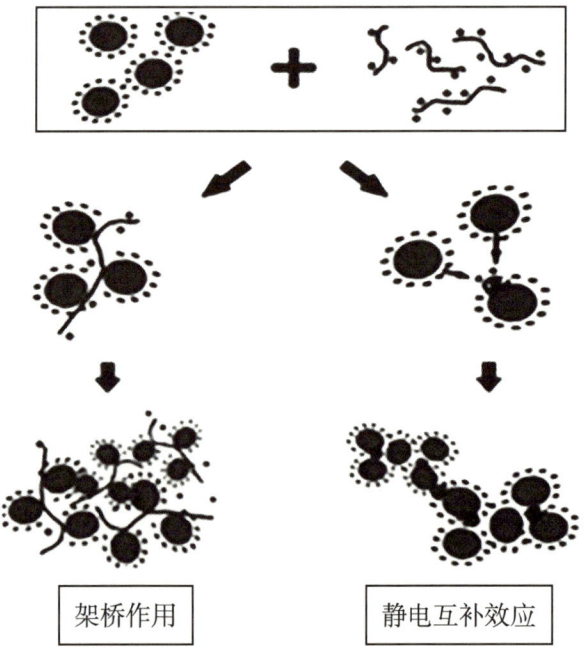

图 5-3　生物絮凝剂的絮凝机理

吸附二价阳离子的能力增强，所以架桥作用增强。但部分研究中阳离子的存在对絮凝效果根本就没有影响，这就无法用DCB理论解释了，理论上应该是所有带负电的EPS都能通过二价阳离子的架桥作用形成絮凝。这显然是与事实不符的。这一问题将在后文中进一步讨论。

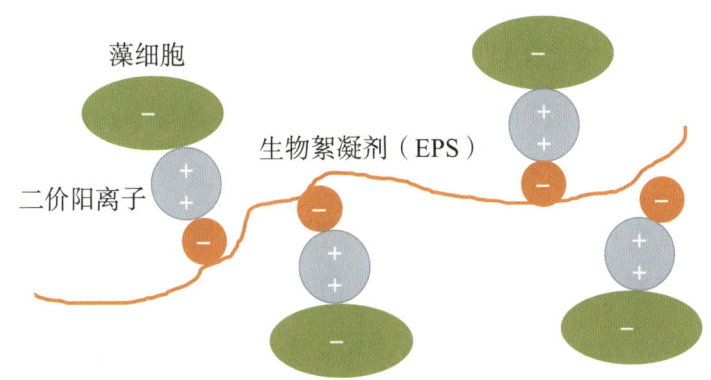

图5-4　二价阳离子架桥原理

4. 微藻自发性絮凝

微藻有时能在没有添加任何絮凝剂的情况下发生絮凝，这一现象被称为自发性絮凝（Auto-flocculation）。目前形成的基本共识为，微藻自发性絮凝是由两种不同机理引发的：①在高pH下，钙、镁等离子形成带正电的沉淀物，起到电性中和作用从而引发絮凝。文献中的自发性絮凝一般即指此类。高pH可以是由微藻光合作用消耗水中无机碳（Inorganic Carbon，IC）自然形成，也可通过人工添加碱性物质（石灰、氢氧化钠等）而形成。严格来说，只有前者才符合自发性絮凝的定义。但考虑到两者的实质都是形成带正电的沉淀物，故在此将两者一并纳入高pH诱导的自发性絮凝范畴。②部分藻种在其生理活动中能产生大量具有絮凝作用的胞外聚合物，起到生物絮凝剂的作用从而引发絮凝。高效藻类塘中常见的集星藻属（*Actinastrum*）、微芒藻属（*Micractinium*）、栅藻属（*Scenedesmus*）、空星藻属（*Coelastrum*）、盘星藻属（*Pediastrum*）及胶网藻属（*Dictyosphaerium*）等常通过该机理形成大的群落结构（50～200 μm）

而得以自然沉降。文献中常将其归为生物絮凝一类。因为该情况下的生物絮凝剂为藻细胞自身所产生，故在此也将其纳入自发性絮凝并定义为EPS引起的自发性絮凝。

(1) 高pH诱导的自发性絮凝：如上所述，高pH诱导的自发性絮凝其实质为所生成的带正电沉淀物的电性中和作用。因此，诱导此类自发性絮凝的关键就是明确在微藻正常培养条件下所能形成的沉淀物种类和性质。污水中一般含有大量的钙、镁、碳酸根和磷酸根等离子，在碱性条件下比较容易形成的沉淀物主要包括磷酸钙、氢氧化镁和碳酸钙。大量研究证实，碳酸钙本身带负电，最多只能通过网捕和卷扫作用实现非常有限的絮凝效果。磷酸钙和氢氧化镁带正电，理论上都可诱导自发性絮凝。但两者形成的具体条件差别较大，以致文献中的结论常常容易引起误解。除少数学者继续证实磷酸钙在诱导微藻自絮凝中的核心作用外，大部分研究都显示氢氧化镁才是诱导自絮凝的关键沉淀物，尽管磷酸钙和氢氧化镁沉淀都可有效诱导自发性絮凝。$PO_4^{3-}-P$、Ca^{2+}浓度均较高时，磷酸钙沉淀在相对较弱的碱性条件下（pH 8~10）就可生成并诱导显著的自絮凝；$PO_4^{3-}-P/Ca^{2+}$浓度较低时，则需进一步提升pH至10.5以上，产生氢氧化镁沉淀后才能诱导自絮凝。

(2) 胞外聚合物（EPS）引起的自发性絮凝：20多年以前，借EPS形成自发性絮凝的藻种便在微藻分离采收中得到重视。Borowitzka分离出了蓝藻门的一株胶鞘藻。它能分泌出大量具有絮凝作用的EPS，主要成分包括多聚糖、脂肪酸和蛋白质。此后，自絮凝藻种如鲍氏席微藻（*Phormidium bohneri*）及丝状藻*Chlorhormidium*等在污水处理中都得到了应用。

在实际应用上，一般思路为将自絮凝藻种投入非自絮凝藻种培养系统以实现絮凝分离，自絮凝藻株的絮凝效果会因目标藻种而异，这在实际应用中存在着很大的局限性。目前对于微藻EPS诱导自絮凝的机理的研究更为有限，一般只是笼统地认为与生物絮凝剂的机理一致。在相互作用力上，绝大部分研究只考虑了基于DCB原理的静电作用力，只有极少数研究考虑了Lewis酸-碱水合作用力。如上文所述，单纯地用DCB原理（见图5-4）解释藻细胞EPS的絮凝机理将存在很大的缺陷。按此理论所有产生 EPS 的微藻种属都应该能通过 DCB 原理发生自絮凝，实际上只有某些特定藻种产生的 EPS 才有絮凝作用。一个可能的解释为，非絮凝藻种产生的 EPS 数量较少，架桥能力有限；自絮凝藻种能产生大量 EPS，所以絮凝效果显著。另一个可能的解释为，非絮凝藻种和自絮凝藻种所产生的 EPS 在组成和性质上有所不同。

Ozkan 和 Berberoglu（2013）则从藻细胞的亲/疏水性表面特性出发，在静电作用力的基础上增加了对藻细胞间 Lewis 酸-碱水合作用力的考察。他们的研究结果表明，Lewis 酸-碱水合作用力在 XDLVO 的 3 种基本作用力中最强，在微藻的自絮凝中具有关键作用。当微藻悬浮液中存在适量疏水性较强的微藻种属（如布朗葡萄藻）时，即使是电负性较大的亲水-疏水混合藻液也能形成絮凝；如果只考虑范德华力和静电力，这一现象将无法得到解释 $[\,G^{TOT}(d) = G^{LW}(d) + G^{EL}(d) > 0$，理论上不发生絮凝$]$；考虑 Lewis 酸-碱水合作用力后，理论预测与实际观察得到了很好的吻合 $[\,G^{TOT}(d) = G^{LW}(d) + G^{EL}(d) + G^{AB}(d) < 0$，理论预测为发生絮凝$]$。这些研究成果为理解 EPS 诱导自絮凝的机理和促进自絮凝效果提供了非常有前景的思路。因此，后续无论对生物絮凝还是 EPS 诱导的自絮凝，都应在完整的 XDLVO 理论框架内考察范德华力、静电力和 Lewis 酸-碱水合作用力的综合作用。对活性污泥 EPS 的研究发现，EPS 中的蛋白质是形成疏水性的主因，碳水化合物是形成亲水性的主因；EPS 的数量和组成受生长阶段、底物水平等因素影响，对微生物絮凝有关键影响。对藻细胞 EPS 各组分的产生、变化规律及其对表面特性影响的系统研究几乎还是空白。这方面的研究无疑将为理解和调控微藻自絮凝提供非常有价值的信息。

5. 絮凝的影响因素

自发性絮凝的发生机理决定了其影响因素。对于高 pH 诱导的自发性絮凝，根本因素为微藻光合作用提升 pH 所能到达的程度和所能形成带正电沉淀物的特定离子浓度。对于 EPS 引起的自发性絮凝，影响因素则更加复杂，理论上包括所有影响 EPS 产生和组成的因素。

(1) 光照：光照是微藻生长繁殖的基本要素，对高 pH 和 EPS 诱导的自发性絮凝都具有重要影响。首先，光照直接决定了微藻光合作用的程度。光照越强，光合作用越充分，水中无机碳消耗越彻底，pH 上升越高，越有利于高 pH 诱导的自絮凝发生。其次，光照也是影响 EPS 产生的关键因子，充分的光照是诱导自发性絮凝的有利因素。Moreno（1998）等发现光照强度由 345 μmol/(m·s) 增加到 460 μmol/(m·s) 后，鱼腥藻的 EPS 含量增加了 4 倍。充分的光照是诱导自发性絮凝的有利因素。

(2) 特定离子：Ca^{2+}、Mg^{2+} 和 PO_4^{3-} 等特定离子的浓度决定了沉淀物的种类和产生的临界 pH，对高 pH 诱导的自发性絮凝具有决定性影响。从发生机理来看，$PO_4^{3-}-P/Ca^{2+}$ 离子都大量存在时，在较弱的碱性条件下（pH 8~10）磷酸钙沉淀就可大量生成并成为自絮凝主导因素；$PO_4^{3-}-P/Ca^{2+}$ 的其中之一浓度较低时，则需进一步提升 pH 至 10.5 以上，产生氢氧化镁沉淀后才能诱导出自絮凝。从絮凝效果来看，以上离子浓度越高，生成带正电的沉淀物越多，电性中和能力越强，絮凝就越充分。因此，将上述特定离子维持在较高水平，对实现高 pH 诱导的自发性絮凝至关重要。

(3) 温度和生长阶段：温度对微藻 EPS 形成具有重要影响。高温刺激 EPS 的形成，低温下由于细胞新陈代谢降低 EPS 的形成受到抑制。但 EPS 产生的最佳温度因藻种不同而异，如布朗葡萄藻（*Botryococcus braunii*）在温度低于 23℃几乎不分泌 EPS，最佳温度为 30~33℃；鱼腥藻（*Anabaena* sp.）在 30~35℃范围内 EPS 产量都很少，只有在 40℃以上 EPS 才大量产生。

微藻所处生长阶段对藻细胞密度、表面性质和 EPS 的产量及成分等都有显著影响。与活性污泥类似，微藻处于稳定期或衰减期时自絮凝效果较好。在实际培养中可将微藻的生长阶段控制在稳定期或衰减期，以促进自发性絮凝的形成。

(4) 底物水平：N、P 等营养元素的缺乏将刺激微藻 EPS 的生产，这与细菌、真菌等微生物一致。基于此，在运行中可采用高密度培养以获得较低的 F/M 值，以自然形成底物受限的工艺条件。微藻生长的另一重要底物——无机碳（IC）受限则将抑制 EPS 的生产。从强化 EPS 生产的角度来看，在实际运行中无疑应加强 IC 的供给。然而对 IC 的调控应权衡其对高 pH 和 EPS 两种自絮凝正反两方面的综合效应。

（5）微藻种属：无论是基于高 pH 的自絮凝还是基于 EPS 的自絮凝，絮凝条件和效果都将随目标藻种不同而异。这可能是由于藻细胞在表面特性和生理特性上的不同。如电负性较高的藻细胞需要更多带正电的沉淀物生成，又如多细胞和大型丝状藻种比单细胞藻种更容易絮凝沉降。在这方面需要综合考虑微藻种属的污水净化能力、藻细胞的利用价值等，选择性富集易于絮凝沉降的藻种。

（6）溶解性有机物：与外加混凝剂类似，水中溶解性有机物（DOM）对自絮凝也会产生显著的抑制作用。这些 DOM 既可能是原水中带来的腐殖质，也可能是藻类代谢产生的有机物（AOM）。Beuckels（2013）等表明，腐殖酸和藻酸盐将显著抑制磷酸钙诱导的自絮凝，葡萄糖和乙酸等小分子却没有影响。另外，由于 DOM 本身带负电，因此会额外增加电性中和所需的絮凝剂用量。鉴于此，DOM 的抑制作用很可能是很多实际情况下，磷酸钙/氢氧化镁等沉淀物的相关生成条件都已超过临界值，但自絮凝却没有发生的原因所在。在这方面迫切需要更进一步的系统研究。

6. 各种絮凝分离方法的比较与展望

以铁盐和铝盐为代表的金属絮凝剂是各种絮凝方法中应用最为成熟的技术，主要优点是药剂生产简单，絮凝条件容易控制，絮凝效果有保障。但无机絮凝剂的用量一般很大（几百 mg/L 藻液），从而产生大量污泥。再者，絮凝效果受 pH 影响较大，最佳 pH 很可能超出微藻培养系统的正常 pH 范围，且无机絮凝剂仅对部分微藻种属有效。最不利的效果是，金属盐类往往对藻细胞具有毒害作用，金属盐类残留在藻细胞中还将对藻细胞的利用和最终处置造成不利影响。因此，从微藻培养的角度来看，金属盐类絮凝剂并不是最佳的技术选择。有鉴于此，无机金属絮凝剂似乎不可能成为微藻分离采收的主要发展方向。

与无机絮凝剂相比，有机高分子絮凝剂具有更高的絮凝效率（10～30 mg/L 藻液），产生的污泥量小，能适用于更广泛的微藻种属。其中，聚丙烯酰胺虽然是水处理中应用最成熟的高分子絮凝剂，但其对微藻的絮凝效果却不如壳聚糖、阳离子淀粉等天然高分子絮凝剂。并且在使用中可能会释放出一定量具有强烈毒性的单体丙烯酰胺，因此应用前景有限。天然高分子絮凝剂无毒，易生物降解，对微藻培养和藻细胞的后续利用基本无副作用，在微藻的分离采收中具有良好的应用潜力。但天然高聚物中只有壳聚糖等少数是阳离子型的。壳聚糖的絮凝效率很高，但絮凝条件一般为酸性，超出了微藻生长的正常 pH 范围。考虑到对大量藻液进行酸化所需投加的化学药剂用量，壳聚糖很可能在经济上不具备选择性。阳离子淀粉在原料上可大量获取，价格低廉，投加量非常小（几 mg/L 藻液），絮凝效果优异且基本不受 pH 影响，具有良好的工程化应用潜力。后续研究的重点应在于优化其阳离子化过程，以进一步提高适用性和絮凝效率，并显著降低加工制造成本。

利用细菌、真菌等微生物生产的生物絮凝剂具有高效、无毒、可生物降解等优点。但其各种利用方式都存在明显缺陷：①直接投加微生物细胞或菌－藻共同培养有对微藻培养系统造成污染的风险；②投加培养液、抽取液、提取物等方式需要一个微藻培养系统以外的单独培养体系，尤其是后两者还涉及复杂的分离和加工问题，这无疑会增加利用难度和成本。可见，生物絮凝剂一般所宣称的低成本优势可能在实践中难以成为现实。生物絮凝剂另一缺点是，某一生物絮凝剂可能只对某些特定藻种絮凝效果较好。利用自絮凝藻种产生的生物絮凝剂不需要额外的培养体系，且不会污染微藻培养。但自絮凝藻种的生长速度一般低于非自絮凝藻种，污水净化能力和产油潜力也可能不如非絮凝藻种。因此，控制自絮凝藻种在系统中的比例至关重要。这就提出了在混合培养中进行种群控制的复杂要求。与细菌、真菌等微生物产生的生物絮凝剂类似，自絮凝藻种的絮凝效果也将随目标藻种的不同而异。理解自絮凝（EPS 诱导）藻种的絮凝机理对促进其应用具有关键意义。目前在这方面的研究还非常不足，基本上还处于对 EPS 的成分分析上。DCB 理论虽然能解释很多实验现象，但存在不能解释为什么只有特定藻种才具有絮凝作用这一根本缺陷。在此方面，由藻细胞亲/疏水性决定的 Lewis 酸-碱水合作用力是非常有前景的理论，应该成为后续研究的重点。

此外，自絮凝产生的临界 pH 还受到 Ca^{2+}、Mg^{2+} 和 PO_4^{3-} 等特定离子的浓度影响。氢氧化镁沉淀虽然能有效诱导自发性絮凝，但其形成一般要在 pH＞10.5 以上。而大部分微藻在 pH＞9 时光合作用就会受到显著抑制甚至完全停止。基于磷酸钙沉淀的自絮凝无须任何额外投入，在微藻自然生长的 pH 范围内（8～10）就能形成，能同步实现除磷，对微藻活性和藻细胞的后续加工利用几乎没有不利影响。因此，无论是从污水深度处理，还是从藻细胞的采收利用等角度来看都是最合适的分离采收方法之一。尤其是随着磷酸盐浓度提高，临界 pH 将显著下降；这在实际污水处理中恰恰是一个很容易控制的工艺条件。鉴于此，可以提出以下几个强化基于磷酸钙沉淀自絮凝的思路：①在污水处理的主体工艺中取消强化生物除磷，为后续微藻处理系统保留高磷浓度；②采用高密度间歇培养方式，并完全或在反应周期末端取消外部 CO_2 供给，以迅速且自然地形成高 pH 条件；③通过适当延长反应周期、强化光合作用（光照、底物浓度）等进一步促进 pH 的提升。目前存在的问题是大部分研究都只是考察高 pH 下瞬时的絮凝效果。如果微藻培养系统长期处于诱导自絮凝所需的高 pH 环境，几个非常值得关注的问题是：①微藻种群结构是否会发生显著变化？②目标藻种能否维持优势？③微藻的生理特性（净化能力、油脂含量等）是否会发生改变？这些都需要进一步的系统研究来明确。

第三节 微藻高附加值产品的开发

微藻处理废水后，藻细胞用于生产高附加值产品或生物柴油是微藻污水处理重获新生的主要驱动力之一。微藻相比其他作物具有诸多优势：①藻细胞的光合效率高，生长速度快、周期短，产油量为 47 000 ~ 190 000 L/(hm·a)，是农作物的 7 ~ 30 倍；②生物质燃油热值高，平均达 33 MJ/kg，是木材或农作物秸秆的 1.6 倍；③不需占用农业用地；④生物质（藻细胞）生产和加工成本低，尤其是以污水为底物进行藻细胞培养时。美国、澳大利亚、日本等发达国家都已将微藻培养作为实现污水生态处理和可再生能源生产的战略发展目标。

在以微藻净化污水的工艺中，研究者的目光不仅仅局限在污水营养物质的去除上，净化污水产生的大量藻体往往可用于提取与开发油脂、藻胆蛋白、多糖等高附加值产品。研究表明，以沼液养殖微藻，可同时实现降低污水中的营养物质和产生藻细胞以及提取生物能源等方面的耦合。化石燃料能源的骤减以及化石燃料应用对环境产生的一系列问题促进了对新型环保能源的开发。以微藻为原料的新一代生物燃料，减少了对于土地、水源等的消耗，而且能够实现人类活动与自然的和谐相处。然而，大规模商业化生产微藻可能会比传统粮食生产花费更高，这是由于大规模养殖过程要消耗掉大量的水和营养盐，而且仅微藻的收获费用就可能占到微藻生产总花费的 30%。在利用微藻净化污水的同时进行微藻细胞的富集、耦合微藻生物燃料等高附加值产品的开发使得这一问题得到很好解决。需要指出的是，尽管微藻进行高附加值产品生产的可行性得到了充分的验证，藻多糖、藻胆蛋白等高附加值产品也得到了产业化生产，但微藻下游处理技术中仍有许多问题如藻体收获、微细胞的破碎等需要解决和进一步提高。

参考文献

程鹏飞,王艳,杨期勇,等,2017. 微藻贴壁培养对沼液废水的处理效果[J]. 浙江农业学报,(09):149-154.

翟玥,杨哲,安阳,等,2009. 壳聚糖凝聚去除景观水中微囊藻的研究[J]. 净水技术,28(6):58-60.

高婷,晏荣军,裘俊红,等,2012. 微绿球藻去除沼液氮,磷研究[J]. 浙江化工,43(11):34-37.

霍书豪,陈玉碧,刘宇鹏,等,2012. 添加沼液的 BG11 营养液微藻培养试验[J]. 农业工程学报,28(8):241-246.

刘林林,黄旭雄,危立坤,等,2014. 15 株微藻对猪场养殖污水中氮磷的净化及其细胞营养分析[J]. 环境科学学报,34(8):1986-1994.

刘林林,黄旭雄,危立坤,等,2014. 利用狭形小桩藻净化猪场养殖污水的研究[J]. 环境科学学报,34(11):2765-2772.

刘玉环,巫小丹,王允圃,等. 一种利用微藻处理有机污水的连续系统.

阮榕生,简恩光,巫小丹,等,2013. 小球藻处理养猪业沼液研究[J]. 现代化工,(08):68-70+72.

王钦琪,李环,王翠,等,2011. 沼液培养的普通小球藻对 CO_2 的去除[J]. 应用与环境生物学报,17(5):700-705.

巫小丹,刘伟,阮榕生,等,2014. 不同预处理方法对沼液养殖微藻的影响[J]. 环境污染与防治,36(1):9-12.

薛蓉,陆向红,卢美贞,等,2012. 絮凝法采收小球藻的研究 %The study on recovery of Chlorella by flocculation method[J]. 可再生能源,30(9):80-84.

Anthony R J, 2013. Cationic starch synthesis, development, and evaluation for harvesting microalgae for wastewater treatment[M]. Utah State University.

Arbib, Zouhayr, Ruiz, Jesús, álvarez-Díaz, Pablo, et al., 2013. Long term outdoor operation of a tubular airlift pilot photobioreactor and a high rate algal pond as tertiary treatment of urban wastewater[J]. Ecological Engineering, 52: 143-153.

Beuckels, Annelies, Depraetere, Orily, Vandamme, Dries, et al., 2013. Influence of organic matter on flocculation of Chlorella vulgaris by calcium phosphate precipitation [J]. Biomass and Bioenergy, 54(4): 107-114.

Chen L, Wang C, Wang W, et al., 2013. Optimal conditions of different flocculation methods for harvesting Scenedesmus sp. cultivated in an open-pond system [J]. Bioresource Technology, 133: 9-15.

Ignacio de Godos, Saúl Blanco, Pedro A. García-Encina, et al., 2010. Influence of flue gas sparging on the performance of high rate algae ponds treating agro-industrial wastewaters [J]. Journal of Hazardous Materials, 179(1-3): 1049-1054.

Jiang J Q, Graham N J D, Harward C, 1993. Comparison of polyferric sulphate with other coagulants for the removal of algae and algae-derived organic matter [J]. water science & technology.

José Moreno, M. Angeles Vargas, Héctor Olivares, et al., 1998. Exopolysaccharide production by the cyanobacterium Anabaena sp. ATCC 33047 in batch and continuous culture [J]. Journal of Biotechnology, 60(3): 175-182.

Kapdan I K, Aslan S, 2008. Application of the Stover-Kincannon kinetic model to nitrogen removal by Chlorella vulgaris in a continuously operated immobilized photobioreactor system [J]. Journal of Chemical Technology & Biotechnology Biotechnology, 83(7): 998-1005.

Kim, Daniel H, 2007. Harvesting of the Sural Nerve using a Stripper [J]. neurosurgery, 60(1): E208.

Kothari R, Pathak V V, Pandey A, et al., 2016. A novel method to harvest Chlorella sp. via low cost bioflocculant: Influence of temperature with kinetic and thermodynamic functions [J]. Bioresource Technology, 225: 84-89.

Lee A K, Lewis D M, Ashman P J, 2009. Microbial flocculation, a potentially low-cost harvesting technique for marine microalgae for the production of biodiesel [J]. Journal of Applied Phycology, 21(5): 559-567.

Letcher P M, Lopez S, Schmieder R, et al., 2013. Characterization of Amoeboaphelidium protococcarum, an algal parasite new to the cryptomycota isolated from an outdoor algal pond used for the production of biofuel [J]. PloS one, 8(2): e56232.

Oh H M, Lee S J, Park M H, et al., 2001. Harvesting of Chlorella vulgaris using a bioflocculant from Paenibacillus sp. AM49 [J]. Biotechnology Letters, 23(15): 1229-1234.

Oswald W J, Gotaas H B, Golueke C G, et al., 1957. Algae in waste treatment [with discussion][J]. Sewage and industrial wastes, 29(4): 437-457.

Ozkan, Altan, Berberoglu, Halil, 2013. Cell to substratum and cell to cell interactions of microalgae [J]. Colloids and Surfaces B: Biointerfaces, 112: 302-309.

Papazi A, Makridis P, Divanach P, 2010. Harvesting Chlorella minutissima using cell coagulants [J]. Journal of applied Phycology, 22(3): 349-355.

Ryan J Powell, Russell T Hill, 2013. Rapid Aggregation of Biofuel-Producing Algae by the Bacterium Bacillus sp. Strain RP1137 [J]. Applied & Environmental Microbiology, 79(19).

Wan C, Zhao X Q, Guo S L, et al., 2013. Bioflocculant production from Solibacillus silvestris W01 and its application in cost-effective harvest of marine microalga Nannochloropsis oceanica by flocculation [J]. Bioresource Technology, 135: 207-212.

Zheng H, Gao Z, Yin J, et al., 2012. Harvesting of microalgae by flocculation with poly (γ-glutamic acid)[J]. Bioresource Technology, 112(none): 212-220.

第六章 微藻固碳

第一节 概述

工业化发展在促进社会进步和经济增长的同时，也带来了日趋严峻的资源环境问题。其中，由 CO_2 排放增加而引起的"温室效应"和全球气候变暖现象，已经成为 21 世纪人类社会发展面临的共同课题和重大挑战。气候变暖对自然环境和人类社会的破坏表现在：①气温上升。据官方数据表明，2000 年，全球地表温度较以往上升了 0.4~0.8℃；预计到 2100 年，将比 1990 年上升 1.5~6℃，上升速度为过去十万多年以来的最高。②极地冰川融化、海平面上升。全球气温升高导致的极地冰川融化、陆地雪盖消融以及上层海水热膨胀等问题，都加剧了海平面上升。沿海区域作为各国经济社会发展最迅速、人口最集中的地区之一，将是海平面上升的重灾区。③极端天气现象增多。全球气候变暖会影响大气环流，部分地区的降水量会急剧增大，从而导致洪涝和风暴潮自然灾害的增多。④危害农业生产。全球气候变暖会致使某些地区冬季形成暖冬，引起害虫繁殖并加剧干旱情况，导致农作物产量降低等情况的发生。⑤损害人类健康。由于全球气温上升，北极冰层融化，被冰封十几万年的史前致命病毒可能会重见天日，全球陷入疫症恐慌，人类生命与健康可能会受到严重威胁。近几十年来，由全球范围内大量的化石燃料消耗所排放的 CO_2 对温室效应的贡献已经超过了 68%。因此，减少 CO_2 的排放并消除 CO_2 的积累才能有效应对全球气候变暖问题。

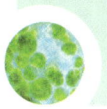

2009年,联合国哥本哈根气候变化大会的召开,标志着一个以减少碳排放和提高碳吸储能力为核心的低碳经济时代来临。作为经济强国的中国,承诺到2020年单位国内生产总值(GDP)的CO_2排放比2005年下降40%~45%。这个目标对于处于发展状态且以煤为主要燃料的中国来说无疑是非常艰巨的,这要求我们不仅要从源头上减少化石燃料的使用,更要对排放出的CO_2进行处理,即要进行"CO_2捕获和存储"。这种处理技术,实质上是指将气态的CO_2转化为稳定的液态或固态形式,包括形成CO、单质或其他化合物。目前,CO_2的捕获和存储技术是世界各国实现CO_2减排的主要处理技术,主要包括物理法、化学法和生物法。

物理法通过改变CO_2与吸收液之间的温度和压力来达到固定CO_2的目的,包括物理吸收法、膜分离法、变压(变温)吸附法、海洋深层储存法,以及陆地和陆地蓄水层(或废油、气井)储存法等。后两种是目前应用较广泛的方法,也称为物理封存法。该方法是通过将高浓度的CO_2注入深海或地质底层如油气井、含盐水层和碱性矿物底层等暂时封埋起来。物理封存法操作相对简单,但CO_2分离成本高,技术难度大,且受环境的局限性较大。此外,该方法还存在容易泄漏并造成海水酸化等缺点,可持续性有待商榷。

化学法是利用CO_2既可以被一些有机吸收剂吸附分离,也可以与一些无机物或有机试剂反应生成新化合物的特性来达到CO_2固存目的的方法,包括离子交换法、溶剂吸收法和电化学方法等。化学法固定CO_2的安全性较高并具有永久性,且转化后的化学物质可被再利用。但存在试剂需求量大、成本高、转化效率低等弊端,这使该技术的应用受到一定程度的限制。

生物法一直被认为是最安全、有效、经济的方式之一。该方法的原理是通过植物、细菌等进行光合或氧化等代谢作用来吸收环境中的CO_2并转化为自身有机碳物质。相比于物理法,生物法不会出现二次污染问题;较之化学法,生物法不仅可以达到高效固定CO_2的目的,同时能获得其他高附加值的产品,如色素、酶、蛋白、糖类、油脂等。因此,生物法是目前最具发展前景的CO_2固存方法。生物法固定技术主要包括高等植物光合法、自养细菌法和微藻光合法等。由于微藻的光合作用能量效率高于普通高等植物,而且微藻可以进行自动化培养,所以微藻固定 CO_2 的优势便凸现出来。加之其他自养微生物对能量和培养技术等要求较高,因此光合微藻固定 CO_2 技术成为目前国内外学者研究的热点。

作为最古老的低等生物之一,微藻可以利用阳光、CO_2 及氮(N)、磷(P)等基础营养物快速生长并可在细胞内合成大量有机物,是自然生态系统中重要的初级生产者,具有能源储备与碳捕获的双重独特优势。与其他微生物相比,利用微藻进行固碳还具有以下特点:光合效率高,微藻的 CO_2 转化效率是陆地高等植物的 10~50 倍;微藻的生长速度快,单位面积产量高;分布广泛,耐受力强,且培养相对简单,可利用荒地进行培养;微藻还具有净化水质的功能,微藻生长过程中需要 N、P 等营养元素,大量的 N 和 P 正是造成水体富营养化的原因之一;微藻生物质中含有丰富的油脂和碳氢化合物以及其他化合物,能生产具有高附加值的生物活性物质,用于制备食品、动物及水产养殖饲料、化妆品、医药品、肥料和其他特殊产品,以及生物柴油、生物氢、航空用油、甲烷等生物燃料。除上面提到的优势之外,微藻还具有适应性高且易与其他工程技术整合,具有高度的工业化潜力的优势。大量研究表明,利用工业尾气,如发电厂烟道废气中的 CO_2 为主要碳源,以市政和工农业生产废水为矿物营养源,可实现微藻的低成本培养。

尽管微藻固碳技术潜力巨大,但要在实际应用中实现商业化并盈利,该技术的成本还有待进一步降低,能量转化效率必须提高。虽然关于微藻的工业化应用,国内外开展了大量的研究,但仍主要集中在可固碳微藻的选育、光生物反应器的设计及高密度培养条件的优化等方面,针对微藻固碳的基础研究还不够深入,大多数研究只停留在实验室或中试阶段,缺乏大数据和产业化实例的支撑。

第二节 微藻固碳研究现状

生物固碳技术,尤其是微藻固碳技术,是一种高效、低成本、无污染的环境友好型固碳技术,得到了世界各国的重视。微藻具有分布广泛、光合作用效率高、生长周期短、环境适应能力强、可工业化操作性高等特点,使得微藻固碳技术相对于其他固碳技术而言,具有独特的优势。收获的微藻,还可以进一步加工成食品、化妆品或饵料饲料等产品,有效地实现减排增值。然而,微藻固碳技术虽历经数十年发展,目前仍面临许多挑战,例如,需要大量水和营养物质,如氮(N)、磷(P)等,缺少经济高效的微藻规模化收获技术与设备,缺乏成熟的 CO_2 固定与微藻培养一体化系统等。

20 世纪 90 年代初,随着《联合国气候变化框架公约》的签署与生效,一些发达国家纷纷开始关于微藻固定烟道气中 CO_2 的研究,并取得了一些令人满意的效果,为之后的微藻固碳研究打下了基础。1997 年,《京都议定书》的达成使得温室气体减排成为发达国家的法律义务,碳减排也成为了各国研究的热点,其中微藻固碳相关技术和研究,如固碳系统的建立与优化、光生物反应器的研发、经济影响分析等都备受关注。此后,微藻固碳技术的应用迅速发展,在开放式或封闭式、低浓度或高浓度甚至纯 CO_2 环境中的培养研究和工业废气碳减排、废水处理、微藻生物燃料的耦合技术上都有着广泛的探索。

烟道废气是大气中 CO_2 的主要来源,也是近几十年来微藻固碳领域的主要研究对象之一。烟道废气的成分复杂多样,未经过预处理的烟道废气中含有高浓度的 CO_2,通常不利于微藻正常生长,即使经过预处理,CO_2 的体积浓度仍然为 6%~15%(v/v)甚至更高,加上废气的温度高达 40~50℃且含有少量的 SO_2、NO_x 等有毒气体和微量重金属离子,通入微藻培养液后,会使得藻液温度和 CO_2 浓度升高、pH 降低。而绝大部分微藻的最适 CO_2 浓度在 0.038%~10%,

所以过高的CO_2浓度会抑制微藻生长，降低微藻固碳的效率。

因此，筛选耐高温、耐高CO_2浓度的藻种是微藻固定烟道气中CO_2的首要工作。研究发现，在众多能够固定CO_2的微藻中，小球藻的固碳效果最佳。Sung K. D. 等从火电厂附近的水源中分离出耐高CO_2浓度的淡水小球藻 *Chlorella* KR-1，证实该藻在CO_2浓度为10%（v/v）时生长最好，当CO_2浓度增加到50%（v/v）时仍能保持良好的生长状态。牟氏角毛藻的CO_2耐受浓度仅为10%。

烟道气中通常含有少量有毒气体，如SO_2和NO_x，对微藻生长也有抑制作用。SO_2对微藻生长的毒害作用主要体现在其溶于培养液后，会降低培养液的pH。当通入气体中的SO_2浓度高于400 mL/L时，藻液的pH会明显降低，导致微藻无法正常生长，生物产量也会降低。Bingtao Zhao 等在控制培养液pH为5的条件下通入250 mL/L SO_2，发现小球藻的生长也受到了明显抑制，猜测SO_4^{2-}和HSO_4^-也可能对微藻生长有抑制作用。NO不会影响藻液的pH，浓度低于300 mL/L不会直接影响微藻的生长，相反NO还能转化为NO^-作为氮源被利用。因此，对烟道气进行微藻固碳之前，都要进行脱硫处理。

目前，纯CO_2被广泛用于微藻养殖以获得高附加值产品，如虾青素。据统计发现，CO_2的成本已占到虾青素产品总投入的8%~27%。烟道废气中的CO_2浓度为5%~15%，若代替纯CO_2用于微藻养殖，不仅能够降低微藻产品的生产成本，还能起到控制pH的作用，而且能有效控制烟道废气中CO_2的排放。然而将烟道废气的CO_2减排与微藻养殖相结合的设想仍面临着许多挑战，其中最大问题是烟道废气中CO_2的利用率并不高。Cheng 等提出延长CO_2在培养液中的停留时间能明显提高微藻的固碳效率。基于此，近年来改进的高效固碳光生物反应器相继出现。例如，Shuwen Li 等在传统的开放式跑道池水体表面覆盖了一层特殊的透明罩，以减少CO_2进入空气中的量并增加了其在水体中的停留时间，结果表明CO_2的固定效率提高到了95%。Joo Yeong Lee 等设计并开发了连续管式光生物反应器，通过串联4个反应器增加了CO_2在反应器中的停留时间，使得离开反应器的气体中CO_2浓度更低。室内外CO_2的固定效率分别从

12.34%和13.55%达到了49.37%和49.15%。Jun Cheng等也提出利用序批式光生物反应器将CO_2的固定效率提高到85.6%。

养殖微藻需要充足的光源、CO_2、营养物质以及水源。将烟道废气CO_2减排与污水处理及微藻规模化养殖相结合，由太阳光提供光源，由烟道废气提供无机碳源和氮源，由特定的废水提供营养物质与水源，可以极大地降低生产成本，提高经济效益，是实现微藻规模化养殖和微藻固碳技术商业化的重要途径。

利用微藻处理污水主要有三个目的：①去除富有机质废水中的营养物质（N、P）；②去除废水中的重金属离子；③平衡酸性废水的pH。虽然微藻能有效处理富营养化的废水，但是往往这类废水中的C、N、P等主要元素的比例与最适合微藻生长的比例（C∶N∶P=106∶16∶1）相比都过低，导致微藻的生长速率低，废水中有机质去除效率也不高，而通过外加无机碳源，如CO_2，能够很好地解决这个问题。早在1982年，Azov等发现添加CO_2能使微藻的生物产量提高1倍；Park和Craggs等在中试规模的高效藻类养殖塘（HRAPs）中添加CO_2，发现微藻生物产量提高了30%；Woertz等在半连续反应器中处理废水时添加CO_2，发现微藻生物产量从317 m g/L上升到了812 m g/L。此外，在废水处理过程中额外通入的CO_2还能起到调节培养基pH的作用。研究指出，调节培养基pH到8左右能增加微藻的生物产量，提高废水中N、P的去除率。Arbib等利用微藻在三类不同的光生物反应器中进行了市政废水处理与生物固碳的研究，发现相比于密闭管道式反应器，在开放式的HRAPs中处理废水效果更好，其中总氮去除率最高达到了92.15%，总磷去除率最高达到了95.10%，微藻的生物产率最大达到了9.77 g/（m·d）。Godos等也提出在HRAPs中通入高浓度CO_2不仅不会削弱微藻对工农业废水的处理能力，而且能提高生物质产量。Gonçalves和Kumar等也进行相关研究得出相似结论，表明利用微藻进行废水处理、生物固碳与制备生物能源相结合的技术具备可行性。

微藻在去除废水中N、P的同时，还能够通过吸附作用去除废水中的重金属离子。微藻对于废水中重金属的去除主要分为吸附与累积两个阶段。首先，微藻细胞胞外物质，如多糖、黏液和纤毛等，能与废水中的重金属发生物理吸附，吸附时间短且无须代谢提供能量，该物理吸附能力同时存在于活的和死亡的微藻细胞中，是微藻去除重金属离子的主要途径。第二阶段为细胞内的吸收与累积，该富集过程缓慢、不可逆、需要代谢供能且只存在于活细胞内。Richards等进行了微藻去除渗滤液中重金属离子的研究，发现经过10天的培养，95%的重金属离子得到去除，微藻的油脂含量也有提高。Napan等将带有多种重金属离子的气体通入培养液中来研究重金属离子对微藻生长情况的影响，发现当重金属离子浓度较低时（与火力发电站烟气中重金属离子含量相同），微藻的生长和细胞内油脂的积累都得到了促进，重金属离子也得到去除。Schenk等提出并证实在开放式系统中，某些微藻甚至具备处理高离子浓度重金属废水并正常生长的能力。

总的来说，微藻在固定CO_2方面有着巨大潜力，然而必须优化藻种、反应器以及培养条件等各方面的因素，才有可能利用微藻实现大规模碳减排的目的。

第三节 固碳微藻筛选研究进展

高效固碳藻种的筛选与其应用环境、培养难易程度以及生物质后续的回收利用等因素密切相关。选用合适的微藻藻种对固碳效率的提升以及工艺成本节省有巨大作用。目前，用于固定CO_2的主要藻种包括 *Botryococcus braunii*、*Chlorella vulgaris*、*Chlorella kessleri*、*Chlorocuccum Littorale*、*Scenedesmus* sp.、*Chlamydomonas reinhardtii* 和 *Spirulina* sp. 等，其中，在昼夜交替自然光照下生长良好的藻种更适合大规模的户外培养系统。对于固碳微藻藻种的主要要求通常为光合作用效率高、CO_2固定率高、对逆境的耐受性高、生长速率快、微藻后期回收利用方式简易且适用面广泛，如生物质易收获、油脂含量高、可与废水处理相结合等，因此在不同的应用场景下，所需藻种也不尽相同。目前，微藻固碳技术主要应用于密闭空间微量 CO_2 的固定和化石燃料燃烧尾气中高浓度 CO_2 的固定。其中，密闭空间中 CO_2 含量微小，仅为 0.03%～0.06%（v/v），该场景下所选用的藻种通常要求生长速率快、CO_2 转化率高，且对 pH 耐受性强等；化石燃料燃烧所排放的尾气中 CO_2 含量比前者要高出许多，达 15%～20%（v/v），有的甚至超过 20%，对于碳浓度如此高的烟道尾气和其他工业废气，微藻固碳技术实现工业化应用的关键在于筛选出能耐受高浓度 CO_2 并高效固定的藻株。近年来，国内外针对微藻藻种的筛选结果表明，无论是对空气中微量 CO_2 的固定还是对烟道废气中大量 CO_2 的脱除减排，下列藻种均具有极大的潜力：①绿藻纲（Chlorophyceae）的绿藻，在地球上分布广泛，以单细胞或群落的形式大量存在于江河湖泊淡水中，是现代高等植物的进化始祖；②蓝绿藻纲（Cyanophyceae）的蓝绿藻，在结构和组成上与细菌相近，对空气中 N_2 的固定也发挥着重要作用，目前已知有 2000 多种蓝绿藻分布于各种不同的生态环境中；③硅藻纲（Bacillariophyceae）的硅藻，大部分分布于海洋，有些分布于淡水和半咸水中，目前已知存在于地球上的硅藻有 1 000 多种，均能以各种形式固定和储存碳；④金藻纲（Chrysophyceae）的藻类，在色素颜色和生化组成上与硅藻相似，目前已知有约 1 000 种金藻，主要以脂质和碳水化合物的形式储存碳。

能在酸性环境中生存的藻株一般都对高浓度 CO_2 有一定的耐受性，因为 CO_2 在某种程度上会降低溶液的 pH，研究发现 *Galderia* sp. 和 *Viridella* sp. 等藻种更喜好酸性环境。微藻对 CO_2 的最大耐受浓度往往与其生长最佳时的 CO_2 浓度有着显著差异，通常微藻生长的最佳 CO_2 浓度比最大耐受浓度低。如 *Euglena gracilis* 能耐受的 CO_2 最高浓度为 45%，最佳生长状态下的 CO_2 浓度仅为 5%，Maeda 等筛选获得的小球藻 *Chlorella* sp. T 在 CO_2 浓度为 50%～80% 时，仍然能 100% 都存活。然而生长速率最大的 CO_2 浓度却在 10% 以下。Hanagata 等发现，在高浓度 CO_2 条件下筛选获得的 5 株淡水绿藻中，栅藻和小球藻比其他藻株显示出更高的生长速率；此外，研究还表明，栅藻比小球藻有更高的 CO_2 耐受浓度，在 CO_2 浓度为 10%～30% 的情况下，二者的生长速率几乎相同，但小球藻比栅藻更耐高温。Arata 等利用 *Spirulina platensis* 进行烟气处理时发现，

控制通气量后 CO_2 去除能力最高可达 407 mg/d，NO_x 去除率高达 90%。Chiang 等在研究蓝藻 *Anabaena* sp. CH1 时发现，该藻种对 CO_2 具有很高耐受性，在 15% 的 CO_2 浓度下仍能存活，在处理真实烟气时，最佳条件下 CO_2 去除率高达 79%，最大 CO_2 固定能力为 1.01 g/(L·d)。其他藻种对 CO_2 的耐受情况见表 6-1。

表 6-1　不同藻种对 CO_2 的耐受情况

微藻种类		油脂含量占干重比例/%	CO_2 浓度/%	产率/[g/(L·d)]	碳源	参考文献
绿藻	*Chlorococum Littorale*	—	40	—	—	[79]
	Chlorella sp.	28~32[80]	>60	4.30、30、24.28	养猪废水、木薯酒精发酵废水、市政污水、葡萄糖	[76, 80-88]
	Chlorella protothecoides	69	—	—	葡萄糖	[89]
	Scenedesmus sp.	12	>60	0.22	市政污水	[62, 76, 90]
	Scenedesmus obliquus.	13~61	—	—	橄榄油提炼厂废水	[91, 92]
	Botryococcus braunii	25~75	—	0.03	—	[62, 80]
	Dunaliella	6~10	—	—	—	[93]
蓝藻	*Spirulina* sp.	6~7	12，45.61% 生物固定	0.05~2.70	养猪废水、尿液、蜂蜜、西米淀粉厂废水	[28, 85-87, 93-99]
真眼点藻	*Nannochloropsis* sp.	22~31、31~68	12，13.56% 生物固定	0.17~0.21	—	[28, 80, 100]
硅藻	*Phaeodactylu-m tricornnutum*	20~30	—	1.52	甘油	[80, 101]

固碳藻种的筛选方法一般包括天然分离法和藻种选育技术。其中，天然分离法是最为常见且应用最广泛的方法，生物选育技术又包括诱变选育、人工驯化、细胞融合及基因工程等方法。人工驯化方法原理简单，但工作量大、驯化周期长，这是由诱变方向的不确定性导致的。目前利用基因工程改造获得高固碳能力藻种的研究并不多，原因是微藻固定CO_2在分子层面的作用机制尚不明确，研究手段仍不成熟。

一、天然分离法应用进展

天然分离法作为目前应用最广泛的微藻育种方法，关键在于采样地点的选择。选择与所需藻种生存生长特性相符合的采样点可以更高效地筛选获得目标藻种。例如，筛选耐高浓度CO_2的藻种，采样点可以选择在电厂周围的水域，因为该水域长期受到电厂烟气的影响，依据自然选择的生态原则，从该类水域筛选出的微藻藻株对含高浓度CO_2的烟气都有一定的适应性和耐受性。自然育种方法历史悠久，早在1996年，韩国能源研究所的Sung和Lee等从电厂附近的水域中分离出一种可耐受高浓度CO_2的小球藻KR-1，该藻株在充入CO_2体积分数为10%的空气时生长速率最高，在CO_2浓度为30%或50%时仍能快速生长。2005年，岳丽宏等从电厂烟道水样中分离出一株淡水藻ZY-1，经鉴定为小球藻属，其可在10%～15%的CO_2环境中保持旺盛生长，且能耐受70%的高浓度CO_2。自然育种筛选藻种的方法虽然简单，不会对环境造成危害，但选择范围较小，筛选工作量大，具有局域限制性。

二、诱变育种技术应用进展

Li等通过紫外诱导*Scenedesmus obliquus*获得突变株，其生长速率是原始株的1.5倍，能耐受浓度为20%的CO_2，CO_2固定率高达67%。Cheng等利用500 Gy ^{60}Co对*Chlorella pyrenoidosa*进行辐射诱变育种，所得突变株*Chlorella*

PY-ZU1 在 CO_2 浓度为 15%（v/v）的条件下生长速率提高到 0.68 g/(L·d)，且最大 CO_2 固定速率和固定效率分别达 1.54 g/(L·d) 和 32.7%。

化学诱变育种是用化学诱变剂处理，以诱发遗传物质突变，再根据育种目标，进行鉴定、选育的育种方法。化学诱变目标明确，具有很高的专一性。Kao 等使用甲磺酸乙酯诱导小球藻发生突变，并在通入混合气（20% CO_2，70% CH_4，H_2S < 50 mL/L）的密闭空间里定向地筛选突变体，获得能够耐受高浓度 CO_2 的诱变体，并应用于脱除混合气中的 CO_2，提高混合气中的 CH_4 含量。另一株通过化学诱变获得的小球藻 Chlorella sp. MB-9，在通入 CO_2 含量为 20%（v/v）的脱硫沼气时，最大生长速率达到了 0.32 g/(L·d)。Burcu 等通过在微藻培养基中加入三十烷醇（TRIA）和碳酸氢钠提高了 Synechococcus sp. 和 Chlorella sp. 对 SO_2 和 NO_2 的耐受能力，进而提高它们的存活率和生长能力，其中 Chlorella sp. 比 Synechococcus sp. 耐受酸性环境的能力更强。TRIA 是一种长链 3 链三十碳伯醇（$C_{30}H_{61}OH$），是一种天然的植物生长激素，对生长、污染物去除和叶绿素浓度的刺激作用已经得到证实，适用于微藻的化学诱变。碳酸氢钠作为溶解态的无机碳源，可以作为 CO_2 的替代物被微藻利用。化学诱变育种的缺点是常用化学诱变剂对操作人员和环境都有一定的危害。

驯化育种是用浓度递增改变物种遗传性状以适应新环境的一种方法。环境工程上的驯化通常指人类培育特定的细菌使其具有某种特定功能的过程。微藻通过人工定向的高浓度 CO_2 驯化，可以促进其在特定 CO_2 浓度中的生产速率，以保证微藻对烟气中 CO_2 的脱除效率。Yun 等在培养普通小球藻期间，将气体中的 CO_2 浓度由 5% 逐渐递增到 30%，即大约每隔 43 h，CO_2 浓度增加 5% 或 10%，最后 CO_2 固定速率达到 0.936 g/(L·d)。Fulke 等从富含碳酸盐的地区筛选出一株小球藻 Chlorella sp.，经过低碳源和高温的驯化，得到可耐受 15% CO_2 的藻株。同样，通过驯化也可增强微藻的光合作用效率，例如，不断驯化细胞减小叶绿素天线尺寸可有效减少各反应中心的光子吸收率，以便使光量子更容易穿透细胞进入培养基的更深处，提高整个培养基内微藻群体的光合作用效率。在光照强度较高的条件下长时间培养微藻，可以诱使叶绿素天线尺寸变小，但当细胞被转换至光照强度较低环境中时，这种突变还会回复。

三、基因工程育种进展

近年来已有研究表明，通过基因工程方法改良微藻体内的某些代谢酶系或根据需要将原本细胞中不存在的代谢途径引入细胞中，可以提高微藻固定CO_2的效率。Beuf 等从耐受高浓度CO_2的藻株 *Chlorococcum Littorale* 中，提取了编码 Rubisco 活化酶（Rca）的 DNA 序列，并发现 Rubisco 的合成来源于高浓度CO_2的诱导作用。Kang 等为了从基因水平上调控光合作用，将编码果糖 1，6-二磷酸酯醛缩酶（ALD）与丙糖磷酸酯异构酶（TPI）的基因在鱼腥藻 *Anabaenasp* 7120 中进行表达，发现转入上述 2 种酶的编码基因序列的细胞活性比野生株的强，基因转入后明显提高了CO_2的吸收和转化能力。近期，也有利用 RNA 干扰技术将 *Chlamydomonas reinhardtii* 体内的捕光复合体（Light-Harvesting Complexes）拆除的相关报道，最终突变体内 LHCⅠ、LHCⅡ的 mRNAs 和蛋白水平都较低，叶绿素和色素复合体仍具有相应功能。该方法可应用于大多数微藻，且比随机突变方法更为精确和可靠，然而该方法获得的突变体能否被规模化应用还缺少实例。

国内外针对藻种筛选的研究表明，在微藻固碳方面，绿藻和蓝细菌具有很大的优势，尤以绿藻门的小球藻为佳。此外为了提高微藻固碳的经济可行性，降低微藻生物质后期利用的成本，微藻藻种筛选的同时也会和废水净化、生物燃料制备等相结合。不同育种方法的优、缺点比较及应用见表 6-2。

表 6-2 微藻的不同育种方法的比较及应用

育种方法	优点	不足	应用
自然筛选	方法较为简单，且对环境、生物种群和人类不会造成大的威胁	选择范围较小，育种周期长，工作量大	Sung 等筛选出的小球藻 *Chlorella* sp. KR-1 在高浓度CO_2及高温下显示了极好的CO_2固定性能，在CO_2体积分数高达 30% 和 40℃的条件下仍能正常生长

（续表）

育种方法	优点	不足	应用
物理诱变	操作简单、成本低、效率高	诱发突变的可用个体不多	陈明明等利用紫外诱变育种技术获得的固碳突变株，其最适 CO_2 体积分数从 10% 提高到 20%
化学诱变	化学诱变只需少量的药剂和简单的设备，且有一定专一性	在操作时对人体及环境有一定的危害性	陆开形等采用亚硝基胍处理雨生红球藻，结果表明，亚硝基胍质量浓度为 25 g/L 时，突变株生长最快，虾青素含量最高
基因工程	目标明确，针对性较强	技术不够成熟且安全性有待验证	Saski 等将 Chlorococcum Littorale 在 20% CO_2 浓度下诱导表达的 2 种基因进行克隆，分别命名为 HCR1 和 HCR2（high-CO_2 response），分析发现，在高浓度 CO_2 且缺 Fe^{2+} 的条件下，才能诱导 HCR_1 和 HCR_2 mRNA 的大量产生

第四节　微藻固碳技术的机理

植物的光合作用是一个独特的能量转换过程，指的是利用光能将无机化合物转化为有机化合物的一系列生化反应，反应式如下列公式所示：

$$CO_2 + H_2O + 光 \longrightarrow (CH_2O)_n + O_2$$

地球上几乎所有的生命形式都直接或间接地依赖光合作用产生的有机物质和能量进行新陈代谢和生长繁殖活动。微藻是地球上最重要的生产者，同高等植物类似，大多数专性光合自养微藻，都能利用太阳能同时吸收无机碳并转化为自身物质，但是同化强度大大超过了同等质量植物的代谢总量，更是普通植物的 10 倍以上。

微藻的光合作用可以用一个由光驱动的氧化还原反应表示，反应过程如图 6-1。

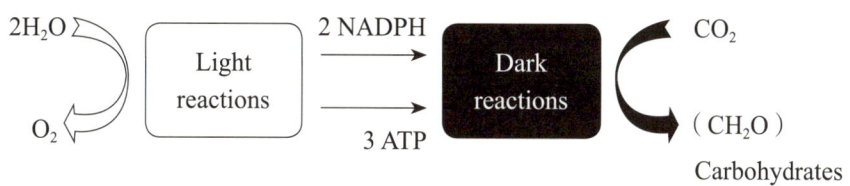

图 6-1 光合作用原理

在光照条件下，叶绿素可以捕捉光子，将 CO_2 和 H_2O 转化为碳水化合物和氧气。该过程主要可分为两个阶段，即光反应和暗反应。在光反应阶段，微藻吸收光能，发生激子转移、电子和质子移位进而产生 NADPH、ATP，形成同化力，并释放 O_2。在暗反应阶段，藻细胞利用光反应中生成的同化力在叶绿体基质中将 CO_2 固定并转化形成碳水化合物，主要形式为糖。暗反应中的碳固定过程的反应机理是由卡尔文和本森在 20 世纪 40 年代和 20 世纪 50 年代早期通过 ^{14}C 示踪技术得出来的，所以该过程也被称为卡尔文循环。该反应如图 6-2，主要分为三个阶段：第一阶段是 1，5-二磷酸核酮糖（RuBP，C_5）的羧化反应，即 CO_2 的固定。在这个阶段中，游离的 CO_2 经酶促反应转变为 3-磷酸甘油酸的羧基，也称作 CO_2 的羧化。在这个反应中起到关键作用的酶是核酮糖-1，5-二磷酸羧化酶/加氧酶，也称为 Rubisco。第二阶段为还原阶段，3-磷酸甘油酸在 3-磷酸甘油酸激酶的催化下被 ATP 磷酸化，形成 1，3-二磷酸甘油酸，然后在磷酸甘油醛脱氢酶的作用下，被 NADPH 还原为甘油醛-3-磷酸（C_3），甘油醛-3-磷酸是脂肪酸等物质合成的前体，可以被运送到叶绿体外，经过进一步的代谢转化合成生物油脂。最后一个阶段为再生阶段，甘油醛-3-磷酸分子在酶与 ATP 的作用下转变、酸化形成核酮糖-1，5-二磷酸，然后与 CO_2 相结合，完成卡尔文循环过程，由此实现了对 CO_2 的固定。

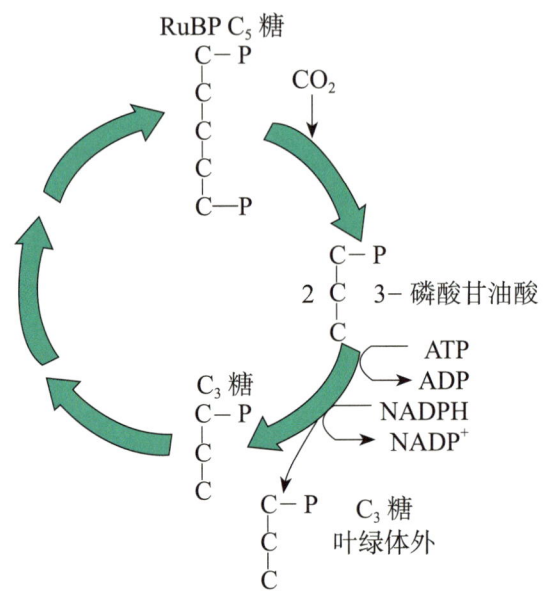

图 6-2　卡尔文循环简图

在光合作用中还存在一个损耗能量的副反应——光呼吸，代表着光合过程中有机碳脱羧，释放 CO_2。光呼吸作用可以明显地减弱光合作用，降低作物产量，曾被认为是无效的耗能过程。但近年来的研究结果表明，光呼吸是在长期进化过程中，植物为了适应环境变化，提高抗逆性而形成的一条代谢途径，具有重要的生理意义。光呼吸循环途径是在叶绿体、过氧化物体和线粒体三个不同的细胞器中进行的，代谢的结果是两分子的磷酸乙醇酸转化成一分子的磷酸甘油酸和一分子的 CO_2。在这个过程中，Rubisco 的功能是作为一个加氧酶，催化与 RuBP 生成 6-磷酸葡萄糖酸，再被分解生成 CO_2 的过程。光呼吸的相对强度取决于 O_2 和 CO_2 的浓度，即 O_2/CO_2 比率。高浓度的 O_2 和低浓度的 CO_2 刺激这一过程，O_2/CO_2 比率较低则有利于 Rubisco 羧化功能，即碳固定。但是 Rubisco 本身对 CO_2 的亲和力较低，因此在高辐照度、高氧浓度的情况下，降低 CO_2 水平，反应平衡转向光呼吸。

在整个光合作用中，CO_2 会经历不同形态间的相互转化和传递。通常 CO_2 以气态形式存在于大气中，而大多数微藻在水生环境中生存，因此在光合作用过程中，CO_2 需要在气相、液相和固相三相间进行传递与转化，最终才能被微藻吸收利用。在平衡水体中,无机碳主要以 CO_2、H_2CO_3、HCO_3^-、CO_3^{2-} 的形式存在,其中各形态的比例取决于水体环境的 pH,通常 CO_2 的浓度非常低。大部分微藻只能利用 CO_2,少部分能利用 HCO_3^-,但 H_2CO_3 和 CO_3^{2-} 无法被微藻吸收利用。水中的 CO_2 通过被动运输的方式进入微藻细胞内部被固定,由于相对 CO_2 浓度低,难以满足微藻细胞 Rubisco 对 CO_2 的需求。微藻在不断适应水体无机碳浓度的变化过程中逐渐形成了一种 CO_2 浓缩机制——无机碳浓缩机制(CO_2 concentrating mechanism,CCM),同时,微藻细胞表面及外部会分泌一种酶——碳酸酐酶,这种酶能促进 CO_2 与 HCO_3^- 之间的相互转化,有利于细胞重新固定呼吸释放的 CO_2 并用于光合作用。CCM 的原理是通过主动将无机碳(CO_2、HCO_3^-)从胞外向胞内的转运,提高了 Rubisco 活性位点周围的 CO_2 浓度,改变了其对 CO_2 的亲和力,并有利于增强 Rubisco 羧化活性,抑制其氧化酶活性。在该机制的作用下,微藻细胞在低 CO_2 浓度的生境中也能够进行正常的光合作用,这也解释了为什么微藻的光合效率和固碳量要远远高于一般植物。据估算,每生产 100 t 的微藻,可以固定约 183 t CO_2。

第五节 微藻固碳影响因素

对于特定的藻种,其生长和固碳能力还与很多环境条件和过程参数相关,比如光照、温度、pH、CO_2 浓度、气体传质、营养需求及有害化合物等,还有一些其他因素也会影响固碳效率,下面将一一展开详述。

一、光照

光照作为光合作用的必要条件,对微藻的固碳过程有着至关重要的作用,主要影响体现在三个方面：光源、光强和光照周期。

其中，光源包括自然光源（太阳光）和人工光源及二者的结合使用，人工光源又可分为白炽灯光、荧光灯光、LED 灯光及发光二极管等，这些光源的波长存在差异，可根据对应藻种的应用特点选择使用。研究表明，红光和蓝光利于小球藻的生长；蓝光利于 Nannochloropsis sp. 的生长；绿光利于油脂积累；螺旋藻则在红 – 蓝组合灯光下生长速率达到最大。

光强即光照强度，在光照强度达到微藻的光饱和点之前，微藻的生长速率随光强的增强而增加，生物质产率与光转化效率成正比。当光照强度高于光饱和度，微藻的光转化率不再随着光强的增加而上升，当超出一定的光照强度范围时，反而会抑制光合作用，降低固碳效率。

光周期也是微藻光合作用的重要影响因素，与光照强度相似，光周期并非越长越好，每种微藻都有一个适宜光周期区间，超过或低于这个区间，都不利于生物质的累积。孙岁寒等研究表明，当光周期小于 4 h 和大于 20 h 时，海洋微藻的固碳效率会降低。除此之外，光周期过长或过短还会导致微藻细胞内蛋白质和叶绿素 a 的含量降低。也有部分学者认为光周期对固碳效率的影响不大，例如，Jacob-Lopes 等比较了在不同光周期条件下盐性隐杆藻生物量和固定 CO_2 能力的变化，结果发现并无显著差异。微藻的生命活动同时受光源、光强和光照周期三者的综合影响，可根据微藻的特性和培养环境的特点进行选择，以达到最佳固碳效果。

二、温度和 pH

温度会影响微藻的生长，但是一般微藻对温度都有较高的耐受性。在较低或较高的温度中都分别发现过微藻的踪迹。按温度划分，微藻可分为低温和高温藻种。自然界中大部分藻种为低温藻种，生长的最适温度范围一般为 25～30℃，超出这个范围，生命活动会受到不同程度的抑制，这种抑制作用主要是通过酶活性的变化来实现的，温度过高或者过低都会降低细胞内酶的活性，进一步影响其新陈代谢。温度对微藻固碳的影响主要体现在光合作用方面。研究表明，一些藻种可以在低于最佳生长温度 15℃ 的情况下生长，但在高于最佳生长温度 2~4℃ 的情况下可能就会导致生长的停止，这是因为在高温条件下，不仅细胞的光合器官会受到损坏，同时光合作用过程中的光合电子传递和光合磷酸化等过程也受到影响，进而影响微藻的固碳效率。但对高温藻种来说，温度对固碳效率的影响较小。研究表明，即使将高温藻种的培养温度提高至超出最适温度上限 5~10℃，细胞仍能保持较高的生长速率和固碳效率。总的来说，在一定范围内，随着温度的降低，微藻的生长趋势变缓，生物量降低，从而导致固碳效率变低；超过一定温度后，温度的升高会导致酶活性的丧失，进而抑制微藻的光合作用，固碳效率也会大大降低。

除此之外，培养液的 pH 也是影响微藻固碳效率的重要因素，影响方式一般有两种：一是影响细胞内代谢酶的活性和离子的吸收利用，进而影响生理代谢活性；二是影响 CO_2 在液相的溶解性和扩散性，决定了 CO_2、HCO_3^- 转化为游离 CO_2 或 CO_3^{2-} 的方向，也决定了 CO_2 是否能够进入细胞被固定，从而影响光合效率。不同藻种的最适生长 pH 存在较大差异，如许海等比较了不同 pH 对几株淡水微藻生长状况的影响，发现雷氏衣藻适宜在 pH 为 7 的中性条件下生长，斜生栅藻则更适合在 pH = 10 的碱性条件下生长。刘玉环等考查了 pH 对二形栅藻固定 CO_2 速率的影响，发现控制 pH = 7.5 时，对 CO_2 的固定率最高，达到 0.99 g/(L·d)。这是由于在不同的 pH 条件下，自由态的 CO_2 的含量有所不同，不同藻类对 CO_2 的亲和力也不同。在微藻的培养过程中，随着细胞对 CO_2 的吸收，培养液的 pH 会发生变化，此时通过往培养液中加入缓冲剂，可以使 pH 维持在稳定的范围内。如果 pH 超出一定的范围，微藻的生长速率将会受到影响。Sung 等在 25℃ 通入 CO_2 浓度为 10% 的空气条件下培养小球藻 *Chlorella* sp. KR-1 发现，pH 在 4.0~7.0 的范围内，小球藻的生长速率无明显变化，当 pH 降低到 3.5 时，小球藻的生长受到明显抑制。

三、CO_2 的浓度

碳是微藻的主要组成元素，气态 CO_2 是微藻进行光合作用的主要底物，浓度及浓度变化对微藻生长和 CO_2 固定均具有重要影响。由于空气中 CO_2 的体积分数仅为 0.03%，加上在水中的溶解度不高，所以难以在规模化培养时满足微藻生长繁殖对碳源的需求，因此利用烟气中的 CO_2 代替空气实现微藻的资源化利用和碳减排已经成为当今的研究热点。

烟气中的 CO_2 浓度可达 10%~20%，是较好的碳源。但 CO_2 浓度并非越高越好，一般认为，CO_2 浓度过高对细胞有抑制作用，最直接的表现为抑制微藻的光合作用效率，并造成细胞生长的"滞后"。Chiu 等在不同 CO_2 浓度下培养小球藻，发现当 CO_2 的浓度为 2% 时，小球藻的比生长速率最高，浓度继续升高，比生长速率下降，当 CO_2 浓度达到 10% 时，小球藻的生长受到严重抑制。因此，筛选耐高浓度 CO_2 的藻种对微藻固碳技术的发展意义重大。Yue 等从土壤中分离出一株耐高浓度 CO_2 的小球藻，当进气 CO_2 浓度为 10% 或 20% 时，均出现较高的生长速率；CO_2 浓度达到 70% 时，生长速度才会较慢，但仍是普通培养速度的 7 倍。此外，也可以通过逐步提高 CO_2 浓度，驯化出耐高浓度 CO_2 的藻株。如 Chiu 等发现，*Nannochloropsis. oculata* NCTU-3 经过 CO_2 浓度为 2% 的空气预培养后，可在 CO_2 浓度为 15% 的条件下存活和生长。

微藻藻株在不同的环境下，对 CO_2 的耐受性都不同，因此，根据特定藻株的自身特异性及培养环境的不同选择适宜的 CO_2 浓度，才能获得理想的固碳效果。

四、气体的传质

气体的传质对微藻固碳也有一定影响，尤其是 CO_2 的传质。向藻液中不断通入的气体，主要是空气或 CO_2，作用如下：①提供 CO_2 以补充微藻生长所需碳源；②使液体内部均匀混合，避免营养物浓度不均匀；③提升培养液中藻细胞的暴露程度，特别是在高密度培养时可避免光中毒现象；④通过控制CO_2的溶解控制pH，以避免溶液pH剧烈波动；⑤降低培养液中的溶解氧量，避免其对微藻的毒害等。作为光合作用的主要碳源，CO_2的传递过程直接影响着光合作用，特别是暗反应进程。当CO_2通入培养液时，由于微藻细胞对CO_2的消耗，在气液相之间会形成CO_2的浓度梯度，此时CO_2分子开始从气相向液相传递。根据双膜理论，CO_2分子首先由气相主流区传递到气液界面附近的薄气膜区，然后自由扩散穿过薄气膜，再穿过气液界面进入附近的薄液膜区，然后传递到液相主流区。由于CO_2分子的传质系数低，因而气液传送是影响光合微藻生长的主要限制步骤。可通过增加气相及气液界面的波动强化CO_2的传递，或者通过增加微藻细胞与CO_2，特别是气相CO_2的接触，省去液相传递环节，对CO_2的传递和利用也能够起到一定的促进作用。

除了CO_2，O_2的传质也是影响微藻固碳的一个重要因素，微藻产生的O_2积累到一定程度时会抑制光合作用。此时，通过提高气体流速，不仅能及时脱除积累的O_2，还可以加大CO_2在培养液中的扩散，并扰动培养液，使藻细胞受光均匀。Cheng等为了提高微藻的固碳效率，采用了一种中空纤维膜反应器去除小球藻培养中产生的O_2，并将CO_2的固定效率提高了3倍。此外，需要注意的是，过高的气体流速产生的剪切力也会破坏藻细胞，所以必须衡量这几者之间的关系，确定合适的气体流速。

五、营养需求

N、P是微藻生长所需的重要营养元素，N作为核酸、蛋白质的组成元素，直接关系到微藻的初级代谢。在限氮培养基中间歇加入硝酸盐作为N源时，可以提高微藻的生长能力；相比于硝态氮，快速生长的微藻更喜好氨态氮。P是微藻生长的另一重要元素，主要用于产生ATP和GTP，对磷脂、核酸以及一些辅酶的合成也有重要影响。因此，P直接关系到微藻新陈代谢的各个环节，对其生长有着举足轻重的作用。除磷酸盐以外，某些含磷化合物并不能被直接利用，如与金属离子结合的磷。

微藻培养时，N、P缺乏会使藻细胞的生长发育受到严重影响。藻液中N、P浓度过高时，也会对藻细胞的生长造成不良影响。如梁英等发现，无论藻液中N、P浓度不足还是过高时，绿色巴夫藻的生长都会受到抑制，只有合适的C、N、P比例才可以实现微藻的快速增长以及CO_2的高效固定。Ota等通过调节CO_2和N_2的比例来控制鼓泡气体中CO_2浓度，进而抑制了耐高浓度CO_2的绿藻（*Chlorococcum Littorale*）的光呼吸作用。

除了上面提到的营养元素之外，水分、盐度和其他微量元素，如Mg和Fe等，也会影响微藻的生长。根据含水率的不同，微藻的培养主要分为悬浮态培养和固定化培养两种。悬浮态培养含水量大，微藻繁殖速度快，但是单位体积的产量不高且采收耗能较大。固定化培养含水量低，产量高，采收较容易，但是初投入成本较高，且技术尚不成熟，因此，实际工业应用中较多采用的还是悬浮态的培养方式。

另外，根据微藻的种类不同，喜好的盐度亦存在差异性，海洋微藻比淡水微藻对盐度的耐受性更高。供气方式和气流速度、混合效果、代谢产物抑制、微藻细胞间自遮挡现象等都会影响微藻的生长和代谢，进而影响固碳效率。这些因素都是相互联系的，只有将这些因素联系起来综合考虑，才能获得良好的固碳效果。

六、有害物质

除以上影响因素外，待固定气体或培养液或废水中的有害元素或混合物，包括重金属离子以及各种有害气体，如NO_x、SO_x、NH_3等也会对微藻产生影响。

当利用烟道废气作为碳源时，除了CO_2外，烟气中还存在NO_x、SO_x等多种污染物质，其中SO_2的浓度能达到100 mg/L，NO_2的体积分数能达到5%～10%，这些物质能影响大部分微藻的生长。CO_2、SO_x、NO_x为酸性气体，溶入培养液中会降低pH，从而显著地抑制微藻的生长和光合作用。Lee等研究发现，在 SO_2 废气中，海水小球藻（*Chlorella* sp. KR-1）的固碳速率会有所下降。SO_2 还会反应生成 SO_3^{2-}，增加微藻的氧化损伤，降低叶绿素含量，使微藻出现脱绿漂白现象，从而降低微藻光合作用效率。如杜氏盐藻（*Dunafiella dafina*）在高浓度 SO_3^{2-} 中，叶绿素活性会明显下降，光合作用被显著抑制。NO_x 在水中的溶解度很小，溶解的部分可以作为 N 源直接被微藻吸收，对 CO_2 固定的影响不大。研究表明，只有当 NO_x 的浓度高于 300 mg/L 时，才会对小球藻的理化特征产生一定影响。实际上，对于不同的藻株、生长条件以及有毒污染物质的浓度，有害物质对微藻的危害都不尽相同。有些藻种能直接利用烟道气进行固碳，仅需要调节培养基的 pH 即可，如雨生红球藻，固碳效率与烟气中的气体成分关系不大。对有害物质较为敏感的藻种有小球藻和栅藻，当采用微藻固碳耦合废水处理时，废水中的污染物会对微藻的理化性质和生长增殖产生较大影响。如果废水中还含有一些难沉降的重金属离子，这些重金属会通过微藻富集作用积累到生物质中，影响微藻生物质的后续利用，例如，加工成饲料或者食品。

第六节　微藻固碳反应器设计

　　光生物反应器是能够对具有高效光合固碳能力的微藻细胞培养的人工可调控系统，是微藻固定 CO_2 的培养装置。一般陆生植物和森林利用的光能辐射有限，约为 0.2%，而在光生物反应器中的微藻光能利用效率可高达 18%。同时，由于受光照强度和光能传递性的限制，光自养培养过程的微藻密度不可能太高，相对于要消耗的 CO_2 工业尾气，藻类培养的占地面积过大，很难与现有的工业布局相匹配；此外，将废气进行远距离的输送也不具可操作性。因此，结合化工、材料、工程和制造等领域的新工艺、新技术，设计开发高效、立体、成本合理的新型光生物反应器，会有力推动微藻固碳技术实现产业化。

如本书前述提及的，目前应用较为广泛的光生物反应器主要分为开放式和封闭式光生物反应器，较常见的光生物反应器如图6-3。开放式跑道池具有结构简单、建造和运行成本低、操作简单等优点，但也存在如占地面积大、培养条件控制难、易被其他微生物污染、培养液蒸发损失大以及光遮蔽效应等缺陷。该类反应器中，CO_2采用人工供给，或依靠与空气的自然交换并通过人工搅拌使空气中CO_2溶解的方法来达到补充的目的。为使CO_2能充分在微藻培养液中溶解，可对跑道式反应器进行改进：在搅拌桨附近挖一个约

A 开放式跑道池反应器（引自美国Sapphire公司）；B 浮式光反应器（引自美国NASA的OMEGA系统）；C 管式光反应器（引自美国明尼苏达大学生物质精炼中心）；D 线圈式光反应器（引自美国明尼苏达大学生物质精炼中心）；E 叠加式光反应器（引自美国明尼苏达大学生物质精炼中心）；F 平板式光反应器（引自美国Nanovoltaics公司）

图6-3 用于微藻碳减排的微藻培养光反应器

1.5 m 深的深槽，人工供给的 CO_2 从槽的底部注入，从而最大限度增加 CO_2 在水中的溶解度，提高 CO_2 固定效率。美国明尼苏达大学的研究者们在传统开放式反应器的基础上开发了一种新型的叠加式多层开放性光反应器，该新型反应器也能在一定程度上弥补传统开放式反应器的缺点（图 6-3E 和图 6-4）：该光反应器通过将小型开放式反应器叠加，在每层底部增加额外光源，不仅大大减少了反应器的占地面积，且每层的中空托盘结构最大限度地减少了反应器内部污垢对光的穿透性影响。另外，与传统反应器相比，该培养系统维护所需人力、物力较小。该培养系统可广泛应用于占地面积较小的废水处理，如市政废水处理厂、农场等。

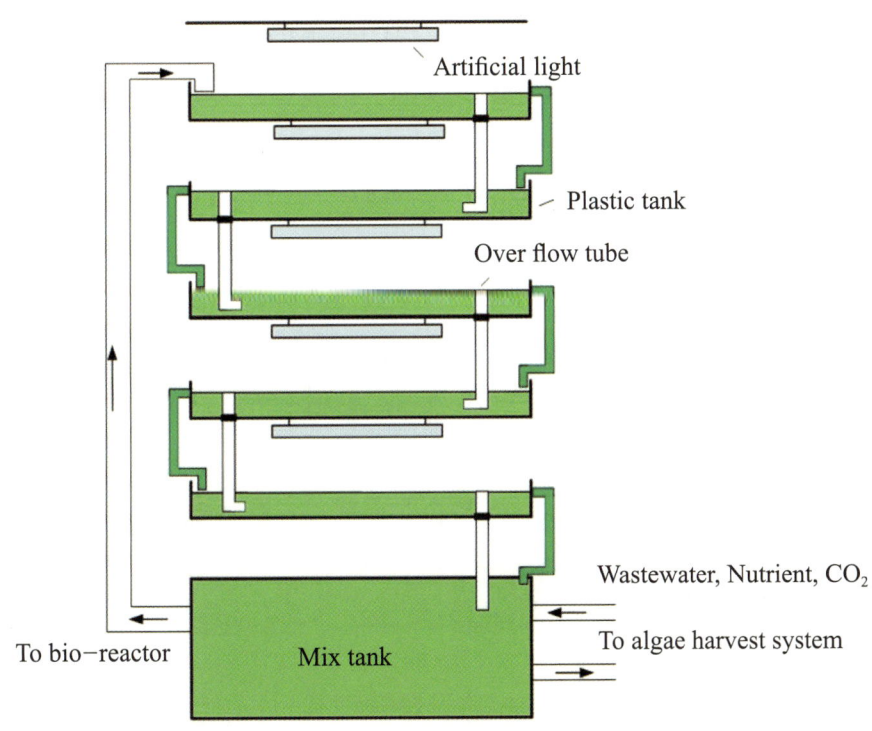

图 6-4　叠加式反应器固定 CO_2 示意图[186]

相对开放式反应器，封闭式光生物反应器有许多优点，包括：①培养过程中参数相对容易控制；②培养条件相对稳定；③无菌操作；④高密度培养；⑤有较高的比表面积，可提高传质效率，占地面积小，CO_2 利用率高；⑥可利用收集器收集天然（或人工）光源、经光纤传导后可优化分布于反应器内部，获得更高的光合效率与光能转化效率；⑦可大大减少培养过程中的水分蒸发；⑧培养所得藻类生物质更易收获。封闭式光生物反应器包括管道式、平板式、叠加式、柱状气升式反应器和搅拌式发酵罐以及浮式薄膜袋等，该类反应器的 CO_2 一般通过反应器底部的气体分布器直接注入培养液中进行补给和固定。NASA（National Aeronautics and Space Administration，美国国家航空航天局）开发了一种新的 OMEGA（Offshore membrane enclosures for growing algae，生长藻类海上膜罩）微藻培养系统，在美国加州一个受保护的海湾中建立一种漂浮式光反应器，来自海湾附近城市的市政废水和富含 CO_2 的烟道废气分别提供营养和无机碳源供微藻培养（图6-3B和图6-5A、B）。OMEGA培养体系的优点是：①由于反应器漂浮在海面，可以为微藻培养系统提供均匀稳定的温度；②利用海洋潮汐产生的波浪提供微藻混合的能源，大大降低了微藻培养的能耗；③利用废水和烟道废气提供营养源，大幅降低微藻的培养成本。

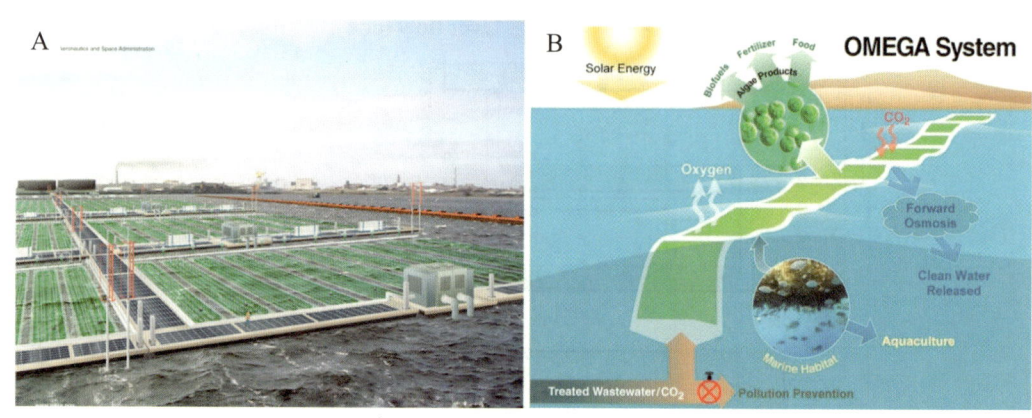

A OMEGA 系统大规模养殖示意图；B OMEGA 系统固定废气中 CO_2 示意图

图 6-5　美国 NASA 开发的 OMEGA 系统

如今，不同结构的封闭式光生物反应器被广泛应用于微藻固定 CO_2，特别是对于烟道气的生物固定。最近，利用封闭式光生物反应器基于微藻的烟道气处理研究领域十分活跃，包括：①利用实验室规模的封闭式反应器研究微藻的生理特性；②微藻生长的动力学研究；③优质藻种（特别是改造藻种）的大规模培养和高附加值副产物的开发。微藻的大规模培养主要集中于封闭式和开放式培养系统的结合，即利用封闭式反应器筛选并优化优质藻种，再通过开放式培养系统扩大培养封闭式反应器所得优质藻种。封闭式培养系统作为当前大规模固定工业CO_2的主要方向，相信利用大规模封闭式反应器固定烟道气中的CO_2以及高产量生产微藻高附加值产品在不久的将来都会取得突破性的进展。

第七节　微藻固碳技术应用

与其他固碳技术相比，微藻固定CO_2具有可同时实现处理污废水及资源化再利用的突出优势，具有广阔的应用前景。基于微藻固碳原理，各领域已展开广泛的CO_2减排研究，如空气净化、发电厂等工业烟道废气及汽车尾气中的CO_2净化脱除，废水处理或水体环境的修复。除此之外，微藻固碳技术的另一潜在用途是军事和航天等领域。例如，在核潜艇和载人航天器等密闭空间中研究如何利用微藻在环境控制和生命保护系统中去除CO_2并产生O_2等。

目前，国内外针对微藻固碳耦合污水处理工艺或生物质资源化利用技术做了大量的研究，这些研究和应用不断促进微藻固碳技术的进步。

1978—1996年，美国能源部（DOE）启动了一项微藻能源计划，称为"水生物种计划"（Aquatic Species Program，ASP），这是至今为止利用微藻作为原料制备可再生液体生物燃料较为全面的研究项目。该计划的另一个主要研究内容是以传统化石燃料产生的富含CO_2的废气作为碳源进行微藻生物燃料原料的生产，用于制备低成本的微藻生物能源，这一项目的启动，大大推动了微藻固碳及生物能源的研究与开发。美国夏威夷的蓝细菌生物技术公司在1990—1999年期间开展了一个项目，该项目旨在充分利用周边小型供电厂排放的富含CO_2的烟道废气作为碳源规模化养殖螺旋藻和小球藻。结果表明，将发电过程产生的富含CO_2的废气循环回收至吸收塔作为微藻培养的碳源,回收利用率可达75%,净化废气的同时还能节省微藻的培养成本。1990—2000年,日本国际贸易和工业部资助了名为"地球研究更新技术计划"的项目,这是目前为止利用微藻进行CO_2固定和减排的较为全面和系统的研究,主要成果包括:①利用微藻固定火力发电厂烟气中的CO_2,实现制备生物能源和CO_2减排的双重目的,并筛选出1000多株耐高CO_2浓度、生长速度快、能进行高细胞密度生长的藻株;②设计了各种不同的密闭式光生物反应器,包括各种高密度、高容量的微藻培养系统,还建立了光合生物反应器的技术平台和微藻生物质能源开发的技术方案。2005年,美国Green Fuel技术公司利用燃气电站排放的CO_2培养海藻在中试规模上成功地优化了该系统的光合作用效率,并将规模扩大至1 394 m^2。2006年,美国剑桥的Green Fuel Technology Corp和Arizona Public Service公司在亚利桑那州建立了可与1 040 MW电厂烟气相连接的商业化系统,采用绿色燃料3D Matrix微藻培养系统成功地利用烟气中的CO_2大规模培养微藻,并将其转化为生物燃料。同年,美国能源部宣布了由国家能源局支持的"微型曼哈顿计划",在各项技术全面推进的前提下,该计划在2010年实现微藻生物柴油的工业化制备,成功降低了微藻燃料的成本。2006—2008年,由于国际石油价格持续上涨,极大地促进了美国等发达国家对微藻生物柴油产业化技术的开发进程,政府和企业在该领域纷纷投入大量资金进行中试和产业化研究。期间美国国际能源公司宣布开发以微藻为原料生产可再生燃料,同年荷兰Shell公司与美国HRBiopetroleum公司合作,组建了名为Cellena的合资公司,投资70亿美元专门开展关于微藻生物柴油技术的研究,同时在夏威夷建立了一个试验工厂,开展关于利用海洋微藻生产生物柴油的研究。2008年,美国Diversified能源公司和XL可再生能源公司共同开发了一个名叫Simgae的系统,该系统可大幅度降低生物燃料的生产成本,降低后为之前水平的1/30~1/4。这些技术的开发,也成功推动了微藻固碳等相关耦合技术的发展。同年,中国石油化工有限公司和中国科学院启动微藻生物柴油成套技术合作项目,其中中国石化石油科学研究院的科研人员已在中石化石家庄炼化分公司利用微藻生物固碳技术完成了 40 000 L 的废气减排中试研究。

第八节　前景与展望

面对由 CO_2 排放增加引起的全球气候变暖以及相应的环境问题，CO_2 的减排及固定已成为需要全人类共同努力的目标。传统固碳方法，如物理和化学固碳，在实际应用中均存在成本制约、技术要求高、局限性大或不可持续等问题，生物固碳因其安全性、经济性和环境可持续性被认为是最具发展前景的固碳方法。微藻作为目前最具潜力的固碳生物，具有生长速率快、固碳效率高、应用范围广等诸多优点，且微藻在固碳的同时还会产生具有经济价值的代谢产物，如油脂、蛋白质及其他高附加值产品，从而获得一定的经济效益，间接降低在应用过程的成本。

但就目前的研究现状而言，微藻固碳实现商业化应用还有一段很长的路要走。建议日后的工作重点关注：①加强微藻固碳在分子层面的解析。目前关于微藻固碳分子机理的研究甚少，对微藻固碳机理的理解深度不够。②固碳藻种快速选育方法和基因工程改造。对于不同应用环境和固碳条件，需要选择不同特性的藻种，固碳藻种的筛选仍需深入研究以获得藻种的快速选育方法。由于在微藻固碳分子机制上理解的不足，通过基因工程改造获得优良固碳藻种的相关研究并不多，而基因工程在藻种改造上的应用在其他领域拥有诸多优势，所以通过基因改造获得所需的优良固碳藻种将是未来固碳藻种选育的主要方向。③固碳藻种的优化培养。要发挥固碳藻种的最大固碳潜力，培养条件的优化仍是关键，探索微藻生长的最佳条件关乎整个固碳过程成本的高低。④高效固碳微藻光生物反应器的研发。光生物反应器作为微藻培养的基本硬件条件，设计及运行的控制不仅与微藻固碳设施的基础成本相关，还对微藻的固碳效率及最大固碳潜力的发挥有着重要影响。⑤工业废气、废水处理及微藻生物燃料和高附加值产品生产耦合体系的开发。以废水为培养基、以工业废气为碳源形成一套废弃物资源化利用的微藻生境系统，在去除废水中的污染物和固定废气中的 CO_2 及其他气体的同时，通过自身代谢积累获得油脂及其他高附加值产物，最终"变废为宝"。⑥微藻固碳的技术经济分析（Techno-Economic Analysis，TEA）和生命周期评价（Life Cycle Assessment，LCA）。通过 TEA 对微藻固碳和从"摇篮"到"坟墓"的 LCA 研究，全面透彻地了解微藻固碳的经济性和对环境产生的影响和效益，对固碳技术的可行性作出更准确的评估。

随着对微藻固碳机制研究的不断深入，通过相应的科学技术手段解决微藻固碳过程中存在的问题，可以逐渐缩小微藻固碳技术在未来的应用局限性。相信在不远的将来，存在于固碳微藻综合利用中的问题也会得到相应的解决，逐渐形成一套集废水处理、工业废气处理、微藻能源及高附加值产品生产于一体的综合体系。

参考文献

陈敬祥，叶叙丰，郑泽荣，1981. 三十烷醇生理活性的初探——水稻幼苗生长的促进效应 [J]. 植物生理学报，（02）：36-40.

陈明明，杨忠华，李轩科，等，2008. 固定 CO_2 优良藻种的紫外诱变育种研究 [C] // 第五届全国化工年会论文集，1-6.

程丽华，张林，陈欢林，高从堦，2005. 微藻固定 CO_2 研究进展 [J]. 生物工程学报，21：177-181

崔香菊，2013. 卡尔文循环中的碳代谢研究进展 [J]. 北京农业，（A11）：26-26.

杜奎，梁芳，耿亚洪，等，2015. 利用烟道气培养微藻的机制与应用 [J]. 生物技术通报，31（02）：1-9.

胡章，李思东，2010. 生物固碳途径及其进化 [J]. 广东化工，37（10）：62-63+77.

黄英明，王伟良，李元广，等，2010. 微藻能源技术开发和产业化的发展思路与策略 [J].

生物工程学报,26(7):907-913.

贾民娟,2019.不同CO_2浓度对微藻生长的影响[D].山东:山东大学.

雷玉玲,2019.带螺旋肋的管式微藻光生物反应器的优化研究[D].武汉:华中科技大学.

李伟,康少锋,2011.微藻固碳技术研究现状及发展思路[J].生物产业技术,(06):22-27.

梁英,金月梅,田传远,2008.氮磷浓度对绿色巴夫藻生长及叶绿素荧光参数的影响[J].海洋湖沼通报,(01):120-128.

梁英,闫译允,赖秋璇,等,2020.微藻诱变育种研究进展[J].中国海洋大学学报(自然科学版),50(06):19-32.

刘德盛,张群,陆东和,2001.我国三十烷醇研究进展及其在农业上的应用前景[J].中国工程科学,3(002):91-94.

刘明升,魏群,蔡元妃,等,2012.六种微藻固定CO_2实验研究[J].广西大学学报(自然科学版),37(03):544-548.

刘萍,丁义峰,2010.植物光呼吸的生理意义[J].生物学教学,35(10):6-7.

刘玉环,阮榕生,孔庆学,等,2008.利用市政废水和火电厂烟道气大规模培养高油微藻[J].生物加工过程,(03):29-33.

陆开形,蒋霞敏,翟兴文,2004.亚硝基胍(NTG)对雨生红球藻的诱变效应[J].海洋科学,28(5):49-52.

潘进芬,林荣根,2000.海洋微藻吸附重金属的机理研究[J].海洋科学,(02):31-34.

宋成军,董保成,赵立欣,等,2012.纯二氧化碳条件下小球藻固定CO_2[J].环境工程学报,6(12):7.

宋春雨,刘晓冰,金彩霞,2002.高温胁迫下光合器官受损及其适应机理[J].农业系统科学与综合研究,(04):252-256.

孙岁寒,段舜山,2007.海洋微藻四列藻对光周期改变的响应[J].生态科学,(04):293-297.

王丽艳,2012.微藻固定烟气中的发展及可行性探讨[J].绿色科技,9:182-183.

王鑫,2016.微拟球藻组合型光反应器设计及高效培养策略的研究[D].无锡:江南大学.

谢群,王明学,闫洪海,等,2006.三十烷醇对3种单细胞藻类生长的影响[J].华中农业大学学报,25(3):286-290.

徐雪宁，孙东红，崔坤淼，等，2023.高效固碳藻种产油条件优化［J］.自然科学，11（4）：657-667.

徐雪宁，孙东红，孙鹏芳，等，2023.相同条件下四种微藻（栅藻，小球藻，鱼腥藻，水华鱼腥藻）生长速度的比较［J］.Advances in Microbiology, 12：83.

许波，王长海，2003.微藻的平板式光生物反应器高密度培养［J］.食品与发酵工业，（01）：36-40.

许海，杨林章，茅华，等，2006.铜绿微囊藻、斜生栅藻生长的磷营养动力学特征［J］.生态环境，（05）：921-924.

杨启鹏，岳丽宏，康阿青，2009.微藻固定高浓度CO_2技术的研究进展［J］.青岛理工大学学报，30（05）：69-74.

杨忠华，李方芳，曹亚飞，等，2012.微藻减排CO_2制备生物柴油的研究进展［J］.生物加工过程，10：70-76.

杨忠华，杨改，李方芳，等，2011.利用微藻固定CO_2实现碳减排的研究进展［J］.生物加工过程，9（01）：66-75.

易文利，王国栋，刘选卫，等，2005.氮磷比例对铜绿微囊藻生长及部分生化组成的影响［J］.西北农林科技大学学报（自然科学版），（06）：151-154.

岳丽宏，陈为公，李建国，等，2005.烟气环境条件下小球藻的生长及其CO_2固定［J］.青岛理工大学学报，（06）：15-19.

张虎，张桂艳，温小斌，等，2014.pH 对小球藻 Chlorella sp. XQ-200419 光合作用、生长和产油的影响［J］.水生生物学报，38（06）：1084-1091.

周文广，阮榕生，2014.微藻生物固碳技术进展和发展趋势［J］.中国科学：化学，44（01）：63-78.

A. F. Mohd Udaiyappan, H. Abu Hasan, M. S. Takriff, et al., 2017. A review of the potentials, challenges and current status of microalgae biomass applications in industrial wastewater treatment ［J］. J. Water Process Eng, 20: 8-21.

Abinandan S, Shanthakumar S, 2015. Challenges and opportunities in application of microalgae (Chlorophyta) for wastewater treatment: A review ［J］. Renewable and Sustainable Energy Reviews, 52: 123-132.

Alonso M, N. Rodríguez, B. González, et al., 2010. Carbon dioxide capture from combustion flue gases with a calcium oxide chemical loop. Experimental results and process development [J]. International Journal of Greenhouse Gas Control, 4(2): 167−173.

Arata S, Strazza C, Lodi A, et al., 2013. Spirulina platensis culture with flue gas feeding as a cyanobacteria-based carbon sequestration option [J]. Chemical Engineering & Technology, 36(1): 91−97.

Arbib Z, Ruiz J, álvarez-Díaz P, et al., 2013. Photobiotreatment: influence of nitrogen and phosphorus ratio in wastewater on growth kinetics of Scenedesmus obliquus [J]. International journal of phytoremediation, 15(8): 774−788.

Azov Y, Goldman J C, 1982. Free ammonia inhibition of algal photosynthesis in intensive cultures [J]. Applied and environmental microbiology, 43(4): 735−739.

Barcelos C B, Greque D M M, Vieira C J A, 2018. CO_2 conversion by the integration of biological and chemical methods: *Spirulina* sp. LEB 18 cultivation with diethanolamine and potassium carbonate addition [J]. Bioresource Technology, 267: 77−83.

Beuf L, Kurano N, Miyachi S, 1999. Rubisco activase transcript (rca) abundance increases when the marine unicellular green alga Chlorococcum littorrale is grown under high-CO_2 stress [J]. Plant Mol Biol, 41: 627–635.

Brown L M, 1996. Uptake of carbon dioxide from flue gas by microalgae [J]. Energy Conversion & Management, 37(6/8): 1363−1367.

Burcu Ertit Taştan, Ergin Duygu, Orhan Atakol, et al., 2012. SO_2 and NO_2 tolerance of microalgae with the help of some growth stimulators [J]. Energy Conversion and Management, 64(4): 28−34.

Caldwell D. H., 1946. Sewage oxidation ponds: performance, operation and design [J]. Sewage Work J, 18: 433–458.

Chang EH, Yang SS, 2003. Some characteristics of microalgae isolated in Taiwan for biofixation of carbon dioxide [J]. Bot Bull Acad Sin, 44: 43–52.

Chaudhary R, Tong Y W, Dikshit A K, 2018. CO_2-assisted removal of nutrients from municipal wastewater by microalgae Chlorella vulgaris and Scenedesmus obliquus [J]. International Journal of Environmental Science and Technology, 15: 2183−2192.

Cheng J, Huang Y, Feng J, et al., 2013. Improving CO_2 fixation efficiency by optimizing Chlorella

PY-ZU1 culture conditions in sequential bioreactors [J]. Bioresource technology, 144: 321-327.

Cheng J, Lu H, He X, et al., 2017. Mutation of *Spirulina* sp. by nuclear irradiation to improve growth rate under 15% carbon dioxide in flue gas [J]. Bioresource Technology, 238: 650-656.

Cheng J, Lu H, Li K, et al., 2018. Enhancing growth-relevant metabolic pathways of *Arthrospira platensis* (CYA-1) with gamma irradiation from ^{60}Co [J]. RSC Advances, 8(30): 16824-16833.

Cheng J, Ye Q, Li K, et al., 2018. Removing ethinylestradiol from wastewater by microalgae mutant Chlorella PY-ZU1 with CO_2 fixation [J]. Bioresource technology, 249: 284-289.

Cheng LH, Zhang L, Chen HL, Gao CJ, 2006. Carbon dioxide removal from air by microalgae cultured in a membrane-photobioreactor. Sep Purif Technol, 50: 324-329

Chiang C L, Lee C M, Chen P C, 2011. Utilization of the cyanobacteria Anabaena sp. CH1 in biological carbon dioxide mitigation processes [J]. Bioresource technology, 102(9): 5400-5405.

Chisti Y, 2007. Biodiesel from microalgae [J]. Biotechnol Adv, 25: 294-306.

Chiu S, Kao C, Huang T, et al., 2011. Microalgal biomass production and on-site bioremediation of carbon dioxide, nitrogen oxide and sulfur dioxide from flue gas using *Chlorella* sp. cultures. [J]. Bioresource Technology, 102(19): 9135-9142.

Choi Y Y, Joun J M, Lee J, et al., 2017. Development of large-scale and economic pH control system for outdoor cultivation of microalgae *Haematococcus pluvialis* using industrial flue gas [J]. Bioresource Technology, 1235-1244.

Costa JAV, de Morals MG, 2011. The role of biochemical engineering in the production of biofuels from microalgae [J]. Bioresour Technol, 102: 2-9.

Cromar N J, Fallowfield H J, 1997. Effect of nutrient loading and retention time on performance of high rate algal ponds [J]. Journal of Applied Phycology, 9: 301-309.

De Morais M G, Costa J A V, 2007. Carbon dioxide fixation by Chlorella kessleri, C. vulgaris, Scenedesmus obliquus and Spirulina sp. cultivated in flasks and vertical tubular photobioreactors [J]. Biotechnology letters, 29: 1349-1352.

Drop B, Webber-Birungi M, Fusetti F, et al., 2011. Photosystem I of Chlamydomonas reinhardtii contains nine light-harvesting complexes (Lhca) located on one side of the core [J]. Journal of Biological Chemistry, 286(52): 44878-44887.

Eduardo JL, Carlos HGS, Lucy MCFL, Franco TT, 2009. Effect of light cycles (night/day) on CO_2 fixation and biomass production by microalgae in photobioreactor [J]. Chem Eng Process, 48: 306-310.

Effects of light quality on growth rates and pigments of Chaetoceros gracilis (Bacillariophyceae)

F. Wollmann, S. Dietze, J. U. Ackermann, T. Bley T. Walther J. Steingroewer F, 2019. Krujatz, Microalgae wastewater treatment: biological and technological approaches, Eng [J]. Life Sci, 19 (12): 860–871.

F. Z. Mennaa, Z. Arbib, J. A, 2015. Perales, Urban wastewater treatment by seven species of microalgae and an algal bloom: biomass production, N and P removal kinetics and harvestability [J]. Water Res, 83: 42–51.

Fadhil S H, Ismail Z Z, 2023. Influence of Light Color on Power Generation and Microalgae Growth in Photosynthetic Microbial Fuel Cell with Chlorella Vulgaris Microalgae as Bio-Cathode [J]. Current Microbiology, 80(5): 177.

Ferreira A., Ribeiro B., Marques P.A.S.S., et al., 2017. *Scenedesmus obliquus* mediated brewery wastewater remediation and CO_2 biofixation for green energy purposes [J]. J Clean Prod, 165: 1316-1327.

Fu J, Huang Y, Xia A, et al., 2022. How the sulfur dioxide in the flue gas influence microalgal carbon dioxide fixation: From gas dissolution to cells growth [J]. Renewable Energy, 198: 114-122.

Fulke A B, Mudliar S N, Yadav R, et al., 2010. Bio-mitigation of CO_2, calcite formation and simultaneous biodiesel precursors production using Chlorella sp [J]. Bioresource technology, 101(21): 8473-8476.

Godos I D, Blanco S, Garcia-Encina P A, et al., 2010. Influence of flue gas sparging on the performance of high rate algae ponds treating agro-industrial wastewaters [J]. Journal of Hazardous Materials, 179(1-3): 1049-1054.

Goswami G, Sinha A, Kumar R, et al., 2019. Process engineering strategy for cultivation of high density microalgal biomass with improved productivity as a feedstock for production of bio-crude oil via hydrothermal liquefaction [J]. Energy, 189: 116136.

Grobbelaar JU, 1994. Turbulence in mass algal cultures and the role of light/dark fluctuations [J]. J Appl Phycol, 6: 331–335.

Guo G, Guan J, Sun S, et al., 2020. Nutrient and heavy metal removal from piggery wastewater and CH_4 enrichment in biogas based on microalgae cultivation technology under different initial inoculum concentration [J]. Water Environment Research, 92(6): 922−933.

Han S F, Jin W, Abomohra A E F, et al., 2019. Enhancement of lipid production of Scenedesmus obliquus cultivated in municipal wastewater by plant growth regulator treatment [J]. Waste and Biomass Valorization, 10: 2479−2485.

Hanagata N, Takeuchi T, Fukuju Y, et al., 1992. Tolerance of microalgae to high CO_2 and high temperature [J]. Phytochemistry, 31(10): 3345−3348.

Hao T B, Balamurugan S, Zhang Z H, et al., 2022. Effective bioremediation of tobacco wastewater by microalgae at acidic pH for synergistic biomass and lipid accumulation [J]. Journal of Hazardous Materials, 426: 127820.

Harter T, Bossier P, Verreth J, et al., 2013. Carbon and nitrogen mass balance during flue gas treatment with Dunaliella salina cultures [J]. Journal of applied phycology, 25: 359−368.

Helamieh M, Reich M, Rohne P, et al., 2024. Impact of green and blue-green light on the growth, pigment concentration, and fatty acid unsaturation in the microalga Monoraphidium braunii [J]. Photochemistry and Photobiology, 100(3): 587−595.

Hsueh HT, Li WJ, Chen HH, Chu H, 2009. Carbon bio-fixation by photosynthesis of Thermosynechococcus sp. CL-1 and Nannochloropsis oculta [J]. J Photochem Photobiol B, 95: 33–39

Hu B, Min M, Zhou W, et al., 2012. Enhanced mixotrophic growth of microalga *Chlorella* sp. on swine manure with acidogenic fermentation for simultaneous biofuel feedstock production and nutrient removal [J]. Bioresour Technol, 126: 71–79.

Hu B, Min M, Zhou WG, et al., 2012. Influence of exogenous CO_2 on biomass and lipid accumulation of microalgae Auxenochlorella protothecoide cultivated in concentrated municipal wastewater [J]. Appl Biochem Biotechnol, 166: 1661–1673

Hu B, Zhou W, Min M, et al., 2013. Development of an effective acidogenically digested swine manure-based algal system for improved wastewater treatment and biofuel & feed production [J]. Appl Energy, 107: 255–263.

Huang Y, Cheng J, Lu H, et al., 2017. Transcriptome and key genes expression related to carbon fixation pathways in Chlorella PY-ZU1 cells and their growth under high concentrations of CO_2 [J]. Biotechnology for biofuels, 10: 1–10.

Huy M., Kumar G., Kim H. W., et al., 2018. Photoautotrophic Cultivation of Mixed Microalgae Consortia Using Various Organic Waste Streams towards Remediation and Resource Recovery [J]. Bioresour. Technol, 247: 576–581.

J. Liu, Y. Feng, Y. Zhang, et al., 2022. Allometric releases of nitrogen and phosphorus from sediments mediated by bacteria determines water eutrophication in coastal river basins of Bohai Bay, Ecotoxicol [J]. Environ. Saf, 235: 113426.

J. Shi, B. Podola, M, 2014. Melkonian, Application of a prototype-scale twin-layer photobioreactor for effective N and P removal from different process stages of municipal wastewater by immobilized microalgae [J]. Bioresour. Technol, 154: 260–266.

Jacob-Lopes E, Scoparo C H G, Lacerda L M C F, et al., 2009. Effect of light cycles (night/day) on CO_2 fixation and biomass production by microalgae in photobioreactors [J]. Chemical Engineering and Processing: Process Intensification, 48(1): 306–310.

Jiang Y, Zhang W, Wang J, et al., 2013. Utilization of simulated flue gas for cultivation of Scenedesmus dimorphus [J]. Bioresource Technology, 128(2013): 359–364.

Kajiwara S, Yamada H, Ohkuni N, et al., 1997. Design of the bioreactor for carbon dioxide fixation by Synechococcus PCC7942 [J]. Energy Conv Manag, 38: 529–532.

Kanervo E, Tasaka Y, Murata N, et al., 1997. Membrane lipid unsaturation modulates processing of the photosystem II reaction-center protein D1 at low temperatures [J]. Plant Physiology, 114(3): 841–849.

Kang RJ, Shi DJ, Cong W, Ma WM, Cai ZL, 2005. Ouyang F. Effects of co-expression of two higher plants genes ALD and TPI in *Anabaena* sp. PCC7120 on photosynthetic CO_2 fixation [J]. Enzyme Microb Tech, 36: 600–604.

Kao C Y, Chiu S Y, Huang T T, et al., 2012. A mutant strain of microalga *Chlorella* sp. for the carbon dioxide capture from biogas [J]. Biomass and bioenergy, 36: 132-140.

Kao C, Chen T, Chang Y, et al., 2014. Utilization of carbon dioxide in industrial flue gases for the cultivation of microalga *Chlorella* sp. [J]. Bioresource Technology, 485-493.

Kim G, Choi W, Lee C H, et al., 2013. Enhancement of dissolved inorganic carbon and carbon fixation by green alga *Scenedesmus* sp. in the presence of alkanolamine CO_2 absorbents [J]. Biochemical Engineering Journal, 78: 18-23.

Koziol A G, Durnford D G, 2008. Euglena light-harvesting complexes are encoded by multifarious polyprotein mRNAs that evolve in concert [J]. Molecular biology and evolution, 25(1): 92-100.

Kumar A, Ergas S, Yuan X, et al., 2010. Enhanced CO_2 fixation and biofuel production via microalgae: Recent developments and future directions [J]. Trends Biotechnol, 28: 371-380

Kumar A., Ergas S., Yuan X., et al., 2010. Enhanced CO_2 Fixation and Biofuel Production via Microalgae: Recent Developments and Future Directions [J]. Trends Biotechnol, 28, 371-380.

Kurano N, Ikemoto H, 1995. Fixation and utilization of carbon dioxide by microalgal photosynthesis [J]. Energy Conv Conv Manag, 36: 689-692.

L. Yang, H. Li, Q. Wang, 2019. A novel one-step method for oil-rich biomass production and harvesting by co-cultivating microalgae with filamentous fungi in molasses wastewater [J]. Bioresour. Technol, 275: 35-43.

Lakshmikandan M, Yang F, Ye S, et al., 2024. Enhancing nutrient removal of agricultural and agro-industrial wastewater utilizing symbiotic microalgal co-cultivation systems to optimize sustainable resource recovery [J]. Journal of Water Process Engineering, 63: 105524.

Lee J S, Kim D K, Lee J P, et al., 2002. Effects of SO_2 and NO on growth of *Chlorella* sp. KR-1[J]. Bioresource technology, 82(1): 1-4.

Lee J W, Mets L, Greenbaum E, 2002. Improvement of photosynthetic CO_2 fixation at high light intensity through reduction of chlorophyll antenna size [C]//Biotechnology for Fuels and Chemicals: The Twenty-Third Symposium. Humana Press, 37-48.

Lee J Y, Hong M E, Chang W S, et al., 2015. Enhanced carbon dioxide fixation of Haematococcus pluvialis using sequential operating system in tubular photobioreactors [J]. Process

Biochemistry, 50(7): 1091−1096.

Li G, Xiao W, Yang T, et al., 2023. Optimization and process effect for microalgae carbon dioxide fixation technology applications based on carbon capture: a comprehensive review [J]. C, 9(1): 35.

Li K, Xia Y, Wang Z, et al., 2023. Progress in the cultivation of diatoms using organic carbon sources [J]. Algal research, 103191.

Li SW, Luo SJ, Guo RB, 2013. Efficiency of CO_2 fixation by microalgae in a closed raceway pond [J]. Bioresource technology, 136: 267−272.

Li Y, Chen YF, Chen P, et al., 2011. Characterization of a microalgae *Chlorella* sp. well adapted to highly concentrated municipal wastewater in nutrient removal and biodiesel production [J]. Bioresour Technol, 102: 5138–5144.

Li Y, Zhou WG, Min M, et al., 2011. Integration of algae cultivation as biodiesel production feedstock with municipal wastewater treatment: Strains screening and significance evaluation of environmental factors [J]. Bioresour Technol, 102: 10861–10867

Li F., Amenorfenyo D. K., Zhang Y., et al., 2021. Cultivation of Chlorella Vulgaris in Membrane-Treated Industrial Distillery Wastewater: Growth and Wastewater Treatment [J]. Front. Environ. Sci, 9: 770633.

Li Q., Fu L., Wang, Y., et al., 2018. Excessive Phosphorus Caused Inhibition and Cell Damage during Heterotrophic Growth of *Chlorella regularis* [J]. Bioresour. Technol, 268: 266–270.

Lima S, Villanova V, Grisafi F, et al., 2020. Autochthonous microalgae grown in municipal wastewaters as a tool for effectively removing nitrogen and phosphorous [J]. Journal of Water Process Engineering, 38: 101647.

Liu J., Wu Y., Wu C., et al., 2017. Advanced nutrient removal from surface water by a consortium of attached microalgae and bacteria: a review [J]. Bioresour Technol, 241, 1127–1137.

M. F. Soto, C. A. Diaz, A. M. Zapata, J. C., 2021. Higuita, BOD and COD removal in vinasses from sugarcane alcoholic distillation by Chlorella vulgaris: environmental evaluation [J]. Biochem. Eng. J, 1, 76: 108191,

M. Nayak, A. Karemore, R. Sen, 2016. Performance evaluation of microalgae for concomitant wastewater bioremediation, CO_2 biofixation and lipid biosynthesis for biodiesel application

[J]. Algal Res, 16: 216–223.

MACKINDER L C M, CHEN C, LEIB R D, et al., 2017. A Spatial Interactome Reveals the Protein Organization of the Algal CO_2-Concentrating Mechanism [J]. Cell, 171(1): 133−147.

Maeda K, Owada M, Kimura N, et al., 1996. CO_2 fixation from the flue gas on coal-fired thermal power plant by microalgae [J]. Energy Conversion and Management, 36(6−9): 717−720.

Maeda K, Owadai M, Kimura N, et al., 1995. CO_2 fixation from the flue gas on coal-fired thermal power plant by microalgae [J]. Energy Conv Manag, 36: 717–720.

Mangan N M, Flamholz A, Hood R D, et al., 2016. pH determines the energetic efficiency of the cyanobacterial CO_2 concentrating mechanism [J]. Proceedings of the National Academy of Sciences, 113(36): E5354−E5362.

Matamoros V, Rodriguez Y, 2016. Batch vs continuous-feeding operational mode for the removal of pesticides from agricultural run-off by microalgae systems: A laboratory scale study [J]. Journal of hazardous materials, 309: 126−132.

Matsumoto H, Shioji N, Hamasaki A, 1995. Carbon dioxide fixation by microalgae photosynthesis using actual flue gas discharged from a boiler [J]. Appl Biochem Biotech, 51/52: 681−692.

Min M, Hu B, Zhou W, et al., 2011. Mutual influence of the light intensity and CO_2 on carbon sequestration via alga UMN280 grown in organic carbon-rich wastewater [J]. J Appl Phycol, 24: 1099–1105

Min M, Wang L, Li Y, et al., 2011. Cultivating *Chlorella* sp. in pilot scale photobioreactor using centrate wastewater for microalgae biomass production and wastewater nutrients removal [J]. Appl Biochem Biotechnol, 165: 123–137 39.

Mondal M, Khanra S, Tiwari O N, et al., 2016. Role of carbonic anhydrase on the way to biological carbon capture through microalgae—a mini review [J]. Environmental Progress & Sustainable Energy, 35(6): 1605−1615.

Murakami M, Ikenouchi M, 1997. The biological CO_2 fixation and utilization project by rite (2)—Screening and breeding of microalgae with high capability in fixing CO_2 [J]. Energy Conversion and Management, 38: S493−S497.

Murakami M, Ikenouchi M, 1997. The biological CO_2 fixation and utilization project, RITE(2): Screening and breeding of microalgae with high capability in fixing CO_2 [J]. Energy Conv

Manag, 38: 493–497.

Nabi A, Parwez R, Aftab T, et al., 2021. Triacontanol protects Mentha arvensis L. from nickel-instigated repercussions by escalating antioxidant machinery, photosynthetic efficiency and maintaining leaf ultrastructure and root morphology [J]. Journal of Plant Growth Regulation, 40: 1594–1612.

Napan K, Teng L, Quinn J C, et al., 2015. Impact of heavy metals from flue gas integration with microalgae production [J]. Algal Research, 8: 83–88.

Nicodemou A, Konstantinou D, Koutinas M, 2024. Enhanced biomass and lipid production from olive processing wastewater using Scenedesmus obliquus in a two-stage cultivation strategy under salt stress [J]. Biochemical Engineering Journal, 205: 109290.

Nielsen E S, 1966. The uptake of free CO_2 and HCO_3-during photosynthesis of plankton algae with special reference to the coccolithophorid Coccolithus huxleyi [J]. Physiologia Plantarum, 19(1): 232–240.

P. Bhuyar, D. Hong, E. Mandia, et al., 2020. Desalination of polymer and chemical industrial wastewater by using green photosynthetic microalgae, Chlorella sp, Maejo Int [J]. J. Energy Environ. Commun, 1: 9–19.

Pires JCM, Alvim-Ferraz MCM, Martins FG, et al., 2012. Carbon dioxide capture from flue gases using microalgae: Engineering aspects and biorefinery concept [J]. Renew Sust Energ Rev, 16: 3043–3053.

Plantinga A J, 1997. The cost of carbon sequestration in forests: A positive analysis [J]. Critical Reviews in Environmental Science and Technology, 27(S1): 269–277.

Pradhan N, Kumar S, Selvasembian R, et al., 2023. Emerging trends in the pretreatment of microalgal biomass and recovery of value-added products: A review [J]. Bioresource Technology, 369: 128395.

Rao M, Zou X, Ye J, et al., 2022. Light conditions determine optimal CO_2 concentrations for nannochloropsis oceanica growth with carbon fixation [J]. ACS Sustainable Chemistry & Engineering, 10(27): 8799–8814.

Richards R G, Mullins B J, 2013. Using microalgae for combined lipid production and heavy metal removal from leachate [J]. Ecological modelling, 249: 59–67.

Richmond A, 2004. Handbook of Microalgal Culture [M]. Oxford: Blackwell Science Ltd.

Sachdeva N., Gupta R. P., Mathur A. S., et al., 2016. Enhanced Lipid Production in Thermo-Tolerant Mutants of Chlorella Pyrenoidosa NCIM 2738 [J]. Bioresour. Technol, 221: 576–587.

Sakai N, Sakamoto Y, Kishimoto N, et al., 1995. Chlorella strains from hot springs tolerant to high temperature and high CO_2 [J]. Energy Conv Conv Manag, 36: 693–696.

Sakai N, Sakamoto Y, Kishimoto N, et al., 1995. Chlorella strains from hot springs tolerant to high temperature and high CO_2 [J]. 36(6–9): 693–696.

Sanz-Luque E, Chamizo-Ampudia A, Llamas A, et al., 2015. Understanding nitrate assimilation and its regulation in microalgae [J]. Frontiers in plant science, 6: 899.

Satoh A, Kurano N, Miyachi S, 2001. Inhibition of photosynthesis by intracellular carbonic anhydrase in microalgae under excess concentration of CO_2 [J]. Photosynth Res, 68: 215–224.

Schädler T, Neumann-Cip A-C, Wieland K, et al., 2020. High-Density Microalgae Cultivation in Open Thin-Layer Cascade Photobioreactors with Water Recycling [J]. Applied Sciences, 10(11): 3883.

Shamsi M, Darian J T, Afkhamipour M, 2024. Assessment of mass transfer performance using the two-film theory and surrogate models for intensified CO_2 capture process by amine solutions in rotating packed beds [J]. Chemical Engineering and Processing-Process Intensification, 110080.

Singh R N, Sharma S, 2012. Development of suitable photobioreactor for algae production-A review [J]. Renewable and Sustainable Energy Reviews, 16(4): 2347–2353.

Singh U B, Ahluwalia A S, 2013. Microalgae: a promising tool for carbon sequestration [J]. Mitigation and Adaptation Strategies for Global Change, 18(1): 73–95.

Sivasangari S, Vel Rajan T, Nandhini J, 2023. Aspects of photobioreactor and algadisk in CO_2 sequestration and biomass production [J]. Energy Sources, Part A: Recovery, Utilization, and Environmental Effects, 45(3): 7453–7460.

Song Y, Wang L, Qiang X, et al., 2022. The promising way to treat wastewater by microalgae: Approaches, mechanisms, applications and challenges [J]. Journal of Water Process

Engineering, 49: 103012.

Subramaniyam V., Subashchandrabose S. R., Ganeshkumar V., et al., 2016. Cultivation of Chlorella on brewery wastewater and nano-particle biosynthesis by its biomass [J]. Bioresour Technol, 211, 698–703.

Sun Z, Xue S, Yan C, et al., 2016. Utilisation of tris(hydroxymethyl)aminomethane as a gas carrier in microalgal cultivation to enhance CO_2 utilisation and biomass production [J]. RSC Advances, 6(4): 2703–2711.

Sun Z, Zhang D, Yan C, et al., 2015. Promotion of microalgal biomass production and efficient use of CO_2 from flue gas by monoethanolamine [J]. Journal of Chemical Technology & Biotechnology, 90(4): 730–738.

Sung K D, Lee J S, Shin C S, et al., 1999. CO_2 fixation by *Chlorella* sp. KR-1 and its cultural characteristics [J]. Bioresource technology, 68(3): 269–273.

Sung KD, Lee JS, Shin CS, 1999. CO_2 fixation by *Chlorella* sp. KR-1 and its cultural characteristics [J]. Bioresour Technol, 68: 269–273。

Tan X., Chu H., Zhang Y. et al., 2014. *Chlorella Pyrenoidosa* Cultivation Using Anaerobic Digested Starch Processing Wastewater in an Airlift Circulation Photobioreactor [J]. Bioresour. Technol, 170, 538–548.

Uduman N, Qi Y, Danquah MK, et al., 2010. Dewatering of microalgal cultures: A major bottleneck to algae-based fuels [J]. J Renew Sust Energy, 2: 012701

V. Kumar, K. K. Jaiswal, M. S. Tomar, et al., 2023. Production of high value-added biomolecules by microalgae cultivation in wastewater from anaerobic digestates of food waste: a review [J]. Biomass Conversion and Biorefinery, 11: 13.

V. Kumar, K. K. Jaiswal, M. Verma, et al., 2021. Algae-based sustainable approach for simultaneous removal of micropollutants, and bacteria from urban wastewater and its real-time reuse for aquaculture [J]. Sci. Total Environ, 774: 145556.

Vuppaladadiyam A K, Yao J G, Florin N H, et al., 2018. Impact of Flue Gas Compounds on Microalgae and Mechanisms for Carbon Assimilation and Utilization [J]. Chemsuschem, 11(2): 334–355.

W. Michelon, I. D. P. Zuchi, J. G. Reis, et al., 2022. Virucidal activity of microalgae extracts harvested during phycoremediation of swine wastewater [J]. Environ. Sci. Pollut. Res. Int.

W. Xuechun, 2019. Screening of Efficient Denitrifying Algae (Chlorophyta) and Its Effect on Purifying Actual Sewage [D]. Shanxi University.

Wang L, Li Y, Chen P, et al., 2010. Anaerobic digested dairy manure as a nutrient supplement for cultivation of oil-rich green microalgae Chlorella sp [J]. Bioresour Technol, 101: 2623-2628.

Wang Z, Cheng J, Sun Y, et al., 2023. Comprehensive understanding of regulatory mechanisms, physiological models and key enzymes in microalgal cells based on various concentrations of CO_2 [J]. Chemical Engineering Journal, 454: 140233.

Wang Z, Ma X, Zhou W, et al., 2013. Oil crop biomass residues-based medium for enhanced algal lipid and protein production [J]. Appl Biochem Biotechnol.

Watanabe Y, Ohmura N, 1992. Isolation and determination of cultural characteristics of microalgae which functions under CO_2 enriched atmosphere [J]. Energy Conv Conv Manag, 33: 545-552.

Wei L, Shen C, Hajjami M E, et al., 2019. Knockdown of carbonate anhydrase elevates *Nannochloropsis* productivity at high CO_2 level [J]. Metabolic Engineering, 54(1): 96-108.

Weremczuk-Jeżyna I, Hnatuszko-Konka K, Lebelt L, et al., 2022. The Effect of the Stress-Signalling Mediator Triacontanol on Biochemical and Physiological Modifications in Dracocephalum forrestii Culture [J]. International Journal of Molecular Sciences, 23(23): 15147.

Westerhoff P, Hu Q, Esparzasoto M, et al., 2010. Growth parameters of microalgae tolerant to high levels of carbon dioxide in batch and continuous-flow photobioreactors [J]. Environmental Technology, 31(5): 523-532.

Wiley P, Harris L, Reinsch S, et al., 2013. Microalgae cultivation using offshore membrane enclosures for growing algae (OMEGA) [J]. J Sust Bioenergy Syst, 3: 18-32.

Wilson A T, Calvin M, 1955. The photosynthetic cycle. CO_2 dependent transients [J]. Journal of the American Chemical Society, 77(22): 5948-5957.

Woertz I C, Benemann J R, Du N, et al., 2014. Life cycle GHG emissions from microalgal biodiesel-a CA-GREET model [J]. Environmental science & technology, 48(11): 6060-6068.

Xing D, Li X, Wang Y, et al., 2023. The comprehensive impact of phosphorus sources on microalgae biochemical metabolism and phosphorus transformation [J]. Journal of Water Process Engineering, 51: 103477.

Y. Wang, B. He, Z. Sun, et al., 2016. Chemically enhanced lipid production from microalgae under low sub-optimal temperature [J]. Algal Res, 16: 20–27.

Yang B, Liu J, Ma X, et al., 2017. Genetic engineering of the Calvin cycle toward enhanced photosynthetic CO_2 fixation in microalgae [J]. Biotechnology for Biofuels, 10(1): 229.

Yang W L, Huang F D, Cao Z Z, et al., 2013. Effects of high temperature stress on PSII function and its relation to D1 protein in chloroplast thylakoid in rice flag leaves [J]. Acta Agron. Sin, 39: 1060−1068.

Yang X, Liu Z, Liu C, et al., 2020. Interactive Relationship in CO_2 Spirulina-Fixation System and Energy Consumption Assessment [J]. 09: 182−191.

Yen H. W., Ho S. H., Chen C. Y., et al., 2015. CO_2, NO_x and SO_x Removal from Flue Gas via Microalgae Cultivation: A Critical Review [J]. Biotechnol. J., 10, 829–839.

Yoon JH, Sim SJ, Kim MS, et al., 2002. High cell density culture of Anabaena variabilis using repeated injections of carbon dioxide for the production of hydrogen [J]. Int J Hydrogen Energ, 27: 1265–1270.

Yoshihara K I, Nagase H, Eguchi K, et al., 1996. Biological elimination of nitric oxide and carbon dioxide from flue gas by marine microalga NOA-113 cultivated in a long tubular photobioreactor [J]. Journal of fermentation and bioengineering, 82(4): 351−354.

Yoshihara KI, Nagase H, Eguchi K, et al., 1996. Biological elimination of nitric oxide and carbon dioxide from flue gas by marine microalga NOA-13 cultivated in a long tubular photobioreactor [J]. J Ferment Bioeng, 82: 351–354.

Yue LH, Chen WG, 2005. Isolation and determination of cultural characteristics of a new highly CO_2 tolerant fresh water microalgae [J]. Energy Conv Manag, 46: 1868–1876.

Zhao BingTao, Su YaXin, Zhang YiXin, et al., 2015. Carbon dioxide fixation and biomass production from combustion flue gas using energy microalgae [J]. 89: 347−357.

Zhao L, Tang Z, Gu Y, et al, 2018. Investigate the cross-flow flat-plate photobioreactor for high-density culture of microalgae [J]. Asia-Pacific Journal of Chemical Engineering, 13(5):

e2247.

Zhao B., Su Y., 2014. Process Effect of Microalgal-Carbon Dioxide Fixation and Biomass Production: A Review [J]. Renew. Sustain. Energy Rev, 31, 121–132.

Zheng M, Pang X, Chen M, et al., 2024. Ultrafast energy quenching mechanism of LHCSR3-dependent photoprotection in Chlamydomonas [J]. Nature Communications, 15(1): 4437.

Zhou W, Cheng Y, Li Y, et al., 2012. Novel fungal pelletization-assisted technology for algae harvesting and wastewater treatment [J]. Applied biochemistry and biotechnology, 167: 214–228.

Zhou W, Hu B, Li Y, et al., 2012. Mass cultivation of microalgae on animal wastewater: a sequential two-stage cultivation process for energy crop and omega-3-rich animal feed production [J]. Applied biochemistry and biotechnology, 168: 348–363.

Zhou WG, Li Y, Min M, et al., 2011. Local bioprospecting for high-lipid producing microalgal strains to be grown on concentrated municipal wastewater for biofuel production [J]. Bioresource Technol, 102: 6909–6919 15

Zhou WG, Li Y, Min M, et al., 2012. Growing wastewater-born microalga Auxenochlorella prototheocoides UMN280 on concentrated municipal wastewater for simultaneous nutrient removal and energy feedstock production [J]. Appl Energ, 98: 433–440.

Zhou WG, Min M, Li YC,et al, 2012. A hetero-photoautotrophic two-stage cultivation process to improve wastewater nutrient removal and enhance algal lipid accumulation. Bioresource Technol, 110: 448–455.

Zimmerman W B, Hewakandamby B N, Tesar V, et al., 2009. On the design and simulation of an airlift loop bioreactor with microbubble generation by fluidic oscillation [J]. Food and Bioproducts Processing, 87(3): 215–227.

Znad H, Naderi G, Ang HM, 2012. CO_2 biomitigation and biofuel production using microalgae: Photobioreactors developments and future directions [J]. In: Nawaz Z, Eds. Advances in Chemical Engineering. Rijeka: InTech, 299–244.